Elektrotechnik mit BASIC-Rechnern (SHARP)

Teil 3 Einsatz der PC-1401/1402

Von Dr.-Ing. Paul Vaske,
Professor an der Fachhochschule Hamburg

3., durchgesehene Auflage
Mit 23 Programmen, 150 Beispielen,
192 Bildern und Tafeln

Springer Fachmedien Wiesbaden GmbH 1985

CIP-Kurztitelaufnahme der Deutschen Bibliothek

Vaske, Paul:
Elektrotechnik mit BASIC-Rechnern (SHARP) / von Paul
Vaske. – Stuttgart : Teubner
(Ingenieur-Software)
Teil 3. Einsatz der PC 1401, 1402. – 3., durchges.
Aufl. – 1985.
ISBN 978-3-519-26202-2 ISBN 978-3-663-11712-4 (eBook)
DOI 10.1007/978-3-663-11712-4

Gesamtherstellung: Beltz Offsetdruck, Hemsbach/Bergstraße
Umschlaggestaltung: W. Koch, Sindelfingen

Vorwort zur 3. Auflage

Die Rechner PC-1401 und PC-1402 können als BASIC-programmierbare Taschencomputer mit integriertem wissenschaftlichen Rechner besonders gut für Ingenieurberechnungen eingesetzt werden. Sie weichen erheblich von den übrigen SHARP-Rechnern ab, so daß es berechtigt ist, ihnen einen eigenen Band zu widmen. Diese Rechner ermöglichen ein einfaches Eingeben der Daten und ein fehlerfreies Durchrechnen auch komplexer Systeme.

Für das Umsetzen von Berechnungsverfahren der Elektrotechnik in Rechnerprogramme eignen sich einige Methoden besonders gut, andere treten dagegen in den Hintergrund, und weitere bisher wenig eingesetzte werden jetzt wichtig. Mit diesem Buch sollen daher nicht nur neue Möglichkeiten zum schnelleren Lösen von elektrotechnischen Aufgaben dargestellt, sondern auch Anregungen zum Überdenken bisher üblicher Lösungsstrategien gegeben werden.

Es werden in BASIC verfaßte Programme mitgeteilt und an vielen Beispielen vorgeführt. Sie sind vielfältig einzusetzen. Ihr Ablauf ist mit Ein- und Ausgaben unmittelbar aus der Anzeige zu ersehen. Sie bringen wegen der großen Rechengeschwindigkeit der eingesetzten Taschenrechner schnell ihre Ergebnisse. Die gewählte dialogfreundliche Programmiersprache BASIC gestattet einfach zu lesende und gut zu durchschauende Schrittfolgen. Sie fördert mit den eingefügten Anforderungen von Daten oder Anweisungen eine benutzerfreundliche Bedienung.

Leider gibt es heute viele BASIC-Versionen nebeneinander, und die verschiedenen Rechner haben auch unterschiedliche Befehle. Daher ist es nicht zu umgehen, jedes konkrete Programm einem bestimmten Rechnertyp zuzuordnen. Die BASIC-Programme sind in dem vorliegenden Teil 3 auf den PC-1401 zugeschnitten. Sie sind wegen der begrenzten Speicherkapazität i.allg. so knapp wie möglich formuliert, können jedoch leicht auf noch benutzerfreundliche Fassungen für größere Rechner - z.B. Tischcomputer - erweitert werden. Deshalb mußten allerdings Erläuterungen im Programmablauf auf ein Mindestmaß beschränkt bleiben - z.B. bei den Anforderungen von Eingabedaten oder bei den Ausgaben meist auf ein oder zwei Zeichen.

Jedem Programm wird eine kurze Erläuterung des eingesetzten Berechnungsverfahrens vorangestellt. Das Anwenden wird stets mit mehreren Beispielen gezeigt. So sollen die vielfältigen Einsatzmöglichkeiten vorgeführt werden. Solche Programme übernehmen nur die mehr handwerklichen Berechnungsvorgänge, können aber eine gute Vorbereitung der Eingabedaten (und somit u.U. ein Umwandeln von Schaltungen o.ä.) nicht überflüssig machen. Die Kenntnis der elektrotechnischen Grundlagen muß also vorausgesetzt werden.

Den Programmen liegen stets Größengleichungen zugrunde. Alle physikalischen Größen sind als Zahlenwert ohne Einheit einzugeben. Wenn zu den Eingabedaten SI-Einheiten gehören, sind auch die Ausgabedaten mit den zugehörigen - z.B. durch eine Einheitenrechnung zu erhaltenden - SI-Einheiten zu versehen.

Sicherlich sind die mitgeteilten Programme und Vorgehensweisen nicht schlechthin optimal, und Umwege, Fehler und andere Mängel konnten nicht immer vermieden werden, obwohl alle Aussagen mehrfach durch Studenten überprüft wurden. Der Verfasser bittet daher um Nachsicht, wenn der Leser Möglichkeiten für Verbesserungen entdecken oder Druckfehler u.ä. finden sollte; er wird für Hinweise auf Mängel oder bessere Lösungswege stets dankbar sein.

Einer Einführung in die durch BASIC-programmierbare Rechner eröffneten Möglichkeiten folgen zunächst Beispiele für den zweckmäßigen manuellen Einsatz des wissenschaftlichen Rechnerteils. Ferner werden kompakte, universell für die Netzwerkanalyse von Wechselstromschaltungen einsetzbare Programme auf die Berechnung von Frequenzgängen und des Übergangsverhaltens angewandt. Programme für eine komplexe Arithmetik und zur Berechnung von Funktionen - auch mit komplexem Argument - sollen charakteristische Anwendungen von Taschenrechnerprogrammen vorführen. Aus Umfangsgründen konnten nicht alle Programme aus Teil 1 und 2 auf die PC-1401 und PC-1402 umgeschrieben werden.

Der PC-1402 unterscheidet sich vom PC-1401 nur durch eine größere Speicherkapazität; daher wird hier i.allg. nur vom PC-1401 gesprochen. Der PC-1430 enthält dagegen eine geringere Anzahl an vorprogrammierten wissenschaftlichen Funktionen und einen sehr viel kleineren Programmspeicher, so daß jeweils nur die kleineren Programme dieses Buches oder Teilprogramme eingegeben werden können. Auch sind die Hinweise von Abschn. 2 nur beschränkt anwendbar.

Hamburg, im Sommer 1985 Paul Vaske

Inhalt

Weitere Programmbereiche in Teil 1 und Teil 2

Teil 1: Leitungstheorie
Fourier-Analyse
Kennlinien plotten

Teil 2: Übertragungsfunktion
Ersatzquellen
Signalflußpläne
Faltungsintegral
Beschaltete Operationsverstärker
Aktive Filter

1 BASIC-programmierbare Taschenrechner

In /50/ wird das ingenieurgerechte Anwenden programmierbarer Taschenrechner in der Elektrotechnik ausführlich behandelt; Teil 1 und 2 dehnen dies auf BASIC-programmierbare Taschencomputer aus. Taschenrechner haben sich inzwischen über viele Jahre und bei vielen Benutzern bewährt; die Vorteile ihres Einsatzes brauchen daher hier nicht nochmals hervorgehoben zu werden.

Da dieser Teil 3 unabhängig von Teil 1 und 2 verwendbar bleiben muß, sollen hier die durch die Programmiersprache BASIC bzw. das Taschenrechner-BASIC hinzukommenden Gesichtspunkte herausgestellt und eine ingenieurgerechte, rationelle Aufbereitung der Daten und das Bereitstellen günstiger Algorithmen betrachtet werden. Daneben sind die Besonderheiten des PC-1401 hervorzuheben - insbesondere auch die Eigenschaften des wissenschaftlichen Rechners.

1.1 BASIC

Da die Bedienungsanleitungen BASIC-programmierbarer Taschenrechner nicht immer leicht verständlich oder häufig zu knapp abgefaßt sind, zum Benutzen von BASIC-Programmen aber Grundkenntnisse dieser Programmiersprache vorausgesetzt werden müssen, werden hier noch kurz die wesentlichen Elemente von BASIC, die in Taschenrechnern angewendet werden, zusammengestellt. Für ausführliche Einzelheiten s. /2/, /6/, /22/, /25/, /27/, /29/, /30/, /31/, /32/, /36/, /37/.

1.1.1 Wesen von BASIC

Neben den für technische Aufgaben hauptsächlich eingesetzten Programmiersprachen ALGOL, APL, FORTRAN, Pascal, PL/1 oder APT tritt jetzt BASIC (beginners all purpose symbolic instruction code) stärker in den Vordergrund, weil es inzwischen mehrere BASIC-programmierbare Taschenrechner gibt und weil auch praktisch alle Tischcomputer auf diese Programmiersprache eingerichtet sind.

BASIC ist eine problemorientierte und dialogfreundliche Sprache; ihr Bedarf an Speichern ist relativ gering. Außerdem kann man BASIC sehr schnell lernen; es ist deshalb für Anfänger besonders geeignet. BASIC enthält alle wichtigen Elemente einer vielseitig einsetzbaren Programmiersprache. Bedingte und unbedingte Sprünge bzw. Schleifen sind möglich. Mit Unterprogrammen und Datenfeldern kann man den Umfang eines Programms sinnvoll klein halten. Die Programme sind leicht zu korrigieren, zu verändern oder neuen Forderungen anzupassen. Mit Zeichenketten kann man das Programm zweckmäßig erläutern und die einzugebenden Daten anfordern.

1.1.2 Aufbau von BASIC-Programmen

Ein Programm besteht aus Anweisungen, deren Reihenfolge durch die Zeilennummer festgelegt ist. Diese Nummern wählt man zunächst in Abständen von 10 zu 10 (z.B. 10, 20, 30 ...), um später u.U. noch weitere Zeilen einfügen zu können. Die einzelnen Zeilen muß man nicht in normaler Zahlenfolge eingeben; denn der Rechner ordnet sie sebsttätig. Die Zeilennummern werden auch bei Programmverzweigungen angesteuert.

BASIC-Befehle sind leicht verständliche englische Wörter - beim Taschenrechner-BASIC u.U. noch auf drei oder vier Buchstaben verkürzt (s. Abschn. 1.2). Man kann die Grundelemente in wenigen Stunden lernen - das Schreiben guter Programme verlangt jedoch einige Übung und vor allen Dingen eine klare Analyse der vorliegenden Aufgabe und der möglichen Lösungsverfahren.

Die meisten BASIC-Rechner melden Fehler bei der Ausführung eines Programms durch Angabe eines Fehlercodes und die zugehörige Zeilennummer. Man kann sie dann anhand der richtigen Programmliste berichtigen. Bei der Entwicklung eines neuen Programms wird oft eine eingehende Programmanalyse erforderlich. Fehler macht jedoch niemals der Rechner - sondern nur das Programm, d.h. also der Programmierer.

Programme, die sich im Programmspeicher befinden, werden im RUN-Modus abgearbeitet. Sie lassen sich bei Taschenrechnern meist durch Programm-Adreßtasten oder Marken abrufen (s. Abschn. 1.2.1). Die Ausführung beginnt bei der kleinsten Zeilennummer. Der Rechner prüft, ob er dem vorliegenden Befehl unmittelbar folgen kann (z.B. Ein- oder Ausgabe, Zuordnung, Arithmetik, Funktion) oder ob er nach einem Verzweigungsbefehl (z.B. GOTO ...) zur angegebenen Zeilennummer oder Marke springen muß. Bei einem bedingten Befehl (IF ... THEN ...) wird zunächst ein Vergleich vorgenommen, also eine Bedingung getestet und dann eine Entscheidung getroffen. Auf diese Weise erzielt man einen automatischen Rechenablauf.

Programmteile, die an mehreren Stellen des Programmablaufs gleich sind, können entweder als mehrfach (z.B. über GOSUB) aufzurufende

Unterprogramme vor das Programm bzw. an seinen Schluß gebracht oder in Schleifen (z.B. über die Anweisungen FOR .. TO ... STEP ... NEXT ...) in gewünschter Anzahl durchlaufen werden.

Die hier zu betrachtenden Taschenrechner haben nach den Buchstaben des Alphabets benannte feste Datenregister, die noch durch Ändern der Speicherbereichsverteilung, also ein Umwidmen von Programmspeicherplätzen in Datenregister, um ein- und zweidimensionale Datenfelder zu erweitern sind. Auf diese Weise erhält man besonders einfach (und auch indirekt) anzusteuernde Speicherplätze.

Zu einem vollständigen Programm gehört nicht nur eine Liste der Programmschritte und der eingesetzten Datenregister, sondern vor allen Dingen auch eine knappe Darstellung der technischen Grundlagen und des angewandten Algorithmus, also der eingesetzten Rechenvorschrift, sowie eine Programmbeschreibung, damit der Benutzer erkennen kann, welche Voraussetzungen gelten und welche Grenzen der Anwendbarkeit zu beachten sind bzw. wann sich u.U. Fehler einstellen können.

1.1.3 Entwicklung von Programmen

Dieses Buch soll nicht das eigentliche Programmieren lehren; es kann aber mit den beschriebenen BASIC-Programmen zeigen,wie man die betrachteten Aufgaben mit Rechnern lösen kann, und Anregungen für weitere eigene Programme geben.

Anleitungen zum Programmieren mit BASIC findet man in vielen Büchern - z.B. in /2/, /5/, /6/, /22/, /25/, /27/, /31/, /32/, /36/, /37/, /39/, /41/. Nach /6/ soll man beim Entwickeln eines Programms in folgender Reihenfolge vorgehen:

a) Übersetzen des technischen Problems in eine mathematische Form,

b) Auswählen eines geeigneten numerischen Lösungsverfahrens,

c) manuelles Durchrechnen von Testbeispielen unter Beachtung von kritischen Sonderfällen,

d) Analyse der Ein- und Ausgabedaten,

e) Entwickeln eines Programmablaufplans,

f) Übersetzen des Ablaufplans in ein BASIC-Programm,

g) Testen des Programms mit den Werten von c),

h) Verfassen einer Programmbeschreibung und

i) Aufstellen einer Benutzeranleitung.

Die hier beschriebenen Programme sind unter Beachtung dieser Richtlinien entstanden. Jedem Programm sind die ihm zugrundeliegenden physikalischen und mathematischen Grundlagen sowie eine Beschreibung der ihm eigenen Besonderheiten vorangestellt. Seine Anwendung wird außerdem jeweils an mehreren Beispielen gezeigt.

Auf eine Darstellung von Programmablaufplänen wird hier jedoch verzichtet, da sie für die mitgeteilten, vielseitig einsetzbaren Programme sehr umfangreich sind und BASIC-Programme meist auch ohne sie gut zu durchschauen sind. Durch den gewählten Programmaufbau und die in den Programmen enthaltenen Erläuterungen bzw. Datenanforderungen sind auch ausführliche Benutzeranleitungen meist überflüssig - zumal die Beispiele die Rechenabläufe mit Ein- und Ausgabe von Daten klar wiedergeben.

1.1.4 BASIC-Elemente

Jede Programmiersprache muß die Hauptaufgaben

Daten-Ein- und Ausgabe,
Zuordnung,
Verzweigung und
Arithmetik

einleiten können. Aus diesen Bausteinen läßt sich auch jedes Programm zusammensetzen. BASIC-programmierbare Taschenrechner haben meist einen größeren Befehlsvorrat - z.B. zum Bestimmen von Funktionswerten, zum Abspeichern und Zurückholen von Daten und Programmen in bzw. aus Kassettenrekordern, zum Drucken oder Plotten u.ä. - dies stellt aber einen nicht unbedingt erforderlichen zusätzlichen Komfort dar.

Hier sollen zunächst die Aufgaben der fünf Grundelemente kurz angesprochen werden; eine genauere, auf den hier eingesetzten Taschenrechner zugeschnittene Beschreibung von Einzelheiten folgt in Abschn. 1.2.

Eingabe. Aufgabenstellungen aus der Elektrotechnik erfordern i. allg. Daten, von denen das Programm ausgehen kann. Dies können Zahlenwerte, mit denen arithmetisch weitergerechnet werden soll, oder auch Zeichenketten (Strings), also z.B. Wörter, sein. Der wichtigste und in den folgenden Programmen allein verwendete Eingabebefehl ist der INPUT-Befehl. Nach dieser Anweisung stoppt der Rechner den Programmablauf und erwartet die Eingabe von Daten. Mit dem Befehl INPUT N wird der eingegebene Wert in den Datenspeicher N gebracht.

Ausgabe. Ziel eines jeden Programms ist es, die berechneten Ergebnisse auszugeben oder anzuzeigen. BASIC hat für die Ausgabe den PRINT-Befehl. Beim PC-1401 gibt es ferner den Befehl PAUSE, nach dem das Ergebnis nur etwa 0,85 s lang angezeigt wird.

Zuordnung. Mit dem Befehl INPUT N wird dem Datenregister N der eingegebene Wert zugeordnet oder zugewiesen. In der Anweisung A = A + 1 stellt der Befehl = eine Zuordnungsanweisung dar, hat also eine andere Bedeutung als das mathematische Gleichheitszeichen.

In diesem Beispiel soll daher der im Datenregister A gespeicherte Wert (z.B. die 3) genommen, um 1 vergrößert und dann wieder (hier also als 4) dem Datenregister A zugewiesen werden. (In der ursprünglichen BASIC-Version hieß die angegebene Zuordnungsanweisung noch LET A = A + 1; der Befehl LET wird heute bei fast allen Rechnern fortgelassen. Er findet sich beim PC-1401 jedoch noch bei der Anweisung IF - s. Abschn. 1.2.3.)

Verzweigung. Ein unbedingter Sprung zu einer bestimmten Zeilennummer (oder Marke) wird in BASIC mit dem Befehl GOTO ... verwirklicht, so daß das Programm mit der angegebenen Zeilennummer (oder Marke) fortgesetzt wird.

Eine bedingte Verzweigung, die eine Wiederholung eines Rechenablaufs in einer Schleife einleiten oder einen alternativen Programmweg einschlagen kann, erreicht man mit dem Befehl IF ... THEN ... Wenn der Rechner diesen Programmschritt erreicht hat, trifft er eine Entscheidung: Entweder ist die hinter IF stehende Bedingung erfüllt - dann führt er den hinter THEN stehenden Befehl aus, verzweigt also z.B. zu der dort stehenden Zeilennummer. Ist dagegen die Bedingung nicht erfüllt, wird der nächste Befehl in der folgenden Zeile (also ohne Sprung) ausgeführt. Diese Entscheidung kann von verschiedenen logischen Ausdrücken (z.B. über <, <=, >, > =, <>, = sowie AND, OR) abhängig gemacht werden.

Arithmetik. Natürlich enthält BASIC auch Befehle für die verschiedenen Rechenoperationen, wie Addieren (+), Subtrahieren (-), Multiplizieren (*) und Dividieren (/). Um Verzweigungen vornehmen zu können, müssen außerdem je zwei numerische oder nichtnumerische

Werte der Größe oder der alphabetischen Reihenfolge nach verglichen werden können; hierzu müssen daher die Operationen =, <, >, ≤, ≥ und ≠ ausführbar sein.

Alphanumerik. Kleinere Rechner haben nur eine Anzeige für Zahlenwerte. BASIC erfordert die Ausgabe von Buchstaben und anderen Zeichen, verlangt also eine alphanumerische Daten-Ein- und Ausgabe.

Zahlenwerte werden bestimmten Datenregistern A bis Z oder Variablen A(1) bis Z(255) bzw. Feldvariablen B(.,.) bis Z(.,.) zugeordnet. Für Zeichen oder Zeichenketten muß man einer solchen Textvariablen außerdem das Dollarzeichen $ hinzufügen - z.B. wie in A$.

Dieser Befehlsvorrat und die bei Taschenrechnern meist vorhandenenen weiteren Funktionen werden im Abschn. 1.2 einzeln besprochen.

1.2 Taschenrechner-BASIC

Da hier Programme für den PC-1401 behandelt werden sollen, müssen die für ihn möglichen und die in den hier mitgeteilten Programmen angewandten wichtigen Anweisungen kurz erläutert werden. Dies geschieht in der folgenden Zusammenstellung anhand von exemplarischen Beispielen. Diese Auswahl kann und soll daher BASIC-Lehrbücher (wie /2/, /6/, /27/, /31/, /32/, /36/, /37/, /39/) und Bedienungsanleitungen nicht ersetzen, sondern nur gezielt auf einige Gesichtspunkte hinweisen. Die den Betrieb des Rechners betreffenden Kommandos, wie STOP, CONT, LIST, NEW, TRON, TROFF, BRK und C-CE, brauchen dabei nicht angesprochen zu werden.

In der hier benutzten BASIC-Version kommen von den 26 Schlüsselwörtern des Minimal-BASIC die Anweisungen OPTION BASE, RANDOMIZE (nur in anderer Form als RND und RANDOM) und SUB nicht vor. Auch fehlen viele der 100 Schlüsselwörter (keywords) des Standard-BASIC, z.B. für Zweierlogarithmus, Rundungsroutine sowie CLS, EDIT, STORE EXECUTIVE, FIXED, FLOAT, TAB, IMAGE, DIV, MOD, CALL, CREATE, OPEN, ASSIGN, CLOSE, SCRATCH u.ä.

1.2.1 Ein- und Ausgabeanweisungen

INPUT. Dies ist der normale Eingabebefehl. Das Programm wird hierfür unterbrochen. Jede Eingabe ist mit dem Befehl ENTER abzuschließen.

Beispiel	Wirkung
Input A	In der Anzeige erscheint das Fragezeichen ?. Nach Ein-

	tasten eines Zahlenwerts und dem Befehl ENTER befindet sich der Zahlenwert im Datenregister A.
INPUT A$	Jetzt wird die Eingabe (auch eine Zahl) als Zeichen (Stringvariable) gewertet.
INPUT A,B	Nach der 1. Eingabe erscheint ein 2. Fragezeichen und fordert zu einer 2. Eingabe eines Zahlenwerts auf. Dieser wird dem Datenregister B zugewiesen.
INPUT "U?", A	In der Anzeige erscheint zunächst U?_, was zur Eingabe eines Zahlenwerts für die Größe U auffordert. Wegen des Kommas (,) verschwindet beim Eintasten dieses Zahlenwerts die Anzeige U?_.
INPUT "U?";A	Jetzt bleibt wegen des Semikolons (;) die Anzeige U? auch beim Eintasten des Zahlenwerts stehen.

AREAD. Mit der Anweisung AREAD X wird beim Start eines Programms der in der Anzeige stehende oder der aus der im Anzeigeregister vorzunehmenden Berechnung sich ergebende Wert in das Datenregister X übernommen. Dies kann daher nur die erste Anweisung eines Programms sein.

INKEY$. Mit dieser Anweisung kann man das Programm in eine Warteschleife bringen.

Beispiel	Wirkung
10 A$="" 20 A$=INKEY$ 30 IF A$="E" THEN "E" 40 IF A$="K" THEN "K" 50 GOTO 20	Aus dieser Warteschleife springt das Programm nur heraus, wenn entweder E oder K gedrückt werden. Nicht passende Eingaben bleiben ohne Folgen - nicht beabsichtigte, passende werden dagegen berücksichtigt. Diese Anweisung erspart ferner die

Anweisung ENTER, wenn eine Verzweigung zu den Marken E oder K erzwungen werden soll, hat aber den Nachteil, daß keine Korrektur möglich ist und man u.U. aus Gewohnheit trotzdem ENTER drückt, was Fehler zur Folge haben kann. Auch schaltet sich der Rechner nicht mehr automatisch ab, was im Batteriebetrieb ein schnelleres Entladen bewirkt. Es sollte daher nur ausnahmsweise eingesetzt werden.

PRINT. Mit dieser Anweisung werden normalerweise Zahlenwerte oder Zeichenfolgen über die Anzeige ausgegeben. Die Anzeige bleibt bis zur nächsten Anweisung ENTER stehen.

Beispiel	Wirkung
PRINT A	Der numerische Inhalt des Datenregisters A wird ausgegeben.
PRINT A$	Der Zeicheninhalt des Datenregisters A wird angezeigt.
PRINT A,B	Der numerische Inhalt der Datenregister A und B wird nebeneinander in den beiden Anzeigehälften rechtsbündig angezeigt.
PRINT A;B;C	Das Semikolon sorgt dafür, daß die Ausdrücke A, B und C unmittelbar nebeneinander stehen.
PRINT "U=";A	Jetzt steht vor dem ausgegebenen Zahlenwert ohne Abstand und linksbündig U=.
PRINT A;" <";B	In diesem Fall werden zwei Zahlenwerte durch das Zeichen < voneinander getrennt ausgegeben. Das Leerzeichen vor < bleibt auch in der Anzeige leer.

PAUSE. Im Unterschied zur PRINT-Anweisung wird der Programmablauf nach etwa 0,85 s fortgesetzt. Dieser Befehl wird hier für das Anfordern vieler Daten in Verbindung mit wechselnden Indizes eingesetzt. Wenn hierbei wegen der Zwischenrechnungen Wartezeiten auftreten, wird die kurze Anzeige über eine vorgeschaltete BEEP-Anweisung durch einen Piepton angekündigt.

WAIT. Hiermit kann man die Dauer einer Anzeige durch einen PRINT-Befehl vorschreiben. Diese Anweisung wirkt auf alle folgenden PRINT-Anweisungen.

Beispiel	Wirkung
WAIT 100	Die Anzeige bleibt $100 \cdot (1/64)$ s = 1,563 s lang stehen.

USING. Diese Anweisung legt das Ausgabeformat von Zahlenwerten und Zeichenketten im Anschluß an PRINT- und PAUSE-Befehle fest. Sie bleibt für alle nachfolgenden Ausgaben bis zu einer neuen USING-Anweisung bzw. bis zum nächsten Befehl RUN oder SHIFT CA gültig. Beispiele für die in diesem Buch benutzten Ausgabeformate enthält Abschn. 3.1.1. Man beachte, daß auch innerhalb der SHARP-Rechnerfamilie unterschiedliche USING-Anweisungen erforderlich sein können.

1.2.2 Zuordnungs- und Rechenanweisungen, Hierarchie

Jedes Programm besteht aus einer Folge von Anweisungen. Eine Programmzeile kann bis zu 79 Zeichen aufnehmen (im Minimal-BASIC sonst 72 und im Standard-BASIC 156 Zeichen).

Zuweisung. Das Zeichen = ist in BASIC kein Gleichheitszeichen im streng mathematischen Sinn (mit Ausnahme des Einsatzes als Vergleichszeichen nach Abschn. 1.2.3). Es weist vielmehr dem links von ihm stehenden Datenregister das Ergebnis der rechts von ihm stehenden Rechenoperation zu. Dabei darf der bisherige Inhalt des betroffenen Datenregisters aufgerufen und verarbeitet werden.

In die Datenregister können reelle Zahlen im Dezimalsystem mit einer bis zu 10-ziffrigen Mantisse und einem negativen oder positiven zweistelligen Exponenten bzw. Stringvariable (Zeichenfolgen) mit bis zu 7 Zeichen eingegeben werden.

Beispiele	Wirkung
A = 17.2	Dem Datenregister A wird der Wert 17,2 zugewiesen.
A = A + 1	Der Inhalt des Datenregisters A wird um 1 vergrößert.
A = 2 * A	Der Inhalt des Datenregisters A wird verdoppelt.
A = B + C	Dem Datenregister A wird die Summe der Inhalte der Datenregister B und C zugewiesen; die Inhalte der Datenregister B und C bleiben erhalten.
A = EXP (-3)	Dem Datenregister A wird der Funktionswert e^{-3} zugewiesen.
A$ = "X1"	Dem Datenregister A wird die Stringvariable X1, also eine Zeichenkette, zugewiesen.

Rechenanweisungen. Die SHARP-Rechner kennen die folgenden Rechenanweisungen bzw. Aufrufe:

Zeichen	Beispiel	Wirkung
+	7.5 + 3.7	Addition
-	7.5 - 3.7	Subtraktion
*	7.5 * 3.7	Multiplikation

Zeichen	Beispiel	Wirkung
/	7.5/3.7	Division
ABS	ABS(-3.7)	Bilden des Absolutwerts
INT	INT 7.5	Bilden des ganzzahligen Anteils einer Zahl
π oder PI		Aufruf der Kreiszahl 3,14.....
RND		Erzeugen einer Zufallszahl
SGN	SGN (-3.7)	Bestimmen des Vorzeichens einer Zahl

Mathematische Funktionen. Wichtige mathematische Funktionen können durch die folgenden Anweisungen unmittelbar berechnet werden.

Zeichen	Beispiel	Wirkung
ACS	ACS 0.5	Berechnung von Arccos 0,5 (s. DIN 1302)
AHC	AHC 2	Berechnung von Arcosh 2
AHS	AHS 2	Berechnung von Arsinh 2
AHT	AHT 0.5	Berechnung von Artanh 0,5
ASN	ASN 0.5	Berechnung von Arcsin 0,5 (s. DIN 1302)
ATN	ATN 0.5	Berechnung von Arctan 0,5 (s. DIN 1302)
COS	COS 30	Berechnung von cos 30°
CUR	CUR 8	Berechnung der Kubikwurzel $\sqrt[3]{8}$
DEG	DEG 1.2345	Umrechnung von 1° 23' 24" in eine Dezimalzahl
DMS	DMS 1.2345	Umrechnung von 1,2345 in Grad/Minuten/Sekunden
EXP	EXP 3	Berechnung von e^3
FAC	FAC 3	Berechnung der Fakultät 3!
HCS	HCS 2	Berechnung von cosh 2
HSN	HSN 2	Berechnung von sinh 2
HTN	HTN 2	Berechnung von tanh 2
LOG	LOG 3	Berechnung des dekadischen Logarithmus $\log_{10} 3$
LN	LN 3	Berechnung des natürlichen Logarithmus $\ln 3 = \log_e 3$
POL	Y=POL(Y,Z)	Umrechnung der Komponentenform Y + j Z in die Polarform Y e^{jZ} [1)]
RCP	RCP 5	Berechnung des Kehrwerts von 5
REC	Y=REC(Y,Z)	Umrechnung der Polarform Y e^{jZ} in die Komponentenform Y + j Z [1)]
ROT	5 ROT B	Berechnung von $\sqrt[5]{B}$
SIN	SIN 30	Berechnung von sin 30°
SQU	SQU 7	Berechnung von 7^2
TAN	TAN 30	Berechnung von tan 30°

1) Einzelheiten s. Abschn. 2.2.4

Zeichen	Beispiel	Wirkung
TEN	TEN 5	Berechnung von 10^5
^	3^2.5	Berechnung der Potenz $3^{2,5}$ (In y^x muß $x > 0$ sein, und für $y < 0$ wird u.U. ein falsches Vorzeichen angegeben.)
√	√2	Berechnung der Quadratwurzel (In $\sqrt{x}$ muß $x \geq 0$ sein.)

Rangfolge der Rechenoperationen. Ausdrücke in Klammern werden immer zuerst berechnet - bei geschachtelten Klammern zunächst der innerste. Die Anzahl der öffnenden und schließenden Klammern muß übereinstimmen. Mit Klammern kann man also eine klare Reihenfolge der Berechnungen und Verarbeitungen erzwingen. Da dies aber oft die in Taschenrechnern knappen Programmspeicherplätze zu sehr in Anspruch nimmt, nutzt man hier gern die vorgegebene Befehlshierarchie aus (s. Abschn. 1.2.8.1).

Ohne Klammern werden die Anweisungen in der folgenden Reihenfolge abgearbeitet:

	Beispiel
- Abruf von π und der Variablen (also der Datenregister)	
- Potenzieren von Ausdrücken ohne Multiplikationszeichen	2A^3 → (A^3)*2
- Funktionsberechnungen	3+SIN30 → (sin 30°) + 3
- Potenzieren	2*A^3 → (A^3) * 2
- Berücksichtigen von Vorzeichen	
- Multiplikation und Division	1/5+1/7 → (1/5) + (1/7)
- Vergleiche	A>B+I → A > (B + I)
- logische Operationen	IF A>B AND C>B THEN ... IF (A>B) AND (C>B) THEN

1.2.3 Steueranweisungen

Die hier mitgeteilten Programme nutzen meist die äußerst wichtigen Möglichkeiten des Verzweigens zu Zeilennummern oder Marken, für die man Zeichenfolgen mit bis zu 7 Zeichen wählen kann. Eingesetzt werden hier die folgenden Steueranweisungen.

Unbedingte Sprunganweisung. Nach dem Befehl GOTO ... springt das Programm zur anschließend angegebenen Adresse, also zu einer Zeilennummer oder einer Marke. Man darf aber nicht in eine Schleife hineinspringen.

Die Anweisung ON ... GOTO ... macht das Sprungziel abhängig vom Wert eines numerischen Ausdrucks, erlaubt also eine knappe Programmierung von Sprüngen zu wählbaren Zielen anhand einer Sprungzielliste und wirkt somit wie ein Verteiler, dessen Adressen berechnet werden.

Bedingte Verzweigung mit zwei Ausgängen. Über die Anweisung IF ... THEN ... kann man erreichen, daß das Programm zu der hinter THEN folgenden Adresse verzweigt, wenn die zwischen IF und THEN stehende Bedingung erfüllt ist. Andernfalls wird das Programm in der normalen Reihenfolge fortgesetzt. Anstelle der Adresse kann auch eine Anweisung stehen; in diesem Fall wird statt THEN meist die Anweisung LET gesetzt. Im Anschluß an die Bedingung kann auch eine Unterprogrammadresse folgen.

Der zwischen IF und THEN stehende logische, d.h. numerische oder Textausdruck (also der Vergleich) wird gebildet mit den folgenden Zeichen:

Zeichen	Bedeutung	Zeichen	Bedeutung
<	kleiner als	> =	größer gleich
< =	kleiner gleich	>	größer als
=	gleich	<>	verschieden von

Es können auch Zuweisungen in der Bedingung stehen oder mehrere Bedingungen verknüpft werden über die logischen Operatoren

Zeichen	Bedeutung
AND	logischer Operator UND
OR	logischer Operator ODER

Die auf eine Abfrage IF ... LET ...: in einer Zeile folgenden Anweisungen werden nicht mehr befolgt oder bewirken eine Fehlermeldung; daher müssen sie mit einer neuen Zeilennummer beginnen.

Schleifenanweisung. Mit einer Anweisung FOR "numerische Variable"
= "Anfangswert"
TO "Endwert"
STEP "Schrittweite"
"Folge von Anweisungen"
NEXT "numerische Variable"

kann man eine durch Anfangs- und Endwert sowie Schrittweite festgelegte Anzahl von zu durchlaufenden Schleifen bestimmen. Wenn die Angabe STEP fehlt, ist die Schrittweite 1. Eine Schleife wird mindestens einmal durchlaufen. Schleifenvariable und Schrittweite dürfen ganzzahlige Werte zwischen -32768 und 32768 annehmen; eine Schrittweite Ø ist unzulässig (Endlosschleife). Diese Schleifen können in bis zu 5 Ebenen ineinander geschachtelt sein, dürfen sich aber nicht überlappen. Man darf aus einer Schleife heraus-, aber nicht in sie hineinspringen.

Laufanweisungen zum Starten eines Programms werden in Abschn. 1.4.4 besprochen.

1.2.4 Variable

Man unterscheidet zunächst numerische Konstanten, die beim PC-1401 positive oder negative ganze oder Dezimalzahlen - auch als Mantisse mit Exponent - oder Sedezimal- bzw. Hexadezimalzahlen sein dürfen, und Textkonstanten, also beliebige Zeichenfolgen.

Unter Variable versteht man einen Speicherplatz, der zur Aufnahme von veränderbaren Zahlenwerten oder Zeichenfolgen bereitgehalten wird. Der PC-1401 hat je einen Speicherbereich für Standardvariable und Feldvariable. Den numerischen Standardvariablen werden die 26 festen Datenregister A bis Z zugeordnet. Hinter jeder Textvariablen muß das Dollarzeichen $ stehen. Das erste Datenregister kann daher der numerischen Standardvariablen A oder der Textvariablen A$ zugewiesen werden. Standardvariable werden hier nur als einfache (und nicht als indizierte) Variable eingesetzt.

Die Feldvariablen werden dem Hauptspeicher zugeordnet und nehmen daher Platz in Anspruch, der sonst für die Programmzeilen zur Verfügung stände. Man unterscheidet eindimensionale Feldvariable (Vektoren) und zweidimensionale (Matrizen); sie werden hier stets indiziert - z.B. in B(3,4) oder B(A,B). Feldvariable müssen vor ihrem Einsatz über den Befehl DIM vereinbart werden.

Ferner können beim PC-1401 innerhalb eines Programms Variable mit 2 Zeichen - z.B. AB, AB$ oder B2 u.ä. - gebildet werden; sie beanspruchen jedoch viele Byte aus dem Programmspeicher (s. Abschn. 1.4.3.1).

Wenn mit der Anweisung DIM ein- oder zweidimensionale Feldvariable (Arrays), also mehrere systematisch geordnete, indizierte Variable, vereinbart werden sollen, muß natürlich im Hauptspeicher auch der benötigte Platz vorhanden sein. Hierbei belegt jede numerische Variable den Platz für 8 Programmschritte (= 8 Byte). Jedes Feld benötigt weitere 6 Byte für den Variablennamen. Textvariable verlangen sogar 16 Byte.

Bei den hier eingesetzten Programmen werden Feldvariable am Programmanfang vereinbart; ihr Umfang wird u.U. durch Programmparameter selbsttätig festgelegt (s. z. B. Programm 3.20).

Beispiel	Wirkung
DIM B(5)	Es wird ein eindimensionales Datenfeld für 6 Variable reserviert.
DIM B(5,6)	Es wird ein zweidimensionales Datenfeld mit 6 Zeilen und 7 Spalten, also ein 6x7-Matrix mit insgesamt 42 Elementen, festgelegt.
DIM B(N)	Es wird ein eindimensionales Datenfeld mit dem Umfang des im Datenregister N gespeicherten Ganzzahlanteils + 1 vereinbart.
B(2,3) = 3.7	Dem mit 2,3 indizierten Datenregister im zweidimensionalen Datenfeld B wird der Wert 3,7 zugewiesen.
B(J,K) = 3.7	Dem durch die Variablen J und K indizierten Datenregister im Datenfeld B wird der Wert 3,7 zugewiesen.

Durch den Befehl RUN werden die Feldvariablen gelöscht.

1.2.5 Unterprogramme

Unterprogramme sollen verhindern, daß sich an verschiedenen Stellen des Programms umfangreiche Befehlsfolgen wiederholen. Sie befinden sich bei den hier mitgeteilten Programmen meist am Schluß oder, wenn sie in mehreren Programmen eingesetzt werden, im vorderen Teil des Programmspeichers, da dies beim Aufruf eines Unterprogramms die wenigsten Byte erfordert.

Als Unterprogrammadressen werden hier Zeilennummern oder Marken aus 1 bis 3 Zeichen gewählt. (Eine Zeilennummer wird offenbar schneller gefunden als eine Marke.) Jedes Unterprogramm wird mit dem Befehl RETURN abgeschlossen. Man kann aber in jede Programmzeile eines Unterprogramms hineinspringen.

Von jeder beliebigen Stelle und beliebig oft kann man über die Anweisung GOSUB ... zu einem Unterprogramm übergehen. Bis zu 10 Unterprogramme dürfen ineinander geschachtelt sein; d.h., man kann auch von einem Unterprogramm in ein anderes springen.

Mit der Anweisung ON ... GOSUB ... kann man ein Unterprogramm abhängig vom berechneten Wert eines Ausdrucks, also den ganzzahligen Wert des Sprungindex, anhand einer Sprungzielliste auswählen und aufrufen. Auch diese Anweisung wirkt daher als Verteiler.

Nach dem Befehl RETURN springt das Programm zu der auf den zugehörigen Unterprogrammaufruf folgenden Anweisung zurück. Im Hauptprogramm bewirkt der Befehl RETURN eine Fehlermeldung.

1.2.6 Textverarbeitung

Programme für elektrotechnische Aufgaben brauchen Text i.allg. nur im Rahmen des angestrebten Dialogs (s. Abschn. 1.4.5) zu verarbeiten. Wir beschränken uns daher auf die Behandlung der hierfür erforderlichen Anweisungen.

Textausdrücke oder Zeichenketten (Strings) müssen in der Programmliste im Gegensatz zu den BASIC-Wörtern und numerischen Ausdrücken stets in Anführungsstriche "..." gesetzt bzw. durch sie begrenzt werden und können dann mit den üblichen Anweisungen INPUT, PRINT, PAUSE ein- oder ausgegeben werden. Auch bei einem Sprung zu einer Marke über die Befehle RUN oder GOTO ist die Marke in Anführungsstriche zu setzen. Bei den sonstigen Eingaben werden die Anführungsstriche nicht gesetzt - auch nicht beim Aufrufen einer Programm-Adreßtaste über den Befehl DEF.

Textvariable tragen den Zusatz $ (z.B. in A$) und können bis zu 7 Zeichen umfassen. (Es lassen sich auch über die DIM-Anweisung Textvariable mit einer Länge bis zu 80 Zeichen erzeugen.) Sie lassen sich mit dem Pluszeichen (+) aneinander setzen. Man kann Textausdrücke entsprechend Abschn. 1.2.3 miteinander vergleichen.

Neben den Buchstaben A bis Z, den Ziffern 0 bis 9 sind auch alle übrigen verfügbaren Zeichen (bis auf ") und das Leerzeichen für Textausdrücke anwendbar.

LEFT$. Diese Textfunktion entnimmt aus einer Zeichenfolge die ersten Zeichen von links.

Beispiel	Wirkung
Q$ = "Y I S" R$ = LEFT$ (Q$,1)	Der Variablen R$ wird das Zeichen Y zugewiesen.

MID$. Diese Textfunktion entnimmt einer Zeichenfolge den mittleren Teil.

Beispiel	Wirkung
Q$ = "Y I S" R$ = MID$ (Q$,3,1)	Der Variablen R$ wird das Zeichen I zugewiesen.

RIGHT$. Diese Textfunktion entnimmt aus einer Zeichenfolge die letzten Zeichen von rechts.

Beispiel	Wirkung
Q$ = "Y I S" R$ = RIGHT$ (Q$,1)	Der Variablen R$ wird das Zeichen S zugewiesen.

REM. Auf durch diese Anweisung bestimmte Kommentarzeilen wird hier wegen der begrenzten Speicherkapazität von Taschenrechnern generell verzichtet.

STR$. Diese Anweisung wird hier zum Indizieren von Rechenergebnissen herangezogen. Sie wandelt einen numerischen Ausdruck in die dezimale Zeichenfolge um und ermöglicht so z.B. das Aneinanderfügen von Buchstaben und wechselnden Ziffern (s. Programm 3.20).

Beispiel	Wirkung
C$ = "Y" + STR$ B: PRINT C$	Wenn z.B. B den Wert 3 hat, wird "Y3" angezeigt.

Die Zeichenfunktion INKEY$ wird in Abschn. 1.2.1 erläutert.

1.2.7 Weitere wichtige Anweisungen

In den Programmen dieses Buches werden noch folgende Anweisungen eingesetzt:

Anweisung	Wirkung bzw. Aufgabe
CLEAR	Löschen aller Felder im Hauptspeicher und Nullsetzen der Datenregister A bis Z
BEEP	Nach längeren Rechnungen wird eine bevorstehende Anzeige als Folge einer Anweisung BEEP 1 durch einen Piepton angekündigt.
DEF ..	Dient zum Starten über die Definable Keys, also die anschließend einzugebende Marke A bis M.
DEGREE	Einstellen des Winkelmodus Grad (°)

Anweisung	Wirkung bzw. Aufgabe
END	Abschluß eines Programms
RADIAN	Einstellen des Winkelmodus Radiand (rad)
RUN ...	Start eines Programms mit der folgenden Adresse
SHIFT ..	Leitet allgemein die Zweitfunktion einer Taste ein.

Die noch nicht erklärten Zeichen haben folgende Bedeutungen:

Zeichen	Aufgabe bzw. Wirkung
! % @	reine Kommentarbedeutung
"	Eingrenzung für Zeichenketten
#	erforderlich beim Ausgabeformat (s. Abschn. 3.1)
$	Kennzeichnung von Stringvariablen
&	erforderlich für das Ausgabeformat von Zeichenketten und bei Hexadezimalzahlen
?	Bereitzeichen für Eingabe (s. Abschn. 1.2.1)
:	Trennzeichen für Anweisungen
,	Trennzeichen, z.B. bei MEM, DIM (J,K) - trennt bei INPUT die Eingabe zeilenweise (s. Abschn. 1.2.1) und verteilt bei PRINT die Ausgabe auf die Anzeigehälften (s. Abschn. 1.2.1)
;	setzt bei INPUT die Eingabe unmittelbar hinter das Bereitzeichen (?) und läßt bei PRINT die Ausgaben unmittelbar aufeinander folgen

Für alle nicht aufgeführten Anweisungen (insbesondere solche, die den Betrieb mit Kassette oder Drucker betreffen) sowie alle eingehenderen Erläuterungen wird auf die Bedienungsanleitung verwiesen.

1.2.8 Verkürzte Rechengänge und Programmierungen

Es hat Vorteile, wenn man bei den Eingaben oder innerhalb von Programmen sowie beim Eintasten von Befehlen von den normalen BASIC-Anweisungen abweichen und sie verkürzen darf. Hier soll daher noch auf solche Möglichkeiten beim PC-1401 hingewiesen werden.

<u>1.2.8.1 Abgekürzte Eingaben und Anweisungen</u>. Taschenrechner führen bestimmte Rechenoperationen mit Vorrang (für einzelne Rechnerfamilien in unterschiedlicher Weise) aus (s. Abschn. 1.2.2). Man braucht sich die hierfür geltenden Regeln aber nicht unbedingt zu merken, wenn man durch Setzen von <u>Klammern</u> die gewünschte Reihenfolge selbst herstellt. So entstehen oft lange Ausdrücke, die man bei Kenntnis der dem Rechner eingeprägten Hierarchie u.U. erheblich verkürzen könnte. Klammern werden daher hier, wenn zulässig, fortgelassen. Bei diesen Abkürzungen dürfen natürlich keine BASIC-Wörter oder Variablen-Namen entstehen.

Nützliche Möglichkeiten für Abkürzungen sind in Tafel 1.1 zusammengestellt. Sie sind nur den geübten Anwendern bzw. Programmierern zu empfehlen, da sie natürlich auch die Gefahr von Fehlern in sich bergen. In den hier behandelten Programmen und Beispielen werden sie allerdings meist genutzt.

Tafel 1.1 Beispiele für verkürzte Eingaben und Anweisungen

Aufgabe	Anweisungen		eingesparte
	lang	kürzer	Byte
$A = \frac{B}{0,5}$	A=B/0.5	A=B/.5	1
$A = B - 0,5$	A=B-0.5	A=B-.5	1
$A = \frac{1}{B}$	A=1/B	A=RCP B	1
$A = \frac{1}{B\ C}$	A=1/(B*C)	A=RCP B/C	3
$A = 10^{3,2}$	A=10^3.2	A=TEN 3.2	2
$A = \frac{1}{5} + \frac{1}{7}$	A=(1/5)+(1/7)	A=RCP 5 + RCP 7	6
$A = 3 \cdot 7 + 4 \cdot 9$	A=(3*7)+(4*9)	A=3*7+4*9	4
$A = 3\ B^{\sin C}$	A=3*(B^(SINC))	A=3*B^SINC	4
$A = 2\ B^C$	A=2*(B^C)	A=2*B^C	2
$A = B^2$	A=B^2	A=SQU B	1
$A = \sqrt{B}$	A=B^(1/2)	A=√ B	5
$A = \sqrt[3]{B}$	A=B^(1/3)	A=CUR B	5
$A = (3,3 \cdot 2,2)^2$	A=(3.3*2.2)^2	A=SQU 3.3* SQU 2.2	2
$A = \sin B + C$	A=(SINB)+C	A=SINB+C	2
$A = \sin(-30^\circ)$	A=SIN(-30)	A=SIN-30	2

1.2.8.2 BASIC-Tasten. Es wäre lästig, die langen BASIC-Wörter INPUT oder RETURN u.ä. stets buchstabenweise eintasten zu müssen. Daher sind beim PC-1401 die am häufigsten vorkommenden BASIC-Funktionen als Zweitfunktion den Tasten A bis SPC zugeordnet. Hierdurch wird nicht nur eine schnelle, sondern auch eine fehlerfreie Eingabe erreicht.

Außer diesen BASIC-Wörtern sowie den BASIC-Zeichen, die den Tasten Q bis P und *, -, + als Zweitfunktionen zugewiesen sind, kann man natürlich auch alle Buchstaben und Ziffern mit den zugehörigen Operationszeichen + bis = unmittelbar eingeben. Darüber hinaus kann man beim PC-1401 noch die in Tafel 1.2 aufgeführten BASIC-Wörter über die dort angegebenen Tasten erzielen. Sie sind meist mit 1 oder 2 Tastendrücken - also schneller als über die Buchstabenfolge - einzustellen und helfen anhand der Tastenfolge in jedem Fall Fehler zu vermeiden.

Tafel 1.2 Mit Tasten verwirklichbare BASIC-Wörter

BASIC-Wort	Tasten	BASIC-Wort	Tasten
ACS	SHIFT $\cos^{-1}$	HTN	hyp tan
AHC	SHIFT archyp cos	LN	ln
AHS	SHIFT archyp sin	LOG	log
AHT	SHIFT archyp tan	POL	SHIFT →rθ
ASN	SHIFT $\sin^{-1}$	RCP	1/x
ATN	SHIFT $\tan^{-1}$	REC	SHIFT →xy
COS	cos	ROT	SHIFT $\sqrt[x]{y}$
DEG	DEG	SIN	sin
DMS	SHIFT D.MS	SQU	x^2
E	EXP	TAN	tan
EXP	SHIFT e^x	TEN	SHIFT 10^x
FAC	SHIFT n!	√	SHIFT √
HCS	hyp cos	^	y^x
HSN	hyp sin	π	SHIFT π

Es ist zu beachten, daß man mit dem Tastenbefehl EXP das vor dem Exponenten einer Zahl stehende Zeichen E erhält - mit den Tasten SHIFT e^x dagegen das BASIC-Wort EXP.

Man kann zwar das Wort HEX über die zugehörige Taste in den Programmspeicher bringen; beim Programmablauf erscheint dann aber eine Fehlermeldung.

1.2.8.3 Abgekürzte BASIC-Wörter. Außer den in Abschn. 1.2.8.2 zusammengestellten Möglichkeiten, BASIC-Wörter über bestimmte Tastenfolgen schneller eintasten zu können, darf man beim PC-1401 noch die in Tafel 1.3 zusammengefaßten (ausgewählten) Abkürzungen vorteilhaft nutzen. Eine vollständige Liste enthält die Bedienungsanleitung. Man vergesse vor allen Dingen nicht die erforderlichen Punkte!

Tafel 1.3 Nützliche Abkürzungen für BASIC-Wörter

BASIC-Wort	Abkürzung	BASIC-Wort	Abkürzung
AREAD	A.	MID$	M.
BEEP	B.	PAUSE	PAU.
CONT	C.	RADIAN	RAD.
DATA	DA.	RANDOM	RA.
DEGREE	DE.	RESTORE	RES.
GRAD	GR.	RIGTH$	RI.
INKEY$	INK.	STOP	S.
LEFT$	LEF.	TRON	TR.
LLIST	LL.	VAL	V.
LPRINT	LP.	WAIT	W.
MEM	M.		

1.3 Eigenschaften von Digitalrechnern

Rechnerfamilien haben bestimmte Eigenschaften, die nicht immer optimal auf die Bedürfnisse von Ingenieuren zugeschnitten sind. Außerdem unterscheiden sich die Wünsche und Aufgaben der verschiedenen Fachbereiche, so daß es sicher nicht möglich ist, alle Wünsche mit vertretbarem Aufwand zu erfüllen. Hier sollen daher noch die Eigenschaften des PC-1401 hinsichtlich seiner besonderen Eignung für die Zwecke der Elektrotechnik untersucht werden.

Alle Digitalrechner haben begrenzte Rechenbereiche, können nur mit einer begrenzten Stellenzahl arbeiten und sind daher auch in ihrer Rechengenauigkeit eingeschränkt, die noch abhängig von dem eingesetzten Rechenverfahren für die auszuführenden Rechenoperationen unterschiedlich sein kann. Hier sollen daher für einige Fälle die wünschenswerte oder erzielbare Genauigkeit und ihre Auswirkungen angesprochen werden

Meist können EDV-Einrichtungen viel zu viele Informationen liefern. Mit einer zweckmäßigen Festlegung des Ausgabeformats kann man sie aber schon in einem wichtigen Bereich auf die Belange des Ingenieurs einschränken. Der Elektroingenieur arbeitet häufig mit Phasenwinkeln; ihre zweckmäßige Angabe soll daher ebenfalls behandelt werden.

1.3.1 Genauigkeit

Es scheint müßig zu sein zu fragen, wie genau ein Rechner arbeitet, der 10 Ziffern anzeigen kann und intern mit 12 Stellen rechnet. Für die meisten Ingenieuraufgaben ist er ausreichend genau; hier wird auf mögliche Fehler hingewiesen, um den Benutzer vor unangenehmen Überraschungen zu bewahren.

Falsche Rechenergebnisse entstehen hauptsächlich durch Programm- oder Eingabefehler, also weil Programme falsch aufgestellt oder eingetastet oder falsche Daten eingegeben werden. Man kann sehr leicht Fehler machen und sollte sich darüber nicht allzu sehr wundern. Programmfehler kann man anhand von Testbeispielen erkennen und weitgehend vermeiden; diese sollte man daher nicht für überflüssig halten. Die richtige Dateneingabe läßt sich - auch nach der Rechnung - überprüfen, wenn man alle Eingaben mit dem Drucker protokolliert.

Daneben können falsche Ergebnisse durch Ungenauigkeiten infolge der begrenzten Anzahl der verfügbaren Stellen, durch Anwenden von Näherungsverfahren oder durch ungenaue Eingabedaten (Meßdaten) entstehen. Diese Ursachen sollen hier kurz erläutert werden.

1.3.1.1 Rechnerfehler. Funktionswerte, wie z.B. sin x, cos x, ln x, e^x, die der Taschenrechner anzeigen oder verarbeiten soll, muß er i.allg. zunächst intern nach vom Hersteller nicht veröffentlichten Näherungsverfahren berechnen. Diese Werte können daher in den letzten Stellen ungenau sein.

Die endliche Stellenzahl bewirkt ferner, daß bei der Addition von Zahlen sehr unterschiedlicher Größe und bei der Subtraktion von annähernd gleich großen Zahlenwerten Stellen verloren gehen, die sich bei weiteren Rechnungen als Fehler auswirken. Man kann sie hauptsächlich durch Wählen eines besseren Berechnungsverfahrens (s. Abschn. 1.3.1.2) oder durch Unterdrücken des falschen Wertes (s. Abschn. 1.3.1.5) vermeiden.

Beispiel 1.1. Um die Größenordnung der auftretenden Rechnerfehler sowie die Anzahl der berechneten Stellen zu erkennen, berechne man in der Betriebsart RUN-Mode folgende Funktionswerte

Eingaben	Anzeige
a) 1/6 ENTER	1.666666667E-01
b) 202^3 ENTER - 202*202*202 ENTER	-0.001
c) 1/6 ENTER * 3 - .5 ENTER	1.E-10
d) A=3E6/7 ENTER A=A-INTA ENTER	428571.4286 .4286
e) SIN60-.866 ENTER	2.5403791E-05
f) 1E9+1-1E9 ENTER	1.
g) 1E10+1-1E10 ENTER	0.
h) A= √3 ENTER A= SQU A-3 ENTER	1.732050808 1.49E-09
i) LN EXP 3 - 3 ENTER	0.
j) TAN 90.000001 - TAN 89.999999 ENTER	-114591559.
k) A=SIN89.9995 ENTER C-CE ASN A-90 ENTER	1. 0.

Der PC-1401 zeigt somit folgende Eigenschaften: Nach a) rundet er das Ergebnis in der 10. Ziffer. Nach e) muß er intern mit 12 Stellen rechnen. Nach d) enthalten die Datenregister jedoch nur noch (in der letzten Stelle gerundete) 10 Ziffern. Die übrigen Beispiele zeigen, ab wann man Fehler zu erwarten hat und wie groß diese u.U. werden können. Bei i) verhält sich der PC-1401 besser als der PC-1251 - für f) und g) tritt dagegen ein Fehler früher ein.

1.3.1.2 Verfahrensfehler. Ein numerisches Berechnungsverfahren kann oft umständliche analytische Umrechnungen überflüssig machen. Diese liefern jedoch i.allg. eine exakte Lösung, während die numerischen Ergebnisse häufig nur Näherungen sind. Eine analytische Lösung ist daher vorzuziehen, wenn sie noch einfach zu finden ist.

Die folgenden Beispiele sollen zeigen, daß man eine Division durch Null und kleine Differenzen im Programmablauf vermeiden muß. Sie können außerdem die Grenzen des Rechners demonstrieren.

Beispiel 1.2. Man berechne mit den beiden (z.B. durch Erweitern mit $\sqrt{1+x} + \sqrt{1-x}$ ineinander überführbaren) Funktionsgleichungen

$$y = \frac{\sqrt{1+x} - \sqrt{1-x}}{x} \tag{1.1}$$

$$y = \frac{2}{\sqrt{1+x} + \sqrt{1-x}} \tag{1.2}$$

die Werte für $x_1 = 0$ und $x_2 = 2 \cdot 10^{-10}$.

Mit Gl. (1.1) kann ein Taschenrechner y_1 nicht bestimmen; sie liefert außerdem den falschen Wert $y_2 = 0$. (Für $x_3 = 2 \cdot 10^{-9}$ erhält man noch den richtigen Wert $y_3 = 1$.)

Dagegen findet man mit Gl. (1.2) die richtigen Werte $y_1 = y_2 = 1$.

Beispiel 1.3. Mit den beiden durch Erweitern ineinander überführbaren Funktionsgleichungen

$$y = \frac{1 - \cos x}{\sin x} \tag{1.3}$$

$$y = \frac{\sin x}{1 + \cos x} \tag{1.4}$$

soll für $x = 2 \cdot 10^{-4}$ der Funktionswert y bestimmt werden.

Gl. (1.3) ergibt $y = 0$, Gl. (1.4) dagegen $y = 1.745329252 \cdot 10^{-6}$.

1.3.1.3 Datenfehler. In der Elektrotechnik muß man oft mit gemessenen Daten rechnen, sollte dann aber stets daran denken, daß diese wegen der endlichen Klassengenauigkeit der eingesetzten Meßgeräte meist in der 3. oder 4. Stelle unsicher sind. Wie sich solche Meßfehler auswirken können, zeigt das folgende Beispiel.

Beispiel 1.4. Die Schaltung in Bild 1.4 enthält zwei Quellen mit den inneren Widerständen $R_1 = R_2 = 1\ \Omega$ und den Verbraucherwiderstand $R_a = 100\ \Omega$. Es soll der Strom $I_a = 2$ A fließen.

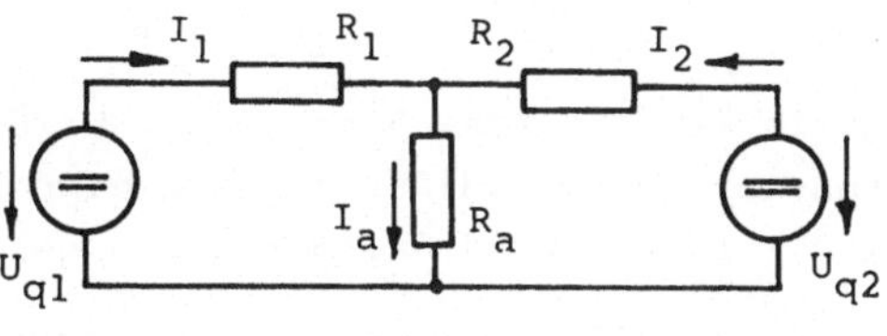

Bild 1.4 Netzwerk

Die Kirchhoffschen Gesetze /14/ verlangen, daß dann die Gleichungen

$$I_1 + I_2 = I_a \qquad R_1 I_1 + R_a I_a = U_{q1} \qquad R_2 I_2 + R_a I_a = U_{q2}$$

Tafel 1.5 Lösungen

Größe	a	b
U_{q1} in V	201	202
U_{q2} in V	201	200
I_1 in A	1	2
I_2 in A	2	0

erfüllt sind. Wenn die Quellenspannungen U_{q1} und U_{q2} frei wählbar sind, gibt es für diese Aufgabe beliebig viele Lösungen. Die in Tafel 1.5 wiedergegebenen beiden Möglichkeiten sind leicht zu überprüfen.

Man erkennt, daß eine geringfügige Änderung der Quellenspannungen (z.B. vorgetäuscht durch die Meßwerte von 2 Spannungsmessern mit der Klassengenauigkeit 0,5) schon eine sehr unterschiedliche Stromverteilung verursachen kann.

Dies ist ein etwas krasses Beispiel, das nichts über die Güte eines Rechners oder das verwendete numerische Lösungsverfahren aussagt; es macht vielmehr deutlich: Grundlage einer Berechnung, die gute Ergebnisse bringen soll, sind zuverlässige Eingabedaten. Meßdaten darf man stets nur unter Beachtung der möglichen Meßfehler einführen.

Auch weist dieses Beispiel darauf hin, daß es Schaltungen gibt, die sehr empfindlich auf Änderungen bestimmter Größen reagieren und sich bei den unvermeidbar auftretenden Toleranzen sehr unterschiedlich verhalten. Der Mathematiker spricht dabei von schlecht konditionierten Gleichungssystemen /31/. Einflüsse von Bauelement- und anderen Toleranzen sollten daher immer sorgfältig untersucht werden - Rechnerprogramme erleichtern dies ganz wesentlich.

1.3.1.4 Bereichsfehler. Der Taschencomputer PC-1401 kann in den Zahlenbereichen

$$-1\cdot 10^{100} < x < -1\cdot 10^{-100} \text{ und } 1\cdot 10^{-100} < x < 1\cdot 10^{100}$$

sowie mit der Zahl 0 arbeiten. Wird dieser Wertebereich überschritten, erscheint in der Anzeige eine Fehlermeldung. Für Zahlenwerte $x \leq 1\cdot 10^{-100}$ wird dagegen $x = 0$ gesetzt.

Beim manuellen Rechnen im CAL- oder RUN-Modus kann man eine Fehlerblockade über die Taste C-CE aufheben. In einem Programm führt eine Fehlermeldung dagegen zu einer Unterbrechung, die man vermeiden sollte.

Man muß daher für kritische Fälle (z.B. wenn eine Division durch 0 möglich ist oder wenn bei EXP X ein Wert X > 230 auftreten kann) eine Abfrage in das Programm einbauen, die eine unzulässige Rechenoperation und somit die Fehlerblockade verhindert und den Rechenwert auf den nicht unmittelbar berechenbaren Wert setzt. In das Programm 3.6 ist beispielsweise eine solche Abfrage eingebaut.

1.3.1.5 Vergleiche. Wenn man im Vertrauen auf die Gesetze der Mathematik auf die Ergebnisse von Beispiel 1.1 bis 1.3 den Vergleich IF A = B THEN ... anwendet und hiervon beispielsweise weitere Iterationen oder andere Schleifen abhängig macht, kann der Rechner wegen der ungenau berechneten Werte nicht wie erwartet reagieren, sondern er wird u.U. eine unendliche Folge von Schleifen bearbeiten und zu keinem abschließenden Ergebnis kommen. In solchen Fällen muß man entweder durch sinnvolles Runden und Löschen der überflüssigen Ziffern den Vergleich A = B ermöglichen oder ihn auf A $\geq$ B oder A $\leq$ B oder auch auf ABS (A - B) < ε umstellen. (Ein Abschneiden der letzten Stellen - z.B. durch die Anweisung USING "##.###" - genügt nicht, sondern es müßte schon echt nach Abschn. 3.1.1 gerundet werden.)

Ähnliche Schwierigkeiten ergeben sich auch beim numerischen Bestimmen von Nullstellen, wenn man z.B. die Genauigkeit $\varepsilon \leq 10^{-a}$ anstrebt, die Nullstelle aber bei $x > 10^{(12 - a)}$ auftritt und daher die interne Stellenzahl einen zu kleinen Umfang für diesen Exponentialbereich aufweist. Man sollte daher Nullstellen nicht mit zu großer Genauigkeit suchen, sondern dies eher mit geringer Genauigkeit beginnen und das Ergebnis u.U. anschließend verfeinern.

Beispiel 1.5. Man bestimme im RUN-Modus mit den

Eingaben	die Anzeigen
a) SQU √ 5 - 5 ENTER	0.
b) A = √ 5 ENTER A = SQU A - 5 ENTER	-2.24E-09

Unter a) wird also richtig gerundet, bei b) jedoch nicht, was bei einem internen Vergleich zu einem Fehler führen kann.

1.3.2 Ausgabeformat

Um Aufschluß über das jeweils sich einstellende Ausgabeformat zu erhalten, sollte Beispiel 1.6 betrachtet werden.

Beispiel 1.6. Man berechne im RUN-Modus

Eingaben	Anzeige
-31756*75362 ENTER	-2393195672.
317567*75362 ENTER	2.393248425E 10
.3/6 ENTER	0.05
3E-6/2 ENTER	0.0000015
USING "##.###" ENTER	>
1/6 ENTER	1.666666667E-01

Hiernach erfolgt die Anzeige zunächst einmal in einem normalen Dezimalformat - auch wenn die Eingabe das Exponentialformat benutzt. Sobald das Ergebnis aus mehr als 10 Ziffern besteht, geht es jedoch in ein Exponentialformat über, das aus einer Mantisse mit 10 Stellen und einem Exponenten mit 2 Stellen sowie den zugehörigen Vorzeichen (nur bei Minus angezeigt) besteht.

Die USING-Anweisung wirkt sich beim manuellen Rechnen nicht auf die Anzeige aus, sondern nur im unmittelbaren Anschluß an PRINT- und PAUSE-Befehle in einem Programm. Das normale Anzeigeformat stellt sich sogar wieder ein, wenn im Anschluß an ein Ergebnis, das ein Programm in einem anderen Format liefert, irgendein Befehl (z.B. *) manuell eingegeben wird.

EDV-Anlagen können den Benutzer mit Informationen überschwemmen. Man muß sie auf ein überschaubares und ein der zu lösenden Aufgabe angepaßtes Maß reduzieren. So sind z.B. die zehnziffrigen Anzeigen von Taschenrechnern für die meisten Ingenieuraufgaben schon zu umfangreich.

Folgende Beispiele mögen dies verdeutlichen: Ganz sicher kann z.B. ein Kondensator mit der berechneten Kapazität $C = 2.4362384 \cdot 10^{-8}$ F in dieser Genauigkeit serienmäßig nicht hergestellt werden, und die Zehnerpotenz wird hier in einer in der Technik nicht üblichen Form angegeben. Eine berechnete Windungszahl N = 52,60398645 kann man nur mit 52 oder 53 Windungen realisieren. Ein für eine vollsymmetrische Dreiecksfunktion berechneter Fourier-Koeffizient $b_6 = -9{,}61666667 \cdot 10^{-12}$ ist nach der Theorie Null; er ergibt sich hier nur aufgrund von Rechnerfehlern (s. Abschn. 1.3.1.1), die bei der angewandten Summierung von Sinuswerten nicht zu vermeiden sind. Auch eine Aussage $42^3 = 74087.99999$ ist mathematisch und technisch nicht vertretbar. Solche falschen Werte sollte daher ein gutes Programm unterdrücken.

Beim Rechenschieber kann man auf seiner Normalskala Zahlenwerte, die mit einer 1 beginnen, und einige Sonderskalen vierziffrig ablesen. Alle übrigen Werte können nur dreiziffrig ermittelt werden. Dies reicht für die meisten Ingenieuraufgaben voll aus.

Zu beachten ist ferner, das elektrische Messungen, die Grundlage vieler Berechnungen sind, wegen der Klassengenauigkeit der eingesetzten Meßgeräte oder anderer Fehlermöglichkeiten in der 4. Ziffer unsicher sind, daß in viele Entwurfsrechnungen Sicherheitszuschläge oder Sicherheitsfaktoren einbezogen werden, die eine sehr genaue Berechnung überflüssig machen, und daß die eingesetzten Bauelemente Toleranzen aufweisen oder auf 6 Ziffern Genauigkeit auszusuchende Einzelteile nicht zu bezahlen sind.

Andererseits ist zu beachten, daß für einige Berechnungen (z.B. in der Matrizenrechnung) das interne Rechnen mit 12 Ziffern, wie bei den hier betrachteten Rechnern, gelegentlich nicht ausreicht. Es ist also sinnvoll, daß die Datenregister eine große Ziffernzahl aufnehmen können und interne Rechenoperationen stets mit der größtmöglichen Ziffernzahl ablaufen - zumal dies keinen zusätzlichen Aufwand erfordert.

Die Anzeige sollte jedoch sinnvoll gerundet sein. Einige Taschenrechner können die in DIN 1333 festgelegten Regeln für das Runden automatisch berücksichtigen. Der hier betrachtete PC-1401 hat zwar für den wissenschaftlichen Rechnerteil eine allgemein einsetzbare Rundungsautomatik, die jedoch im BASIC-Teil nicht angewandt werden kann, so daß für die Programme eigene Rundungsroutinen vorzusehen sind. Außerdem muß man das Ausgabeformat i.allg. dem vorliegenden Zweck anpassen, kann es also nicht einmal endgültig wählen.

Der Rechner PC-1401 ist also noch nicht voll auf Ingeniurbelange eingerichtet. Daher werden in Abschn. 3.1.1 kleine Rundungsprogramme mit Ausgabeformaten, die die Stellenzahl auf ingenieurgerechte Informationen beschränken, mitgeteilt. Sie werden hier fast immer angewandt.

Anzeigen, die nur den ganzzahligen Anteil des numerischen Ausdrucks enthalten sollen, kann man über den Befehl INT erreichen; sie sind technisch meist wenig interessant.

Wünschenswert wäre an sich für die meisten Ergebnisse eine Ausgabe mit 4 gültigen Ziffern und einem durch 3 teilbaren Exponenten. Man nennt dies auch das technische Anzeigeformat, da dann die üblichen

Vorsätze zur Bezeichnung von dezimalen Vielfachen und Teilen von Einheiten nach DIN 1301, wie z.B. p, n, µ, k, M, G usw.) unmittelbar übernommen werden können. Dieses Ausgabeformat ist beim PC-1401 nur sehr umständlich zu verwirklichen, so daß es nicht eingesetzt werden soll.

1.3.3 Winkelmodus

In den hier mitgeteilten Programmen wird beim Winkel einer komplexen Größe, die in der Polarform eingegeben werden soll oder ausgegeben wird, stets mit der Einheit Grad ($^{\circ}$) gearbeitet. Um dies zu gewährleisten, ist vor die Programmsegmente, die die Komponenten in die Polarform oder umgekehrt umrechnen, der Befehl DEGREE gesetzt.

Bei den Hyperbelfunktionen muß dagegen in der Einheit Radiand (rad) gerechnet werden. Daher steht vor den entsprechenden Programmmodulen der Befehl RADIAN.

Man beachte, daß das Ein- und Ausschalten der SHARP-Rechner den Winkelmodus nicht ändert, der Winkelstatus nach dem Einschalten im Display jedoch angezeigt wird. Der Benutzer muß daher in allen anderen Fällen, in denen das Programm den Winkelstatus nicht automatisch festlegt, selbst dafür sorgen, daß er richtig eingestellt ist.

1.4 Aufbau der Programme

Es soll nun kurz erläutert werden, welche Ziele mit den hier für elektrotechnische Aufgaben konzipierten BASIC-Programmen verfolgt werden, aus welchen Elementen sie i.allg. bestehen, wie die Speicherbereiche hierfür aufgeteilt, wie die Programme gestartet und somit die Möglichkeiten des PC-1401 genutzt werden können.

Die Programme - auch sehr kleine Unterprogramme - sind durchnumeriert, um sie leicht auffinden zu können. Da beim PC-1401 die Zeilennummern 1 bis 65 279 zur Verfügung stehen, brauchen alle Zeilennummern in den in diesem Buch mitgeteilten Programmen nur ein einziges Mal eingesetzt zu werden. Die Programmteile können daher auch beliebig miteinander kombiniert werden, und alle Programme können in beliebiger Zusammenstellung im Programmspeicher stehen. Daher dürfen auch alle Marken nur einmal in allen Programmen zusammen eingesetzt werden. (Für den Frequenzgang werden allerdings drei Versionen mit teilweise gleichen Zeilennummern mitgeteilt. Da jeweils nur eine Alternative eingesetzt werden kann, entstehen hierdurch aber keine Schwierigkeiten.)

1.4.1 Ziel

Programmierbare Taschenrechner sollen dem Benutzer nicht nur umfangreiche und manuell nur recht umständlich zu lösende Berechnungsaufgaben abnehmen; sie können auch einfachere Routinen, die häufiger vorkommen, in bequemer Handhabung zur Verfügung stellen. Diese kleinen und schnellen Rechner ermöglichen gegenüber dem bisherigen Vorgehen andere u.U. für den Benutzer wesentlich einfachere, vielseitiger einsetzbare, schneller zum Ergebnis führende und genauere Berechnungsverfahren. Die hier mitgeteilten Programme sollen daher u.a.

- vielseitig einsetzbar sein,
- umständliche Berechnungen übernehmen,
- schnell ingenieurgerechte Ergebnisse liefern,
- anwenderfreundlich sein, d.h. u.a.
- leicht aufrufbar und am Namen erkennbar sein,
- in komfortabler Weise, also im Dialog, die Eingaben anfordern und die Ergebnisse liefern,
- daher ingenieurgerechte Ausgaben - z.B. auch als Druckstreifen oder als Diagramme - aufweisen,
- die begrenzte Speicherkapazität eines Taschenrechners und seine sonstigen Möglichkeiten gut nutzen,
- möglichst auch im angewandten Algorithmus leicht zu durchschauen, also zweckmäßig programmiert sein und
- somit die wichtigsten und häufigsten elektrotechnischen Aufgaben besser und schneller als bisher zu lösen gestatten.

Sie können darüber hinaus zeigen,

- wie man allgemein Programme zweckmäßig aufbaut,
- was BASIC auch mit Taschenrechnern zu leisten vermag und
- wie BASIC eingesetzt werden kann.

Diese Programme können auch entsprechend aufbereitet auf größeren Rechnern oder auch als Unterprogramme eingesetzt werden.

Da BASIC-programmierbare Rechner nicht nur Zahlen, sondern auch Text wünschenswert gut verarbeiten können, kann man die aufgeführten Ziele schon heute weitgehend verwirklichen. Ihre vollständige

Erfüllung wird hauptsächlich eingeschränkt durch die Hardware, die aber stetig weiterentwickelt wird und so für die Zukunft noch größere Kapazitäten und kürzere Rechenzeiten verspricht.

Dieser Teil 3 behandelt daher die wichtigsten, auf den PC-1401 umgeschriebenen Programme von Teil 1 und 2 - nämlich die komplexe Arithmetik, das Lösen linearer komplexer Gleichungssysteme, das Anwenden von Knotenpunktpotential- und Maschenstrom-Verfahren, das Bestimmen von Frequenzgängen (Ortskurve, Bodediagramm, Gruppenlaufzeit), Resonanzfrequenzen und Sprungantworten (insbesondere für Kettenschaltungen) sowie das Berechnen von Funktionen mit reellen und komplexen Argumenten. Für die Leitungstheorie und die Fourier-Analyse wird auf Teil 1, für den Einsatz des Reduktionsverfahrens mit Ersatzquellen oder von Signalflußplänen zum Bestimmen von Frequenzgängen oder Sprungantworten und des Faltungsintegrals zum Bestimmen von Impulsantworten sowie die Bemessung und die Analyse aktiver Filter wird außerdem auf Teil 2 verwiesen.

1.4.2 Programmelemente

Aus den in Abschn. 1.4.1 erläuterten Forderungen ergibt sich der zweckmäßige Aufbau eines BASIC-Taschenrechnerprogramms für elektrotechnische Aufgaben:

Beim Aufruf eines Programms soll zunächst in der Anzeige der Name des Programms erscheinen. Aus Kapazitätsgründen muß er so kurz wie möglich gewählt sein; er darf andererseits aber auch keine Mißverständnisse begünstigen und sollte daher ein naheliegendes, klares Kürzel darstellen. Wegen der begrenzten Speicherkapazität wird hier auf längere REM-Erläuterungen innerhalb des Programms verzichtet.

Die hier mitgeteilten Programme fordern anschließend die erforderlichen Eingabedaten im Dialog und wieder mit naheliegenden Kürzeln - also meist mit einem oder mit zwei Zeichen - unmißverständlich an. Zwischendurch können vom Benutzer über zu wählende Zeichen notwendige Programmverzweigungen eingeleitet werden. Somit enthalten die Programme schon implizit eine Benutzeranleitung. Hinter jeder INPUT-Aufforderung steht in der Anzeige das Fragezeichen (?), so daß sich hierfür weitere Kennzeichnungen erübrigen.

Nach der letzten Eingabe wird jeweils die weitere Berechnung automatisch bis zur Ausgabe des Ergebnisses fortgesetzt. Hierfür wird stets ein ingenieurgerechtes Ausgabeformat vorgeschrieben. Das anzustrebende Runden läßt sich allerdings nicht immer verwirklichen. Zusammengehörige Werte werden möglichst gleichzeitig nebeneinander angezeigt. Außerdem sind Druckroutinen vorgesehen, die das Ausdrukken von Ergebnislisten oder die graphische Darstellung von Kurven in Diagrammen veranlassen.

Zu jedem Programm gehören eine knappe Darstellung der zugrundeliegenden Algorithmen und Hinweise auf weiterführendes Schrifttum. In einer Programmbeschreibung wird der Aufbau des Programms und die Bedeutung der benutzten Abkürzungen erläutert. Außerdem werden die eingesetzten Datenregister angegeben. Bei umfangreichen Programmen stehen neben der Programmliste noch Erläuterungen der einzelnen Programmsegmente.

1.4.3 Organisation der Speicher

Die begrenzte Speicherkapazität von Taschenrechnern erfordert eine besonders eingehende Planung des Aufbaus der Programme, ihrer Verteilung auf die verschiedenen Speicherbereiche, der Zuordnung der Datenregister und eines sehr weitgehenden Einsatzes von Unterprogrammen.

Alle in diesem Teil 3 mitgeteilten Programme kann man nicht gleichzeitig im Programmspeicher unterbringen. Man wird vielmehr normalerweise eine Standardprogrammkombination - der Verfasser empfiehlt hierfür die Programme 3.2, 3.17 und 3.21 (mit dem Unterprogramm 3.16), mit denen man die meisten Aufgaben aus Abschn. 4, 5 und 7 lösen kann - im Programmspeicher einsatzbereit haben und die übrigen Programme im Kassettenrecorder bereithalten.

Um ein so umfangreiches Programmpaket ohne Schwierigkeiten oder Einschränkungen anwenden zu können, muß man es klar ordnen, den verschiedenen Programmen eindeutige Bereiche im Programmspeicher zuweisen, die Variablen möglichst stets gleichartig einsetzen und darf man alle Marken nur einmal verwenden.

Es wird nun zunächst zusammengestellt, welcher Bedarf an Byte durch die verschiedenen Programmschritte u.ä. entsteht, welche Zeilenbereiche zu welchen Programmen gehören und welche Größen normalerweise den Standard- und Feldvariablen zugeordnet sind.

1.4.3.1 Byte-Bedarf. Die Speicherkapazität des PC-1401 ist mit 4,2 KByte sowie beim PC-1402 mit 10,2 KByte relativ groß. Trotzdem muß man, um die wichtigsten Programme verfügbar zu haben, für sie eine sehr kompakte Form vorsehen. Es ist also wichtig, den Bedarf an Byte aus dem Programmspeicher jeweils so gering wie möglich zu halten.

Dies zwingt dazu, viele Unterprogramme einzusetzen und sie auch in u.U. nicht mehr sehr übersichtlicher Form ineinander zu schachteln oder auch in die Unterprogramme hineinzuspringen. Darüber hinaus sollten alle Möglichkeiten zum Einsparen von Byte genutzt werden (s. Abschn. 1.2.8.1 und Tafel 1.1).

Jede Zeilennummer - unabhängig von ihrer Länge (also 2 und auch 20 000) erfordert (ohne den folgenden Doppelpunkt) 3 Byte. Als Adresse (also z.B. nach GOSUB und GOTO) verlangt allerdings jede Ziffer ein Byte (s. Tafel 1.6). Die Programmzeilen folgen in den hier mitgeteilten Programmen in Zehnerschritten aufeinander. Man könnte daher auch überall die letzte Null in der Zeilenadresse fortlassen und somit bei ihrem jeweiligen Aufruf 1 Byte einsparen.

Tafel 1.6 Beispiele für Byte-Bedarf

Programmschritt	Byte-Bedarf
Zeilennummer	3
BASIC-Wort	1
BASIC-Wort mit Doppelpunkt	2
GOSUB 1	3
GOSUB 10	4
GOSUB 100	5
GOSUB 1000	6
GOSUB 10000	7
GOSUB A	3
GOSUB AØ	4
GOSUB "A"	5
IF A=B THEN 1	7
Ziffer oder Zeichen	1

Jedes normale BASIC-Wort (z. B. INPUT, PRINT) benötigt mit dem vor ihm stehenden Doppelpunkt (:) 2 Byte. In Anweisungen beansprucht jede Ziffer und jedes Zeichen 1 Byte (also auch SIN oder AHS).

Tafel 1.6 zeigt an einigen Beispielen, wie viele Byte bestimmte Anweisungen kosten, und Tafel 1.1, wie man durch Anwenden der in Abschn. 1.2.8 beschriebenen Abkürzungsmöglichkeiten Programmspeicherplätze einsparen kann. Hiernach verlangt also der Sprung zu einer Marke aus einem Zeichen nicht mehr Byte als der Sprung zu einer dreistelligen Zeilennummer. (Allerdings benötigt die Marke selbst mindestens 3 Byte.)

Die numerischen Variablen A bis Z sind stets verfügbar; ihr Aufruf verlangt 1 Byte. Indizierte numerische Feldvariable müssen nicht nur im Programm dimensioniert werden, was bei Vektoren mindestens 6 Byte und bei Matrizen mindestens 8 Byte erfordert. Jeder Aufruf beansprucht entsprechend mindestens 4 bzw. 6 Byte. Außerdem ergibt sich noch für die Speicherplätze ein Bedarf - z.B. bei dem Vektor B(9) von 86 Byte oder der Matrix B(9,9) von 806 Byte. Bei Textvariablen ist er fast doppelt so groß.

Man kann auch numerische Variable mit 2 Zeichen - z.B. AB oder B2 - jederzeit im Programm (ohne die Anweisung DIM - nur durch Zuweisung) bilden. Eine solche numerische Variable hat jeweils eine Bedarf von 15 Byte aus dem Hauptspeicher - eine Textvariable AB$ benötigt sogar 23 Byte. Auch bei einer Abfrage im RUN-Modus B2 ENTER (mit dem Ergebnis 0) einer vorher überhaupt nicht belegten Variablen B2 wird der freie Teil des Hauptspeichers um 15 Byte verkleinert! Solche gehäuften Abfragen können daher schnell den für Feldvariable benötigten Speicherbereich unerwünscht einengen.

1.4.3.2 Aufteilung des Programmspeichers. Einige hier besprochene Programme nutzen ein größeres Unterprogramm, und weitere Unterprogramme werden in allen Programmen eingesetzt. Es ist daher zweckmäßig, sowohl einigen Variablen bestimmte Datenregister als auch den verschiedenen Programm-Modulen feste Bereiche des Programmspeichers zuzuordnen.

Tafel 1.7 Inhalt der Programmspeicherbereiche

Programmzeilen	Inhalt
10 bis 180	häufig eingesetzte Unterprogramme
190	Runden auf vierziffriges Exponentialformat
200 bis 780	Unterprogramme für Frequenzgang, Resonanzfrequenz, Phasen- und Gruppenlaufzeit, Sprungantwort, Drucken, Plotten
1010 bis 1210	komplexe Arithmetik
1500 bis 1800	Funktionen mit komplexem Argument
2010 bis 2910	Kettenschaltung
3010 bis 3950	Gleichungssysteme, Knotenpunktpotential- und Maschenstrom-Verfahren
4010 bis 4260	reelle Funktionen

Die verschiedenen Programmbereiche und ihre Inhalte sind in Tafel 1.7 angegeben. Ganz vorne befinden sich also die in fast jedem Programm eingesetzten Unterprogramme, die man zweckmäßig stets übernehmen sollte. Auch die Unterprogramme mit dem Adressen 200 bis 780 werden in mehreren Programmen eingesetzt.

Es werden nur Programmzeilen in Zehnerschritten genutzt, so daß auch die letzte Null überall fortgelassen und z.B. aus der Adresse 200 die Programmzeile 20 gemacht werden könnte. Auf diese Weise könnte man Byte einsparen.

1.4.3.3 Belegung der festen Datenregister. Tafel 1.8 gibt an, welche festen Datenregister beim Einsatz des Unterprogramms 3.14 mit welchen Variablen belegt werden. Um noch wenige feste Datenregister für die Hauptprogramme frei zu behalten, müssen einige Datenregigister mehrfach genutzt werden. Schwierigkeiten entstehen hierdurch nicht.

Tafel 1.8 Belegung der festen Datenregister mit dem Unterprogramm 3.14

Datenregister	Aufgabe
FØ	Diagrammpunkt beim Plotten
GØ	lineare oder logarithmische Abszisse
HØ	erste oder zweite abhängige Veränderliche
I	Abszisse beim Plotten
J	Zwischenspeicher, untere Grenze beim Plotten
K	Zwischenspeicher, obere Grenze beim Plotten
L	Zähler für Funktionswerte
MØ	Frequenz oder Kreisfrequenz
N	Frequenzschritt (negativ = Frequenzfaktor)
O	Programm-Adresse
P	Anfangs- und Rechenwert für Funktionen
Q	Anzahl der Funktionswerte oder Iterationsschritte
RØ	Art der Ausgabefunktion
SØ	Art der Frequenzganggrößen
TØ	Art der komplexen Form
UØ	Ausgabeart
V bis Z	komplexe Multiplikation und Division
X, Y, Z	Runden, Ausgabe
Y, Z	komplexe Umrechnung

Um alle Unterprogramme vielfältig einsetzen zu können, werden in ihnen die Datenregister V bis Z als Arbeitsspeicher eingesetzt. Wenn man die arithmetischen Funktionen POL und REC für die komplexe Rechnung ausnutzen will, ist es sinnvoll, den Datenregistern Y und Z alternativ Real- und Imaginärteil bzw. Betrag und Winkel einer komplexen Größe zuzuordnen. Das Datenregister X wird insbesondere für das Runden (s. Abschn. 3.1.1) und somit auch für die Ausgabe genutzt. Die Programme rechnen i.allg. mit der Komponentenform der komplexen Größen und formen diese nur für die Ausgabe u.U. in die Polarform um.

Die übrigen Datenregister werden in den verschiedenen Programmen für unterschiedliche Zwecke eingesetzt. Ihnen werden je nach Aufgabe numerische oder Textvariable zugewiesen, und sie nehmen Zähler oder Zeiger auf.

Benötigt ein Programm darüber hinaus weitere Arbeitsspeicher, werden diese i.allg. als eindimensionales Datenfeld dem Hauptspeicher entnommen, um so andere Speicherverteilungen nicht zu stören. Einige Programme (z.B. solche mit Matrizen) arbeiten auch mit zweidimensionalen Datenfeldern.

1.4.4 Programmstart

Für das Initiieren von Programmen geben die Bedienungsanleitungen der SHARP-Rechner mehrere Möglichkeiten an, die jedoch nicht alle komfortabel oder rationell sind. Wir bedienen uns hier der folgenden Startbefehle:

Definable Keys. Bevorzugt eingesetzt wird in diesem Teil 3 der schnelle und einfache Programmstart über die Anweisungen

DEF A   bis   DEF SPC.

Mit diesen Programm-Adreßtasten lassen sich schon 18 Programmanfänge unterscheiden. Man wählt als Kennbuchstaben gern den 1. Buchstaben der Berechnungsaufgabe, kann dies aber nicht immer verwirklichen, da

- keine direkten Doppelbelegungen in einem Programmpaket möglich sind und
- bei den 18 möglichen Zeichen nicht unbedingt der gewünschte zur Verfügung steht.

Nach Drücken der Programm-Adreßtaste erscheint dann zunächst der Name des Programms in der Anzeige, so daß man, wenn man sich verwählt haben sollte, gleich auf eine andere Taste übergehen kann.

Die Definable Keys ermöglichen somit einen sehr schnellen Zugriff zu den Programmen - man muß allerdings die zugehörigen Kennbuchstaben wissen. Außerdem werden weder die Standardvariablen A bis Z noch die Feldvariablen gelöscht.

RUN oder GOTO. Der Start kann auch über die Anweisungen RUN oder GOTO (und die zugehörigen Tastenbefehle nach SHIFT) eingeleitet werden. Für die unterschiedlichen Wirkungen dieser Befehle wird auf die Bedienungsanleitung verwiesen. Der entscheidende Unterschied scheint zu sein, daß mit der Anweisung RUN auch alle Feldvariablen gelöscht werden, was schwerwiegende Folgen haben kann, in anderen Fällen aber notwendig ist.

Da über die Startbefehle DEF A oder GOTO "KS" die Datenfelder bzw. die Feldvariablen nicht gelöscht werden, sind sie für das wiederholte Starten von Programmen, die mit Datenfeldern arbeiten, nicht geeignet. Wenn nämlich in diesem Fall ein schon vereinbartes Datenfeld erneut gebildet werden soll, erscheint in der Anzeige die Fehlermeldung ERROR 3, und das Programm unterbricht.

Tafel 1.9 Startbefehle

Startbefehl	Programm-Nummer	Aufgabe
RUN "KS"	3.18	Kettenschaltung
RUN "KM"	3.20, 3.21	Knotenpunktpotential- und Maschenstrom-Verfahren
RUN "GL"	3.19	Gleichungssysteme
RUN "FU"	3.22	reelle Funktionen
DEF D	3.18, 3.20, 3.21	Korrektur von Schaltungsdaten
DEF F	3.18 bis 3.21	Sprung ins Frequenzgangprogramm
DEF G	3.22	Auflisten der Koeffizienten
DEF H	3.23	Funktionswerte für komplexes Argument
DEF J	3.23	Sprung ins Programm 3.23
DEF L	3.18, 3.20, 3.21	Auflisten von Schaltungsdaten
DEF Z	3.2	Runden auf vierziffriges Exponentialformat
DEF C	3.17	komplexe Arithmetik
DEF N	3.20	Berechnung von Teilströmen oder -spannungen

Diese Befehle sind also nur angebracht, wenn man ein Programm an einer Stelle starten will, auf die kein DIM-Befehl mehr folgt, man aber die mit den Feldvariablen schon eingegebenen Daten nochmals verarbeiten möchte.

Weiterhin hat es Vorteile, jedem Hauptprogramm ein kleines Programm zum Auflisten oder Verändern der in den Datenfeldern gespeicherten Werte hinzuzufügen; diese kann man dann günstig mit den Marken L oder anderen naheliegenden Kurzzeichen versehen und so einfach über DEF L o.ä. starten.

In Tafel 1.9 sind die in diesem Teil 3 eingesetzten Startbefehle zusammengestellt. Außerdem sind noch die Marken S, K und B, die sonst für Definable Keys genutzt werden können, belegt. Daneben werden Marken aus 2 oder 3 Zeichen eingesetzt.

In den Beispielen wird gelegentlich über den Befehl GOTO in Programme hineingesprungen, um Daten nicht zu löschen oder ihre erneute Eingabe zu vermeiden. Da dieser Start nur bedingt zulässig ist, halte man sich für seinen Einsatz an die beschriebenen Beispiele.

1.4.5 Dialog

Die Dateneingabe ist bei den hier mitgeteilten Programmen der jeweiligen Aufgabenstellung angepaßt. I.allg. steht in der Anzeige das Kurzzeichen der angeforderten Größe mit einem abschließenden Fragezeichen (?). Wenn mehrere Zeichen durch Leerzeichen getrennt (wieder mit einem Fragezeichen am Schluß) zur Auswahl angeboten werden, ist anschließend eines von diesen Zeichen ohne Anführungsstriche (") einzutasten.

Bei vielen gleichartigen Aufrufen erscheint dieser auch nur kurz im Display (Anzeige), und anschließend bleibt ein Fragezeichen stehen, das zur Eingabe auffordert.

Alle Eingabedaten, Verzweigungsbefehle u.ä. werden in diesem Teil 3 über Kürzel in Dialogform angefordert. Hierdurch erübrigen sich ausführliche Bedienungsanleitungen. Allerdings muß sich der Benutzer die Bedeutung der Kürzel merken, und die Kürzel sollten überall die gleiche Bedeutung haben. Dies bereitet beim Entwurf einer Programmsammlung einige Schwierigkeiten, ist innerhalb eines Programms jedoch gewährleistet.

Tafel 1.10 Kurzzeichen für den Dialog im Unterprogramm 3.14

Kürzel	Bedeutung	Kürzel	Bedeutung
A	Anfangswert	PL	Plotten
AZ	Anzeigen	RF	Resonanzfrequenz
B	Betrag	S	Schritt
BD	Bodediagramm	SA	Sprungantwort
DB	Dezibel	TE	Endwert der Zeit t_E
EX	Polarform	UG	unterer Grenzwert
F	Frequenz f	V	Anzahl der Oberschwingungen
FG	Frequenzgang		
GL	Phasen- und Gruppenlaufzeit	W	Kreisfrequenz ω
		Y	Ausgangsgröße
I	Anzahl der Schritte oder Iterationen	YMAX	größter Diagrammwert
		Ymin	kleinster Diagrammwert
IM	Imaginärteil	<	Winkel
KO	Komponentenform	<U	Winkel beim unteren Grenzwert
LI	lineare Abszissenachse		
LG	logarithmische Abszisse	+	Schrittweite (Addition des Schritts)
OK	Ortskurve		
OG	oberer Grenzwert	*	Schrittfaktor

Einige dieser Kürzel werden auch für die Ausgabe eingesetzt - und zwar dann mit einem folgenden Gleichheitszeichen (=). Bei Doppelanzeigen kann das Zeichen auch zwischen den beiden Ergebnissen stehen (s. Abschn. 3.1.2). Die im Unterprogramm 3.14 eingesetzten Kürzel sind in Tafel 1.10 zusammengestellt. Die in den übrigen Programmen darüber hinaus benutzten Kürzel werden in den zugehörigen Programmbeschreibungen einzeln erklärt.

1.4.6 Unterprogramme

Die Programme wenden, sowiet dies zweckmäßig erscheint, u.U. für verschiedene Programme gleiche Unterprogramme an. Man kann dies schon als Beginn einer Modularisierung bezeichnen, die bei der Entwicklung von großen Programmensystemen im Rahmen des strukturierten Programmierens eine große Rolle spielt.

Man kann auch mit Vorteil in Unterprogramme hineinspringen, also nur hintere Teile nutzen. Der letzte Befehl RETURN gilt ja nicht nur für das ganze Unterprogramm, sondern von jeder vor ihm stehenden Programmzeile aus.

Aufgerufen werden die Unterprogramme hier entweder über eine Zeilennummer oder eine Marke. Über Zeilennummern kann man offenbar zumindest Unterprogramme, die sich im hinteren Teil des Programmspeichers befinden, schneller ansprechen.

Unterprogramme können, wenn zu viele eingesetzt werden, Programme auch unübersichtlich machen. Da die Speicherkapazität von Taschenrechnern begrenzt ist, muß man diesen Nachteil jedoch gelegentlich in Kauf nehmen.

1.4.7 Testbeispiele

Man kann beim Eintasten von Programmen sehr leicht Fehler machen - z.B. bei den Zeichen ", :, ,, ; oder wegen der beim PC-1401 nicht immer vollzogenen Tastenfunktionen. Bei den BASIC-Wörtern kann man die Fehler durch Anwenden der entsprechenden Tasten-Zweitfunktionen oder der in Tafel 1.3 aufgeführten Abkürzungen vermindern. Reduziert werden sie auch, wenn man von gedruckten Programmlisten ausgeht oder ein sorgfältig überprüftes Programm von einer Kassette übernimmt.

Niemals sollte man jedoch unterlassen, ein frisch eingetastetes oder aus dem Kassettenrecorder übernommenes Programm in den Teilen, die man benutzen möchte, vollständig zu testen.

Deshalb sind auch allen hier mitgeteilten Programmen vielfältige Anwendungsbeispiele beigefügt und ihre Lösungen mit Ein- und Ausgabe vollständig angegeben. Sie können und sollten als Testbeispiele eingesetzt werden. Gegebenenfalls sollte man für hier noch nicht berücksichtigte Aufgaben eigene, in den Zahlenwerten einfach zu überblickende Testbeispiele aufstellen.

1.4.8 Weitere Hinweise

Für das Arbeiten mit den Taschencomputern PC-1401/1402 und Programmen sei hier noch auf folgende Punkte aufmerksam gemacht:

Für die Eingaben bei den Programmen müssen die Funktionszeichen ln, e^x, log, 10^x, 1/x, √, x^2, sin, cos, tan, Arcsin, Arccos, Arctan, sinh, cosh, tanh, Arsinh, Arcosh, Artanh vor den Zahlenwerten stehen.

Ergebnisse, die man mit Programmen gewonnen hat, kann man aber auch durch nachgestellte Zeichen noch weiterverarbeiten - wie im CAL-Modus.

Solange ein Fragezeichen (?) im Display steht, befindet sich der Rechner noch in einem Programm und fordert eine Eingabe an. Man kann daher diese auch noch nach einer Fehlrechnung vornehmen. Um in ein anderes Programm zu springen, muß der Befehl BRK eingetastet werden.

Da Frequenzgänge und die übrigen Anwendungen von Programmen fast immer das Eingeben vieler Daten erfordern, wird dringend empfohlen, alle Eingabedaten sorgfältig niederzuschreiben und sie in dieser Reihenfolge einzutasten - so wie dies in allen Beispielen dieses Buches vorgeführt wird. Wer dies unterläßt, kann Fehleingaben kaum vermeiden und gewinnt auch kein Vertrauen zu seinen Ergebnissen. Ursachen für Fehler lassen sich sonst ebenfalls nur schwer finden.

2 Rechnen ohne Programmunterstützung

Viele Berechnungen - z.B. Addition, Subtraktion, Multiplikation, Division - erfordern kein eigenes Programm. Auch kann man Funktionswerte schon über Tastenbefehle bestimmen, wenn der Rechner auf solche Berechnungen eingerichtet ist. Der PC-1401 enthält einen eigenen wissenschaftlichen Rechenteil, mit dem viele einfache Ingenieuraufgaben ohne Programmunterstützung zu lösen sind.

Ferner muß oft den Eingaben in ein Programm eine kurze manuelle Berechnung vorausgehen, und das gesuchte Endergebnis findet man häufig erst nach einer weiteren kurzen Auswerterechnung aus den Ergebnissen eines Programms. Programmierbare Taschenrechner erübrigen also keine manuellen Rechnungen. Eine erwünschte optimale Nutzung verlangt vielmehr auch gute Kenntnisse des Rechnerbetriebs ohne Programm. Daher soll hier zunächst der wissenschaftliche Rechenteil des PC-1401 besprochen werden. Hierbei sind der CAL- und der RUN-Modus zu unterscheiden.

Da man mit solchen Berechnungen einiges über BASIC und ein auch sonst zweckmäßiges Vorgehen lernen kann, werden hier noch Betrachtungen über Größengleichungen und taschenrechnerfreundliche Gleichungen angestellt und Beispiele, die man ebenso gut ohne Programm oder mit den fest verdrahteten Programmen bearbeiten kann, behandelt.

Für die Beispiele soll auch schon auf ein zweckmäßiges Vorgehen hingewiesen werden:

> Es wird dringend empfohlen, stets zunächst die allgemeine Gleichung hinzuschreiben, dann in diese Gleichung Zahlenwerte einzusetzen und diese Zahlen- und Befehlsfolge auch so einzugeben. Bei längeren Eingaben kann man Fehler nur durch Hinschreiben der einzugebenden Daten und Befehle und ihr exaktes Eintasten vermeiden. Dies gilt ebenso für das Benutzen der Programme.

Außerdem kann es für viele Rechnungen ohne Programm auch schon zweckmäßig sein, das Ergebnis in einem Datenregister festzuhalten, es also z.B. im RUN-Modus mit der Anweisung A = zu beginnen, um diesen Wert später wieder aufrufen zu können.

Die Beispiele sollen ferner zeigen, daß man, auch wenn ein sehr leistungsfähiger Rechner zur Verfügung steht, die allgemeine Berechnung bis zur Endgleichung vorantreiben sollte, um so zu einer klaren und übersichtlichen Berechnungsgleichung zu kommen. Das Denken kann man nicht dem Rechner überlassen, sondern man sollte vielmehr durch eigene Überlegungen den Rechengang so weit wie möglich abkürzen bzw. die Eingaben vereinfachen. So darf man gelegentlich die Vorsätze von Einheiten oder auch das Vorzeichen erst zum Schluß bei Angabe des Ergebnisses berücksichtigen.

Die in diesen Abschnitt aufgenommenen Beispiele betreffen normalerweise praktische Aufgaben aus der Elektrotechnik, um zu zeigen, welche Algorithmen vorkommen können. Sie sollen jedoch nicht Elektrotechnik lehren, sondern nur die zugehörige Rechentechnik zeigen. Den Beispielen ist, wenn es sich nicht um sehr einfache Aufgaben aus den Grundlagen handelt, deshalb auch jeweils ein Verweis auf das im Anhang zusammengestellte Schrifttum beigegeben.

Ganz einfache Zahlenrechnungen, wie 2 + 4 = 6 oder 2 * 50 = 100 oder 1/2 = 0,5 oder $10^4/10^3 = 10$, werden in den folgenden Rechengängen meist schon als vollzogen angesehen, also nicht mehr als Algorithmus sondern mit ihrem Ergebnis eingegeben. Der Verfasser ist der Ansicht, daß man trotz komfortabler Rechner das Kopfrechnen nicht vernachlässigen sollte.

2.1 CAL-Modus

Für die folgenden Berechnungen wollen wir sofort auf ein ingenieurgerechtes Anzeigeformat übergehen. Anschließend sollen kurz die mit dem PC-1401 unmittelbar berechenbaren mathematischen Funktionen angesprochen werden, die für die Elektrotechnik Bedeutung haben. Wichtig ist insbesondere das Umrechnen komplexer Größen - also aus der Komponenten- in die Polarform und umgekehrt.

Der PC-1401 hat 2 Speicher, die nur im CAL-Modus genutzt werden können: einen Operandenspeicher, der einen der zuletzt eingegebenen oder berechneten Zahlenwerte enthält und einen M-Speicher, in den man Zahlenwerte einspeichern oder hineinaddieren und die man wieder aufrufen kann. Es soll gezeigt werden, wie sie vorteilhaft zu nutzen sind. Schließlich enthält der PC-1401 noch ein fest verdrahtetes Programm für umfangreiche statistische Berechnungen, die teilweise in der elektrischen Meßtechnik genutzt werden können. Auch soll noch das Rechnen in den drei Betriebsarten miteinander verglichen werden.

Der CAL-Modus arbeitet mit dem Rechensystem AEL, das für die mathematischen Funktionen dem UPN-System (umgekehrte polnische Notation) folgt. Es wird also zunächst der Zahlenwert eingegeben und anschließend der zugehörige Tastenbefehl gedrückt. Bei den Grundrechenfunktionen ist dagegen normal algebraisch einzugeben (also z.B. 2 + 4 =). Dieses Vorgehen wird am einfachsten anhand der Beispiele deutlich.

Nicht jeder Tastenbefehl wird im CAL-Modus durch Änderungen im Display als aufgenommen sichtbar. Um trotzdem sicher zu sein, daß die geforderte Anweisung vom Rechner registriert wurde, sollte man nur mit fester Unterlage für den Rechner und kräftigem Tastendruck arbeiten.

2.1.1 Anzeigeformat

In Abschn. 1.3.2 sind die Anforderungen an ein ingenieurgerechtes Anzeigeformat zusammengestellt. Wir wollen hier im Normalfall 4 Ziffern in der Anzeige vorfinden, somit zunächst mit dem Befehl TAB 3 jeweils 3 Nachkommastellen vorschreiben und gegebenenfalls, wenn dies keine ausreichende Aussage liefert,mit der Taste F↔ E auf das Exponentialformat übergehen.

Man darf sich dann durch Zwischen- oder Endergebnisse 0.000 nicht irritieren lassen. Über F ↔ E kann man erkennen, daß doch ein Ergebnis, nämlich mit $|x| < 0.001$, errechnet wurde. Keinesfalls darf man den Befehl SHIFT TAB 3 im Anschluß an eine Zahleneingabe eintasten - dann entsteht beispielsweise aus dem richtigen Zahlenwert 15 der falsche 153.

Die folgenden einfachen Aufgaben können auch schon in das Arbeiten mit den Grundrechenfunktionen einführen.

Beispiel 2.1. Wie groß ist der Blindwiderstand der Kapazität C = 7,5 nF bei der Frequenz f = 6 MHz?

Nach /14/ gilt bei der Kreisfrequenz

$$\omega = 2\,\pi\,f \tag{2.1}$$

für den kapazitiven Blindwiderstand

$$X_C = \frac{-1}{\omega\,C} = \frac{-1}{2\,\pi\,f\,C} \tag{2.2}$$

Wir führen nacheinander aus die Rechengänge

Eingabe	Anzeige
a) 1 +/- /2/ SHIFT π / 6EXP6 / 7.5EXP9 +/- =	-3.536776513

Eingabe	Anzeige
SHIFT TAB 3	-3.537
b) 2 +/- * SHIFT π * 6EXP6 * 7.5EXP+/-9 = 1/x	-3.537
SHIFT TAB 5	-3.53678

Es ist also $X_C = -3{,}537\ \Omega$.

Somit bleibt die Anweisung TAB 3, die 3 Nachkommastellen festlegt und die letzte Stelle rundet, auch für die folgenden Berechnungen voll wirksam. Man kann aber auch durch die neue Anweisung TAB n anschließend noch einige beliebige Anzahl n Nachkommstellen mit neuer Rundung erhalten. Die Rechnung unter b) erfordert einen Tastendruck weniger als unter a). Während bei der Eingabe von Zahlenwerten das Minuszeichen erst nachträglich über den Befehl +/- eingestellt werden kann, darf man es beim Exponenten auch schon im Anschluß an die Anweisung EXP vorschreiben.

Beispiel 2.2 Wie groß ist der Blindwiderstand der Induktivität L = 0,2 μH bei der Frequenz f = 50 Hz?

Nach /14/ ist der induktive Blindwiderstand

$$X_L = \omega L = 2\pi f L \qquad (2.3)$$

Wir versuchen den Rechengang

Eingabe	Anzeige
SHIFT TAB 3 F ↔ E	0.000E 00
2 * SHIFT π * 50 * .2EXP6+/- =	0.000
F ↔ E	6.283E-05

Es ist somit X_L = 62,83 μΩ.

Die erste Anweisung F ↔ E ist somit im ersten Ergebnis nicht mehr wirksam. Man darf sich auch durch das zunächst angezeigte Ergebnis 0.000 nicht irritieren lassen; denn über einen Befehl F ↔ E wird der gesuchte Wert in das Display gebracht.

Leider gibt es beim PC-1401 kein technisches Anzeigeformat, das nur durch 3 teilbare Exponenten aufweist. Daher muß man im Kopf auf solche Exponenten umrechnen, um die Vorsätze für die Einheiten nach DIN 1301 (s. Tafel 2.19) einsetzen zu können.

Es empfiehlt sich nach diesen Beispielen, nach dem Einschalten des Rechners zunächst mit TAB 3 die gewünschte Anzahl von Nachkommastellen für alle folgenden Berechnungen vorzuschreiben und anschließend vor jedem Endergebnis über F ↔ E ein ingenieurgerechtes Anzeigeformat einzustellen.

2.1.2 Hierarchie

Auch im CAL-Modus werden die in Klammern gesetzten Ausdrücke zuerst berechnet und wieder bei dem inneren Klammerpaar begonnen. Allerdings dürfen hier die schließenden Klammern durch die Anweisungen = oder M+ ersetzt werden, so daß man Tastenbefehle einsparen kann. Da man Klammern bis zu fünfzehnmal in einer Rechenebene einsetzen darf, bedeutet dies praktisch keine Einschränkung für ihre Anwendung. Allerdings kann es Schwierigkeiten geben, da nur 5 Rechenebenen vorhanden sind (s. Beispiel 2.5).

Wenn keine Klammern eingetastet sind, werden Berechnungen in der folgenden Reihenfolge vorgenommen:

1. Mathematische Funktionen (Bei den trigonometrischen, logarithmischen und Hyperbelfunktionen sowie x^2, $\sqrt{x}$, $\sqrt[3]{x}$, e^x, 10^x, 1/x wird der angezeigte Wert sofort durch den Funktionswert ersetzt.)
2. Potenzen y^x und Wurzeln $\sqrt[x]{y}$
3. Multiplikation (*) und Division (÷)
4. Addition (+) und Subtraktion (-)
5. Ergebnisanweisung (=), Addition in den M-Speicher (M+) oder Prozentrechnung (Δ%).

Bei gleicher Rangfolge werden die Berechnungen in der Reihenfolge der Eingaben ausgeführt.

Tafel 2.1 Beispiele für verkürzte Rechengänge im CAL-Modus

Aufgabe	Rechengänge lang	Rechengänge kürzer
$\frac{1}{5} + \frac{1}{7}$	(1/5) + (1/7) =	5 1/x + 7 1/x =
$3 \cdot 7 + 4 \cdot 9$	(3*7) + (4*9) =	3*7 + 4*9 =
$\frac{1}{\frac{1}{5} + \frac{1}{7}}$	1/((1/5)+(1/7))=	5 1/x + 7 1/x = 1/x
$\frac{1}{1 + \frac{2,7}{3,3}}$	1/(1 + (2.7/3.3))=	1 + 2.7/3.3 = 1/x
$2 + \frac{1}{\frac{1}{3} + \frac{1}{4}}$	2+1/(1/3+1/4)=	3 1/x + 4 1/x = 1/x +2 =
$\sqrt{3^2 + 4^2}$	√(3 x^2 + 4 x^2) =	3 x^2 + 4 x^2 = √
$10000/3.72^2$	10000/(3.72 x^2) =	EXP 4/3.74 x^2 =

Aufgabe	Rechengänge lang	kürzer
$\sin(-22^\circ)$	(22 +/-) sin	22 +/- sin
$\frac{22 \cdot 5{,}7}{100}$	22*5.7/100	22*5.7 SHIFT Δ%
$100 \cdot 22/5.7$	100*22/5.7	22/5.7 SHIFT Δ%
$100\frac{22{,}5 + 5{,}7}{5{,}7}$	(22.5+5.7)/5.7*100=	22.5+5.7 SHIFT Δ%
$100\frac{22^2 - 5{,}7^2}{5{,}7^2}$	$(22x^2-5.7x^2)/5.7x^2$ * 100 =	22 x^2 - 5.7 x^2 SHIFT Δ%

Die Anweisung = kann stets durch M+ ersetzt werden, wobei noch das Ergebnis in den M-Speicher hineinaddiert wird. Die Anweisung x → M wirkt dagegen nur auf den angezeigten Wert, der auch im Display stehen bleibt. Weitere kurze Rechengänge ermöglichen Operandenspeicher (s. Abschn. 2.1.4) und M-Speicher (s. Abschn. 2.1.5) oder die Sondernutzung der fest eingebauten statistischen Programme (s. Abschn. 2.1.7.4). Diese und andere Vorteile werden in den folgenden Beispielen genutzt.

Die Rangfolge für die Rechenoperationen lernt man am einfachsten anhand vieler und z.B. der folgenden Aufgaben beherrschen. (Wir bearbeiten hier sofort Aufgaben aus der Elektrotechnik.) Weitere Übungen ergeben sich aus den später folgenden Beispielen.

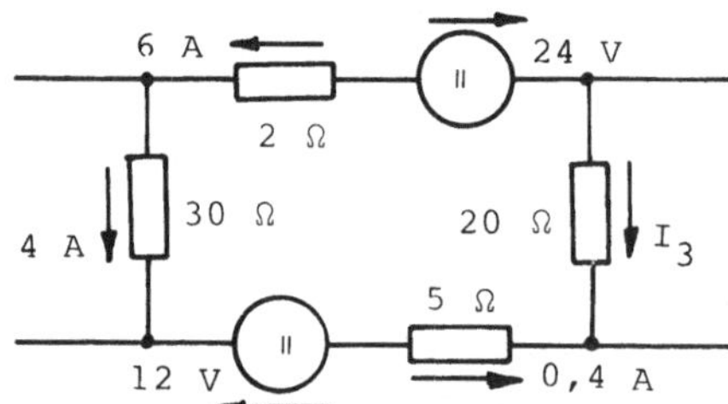

Bild 2.2 Netzmasche

Beispiel 2.3. Für die Schaltung in Bild 2.2 soll der Strom I_3 bestimmt werden.

Man kann für die dargestellte Schaltung eine Maschengleichung aufstellen /14/. Ihre Auswertung ergibt

$$I_3 = \frac{1}{20\ \Omega}(2\ \Omega \cdot 6\ \text{A} - 24\ \text{V} + 5\ \Omega \cdot 0{,}4\ \text{A} - 12\ \text{V} + 30\ \Omega \cdot 4\ \text{A})$$

und man findet über die

Eingaben	die Anzeige
SHIFT TAB 3 2*6-24+5*.4-12+30*4=/20=	4.900

Es fließt also der Strom $I_3 = 4{,}9$ A.

Beispiel 2.4. Für die Schaltung in Bild 2.3 soll der Eingangswiderstand R_e bestimmt werden.

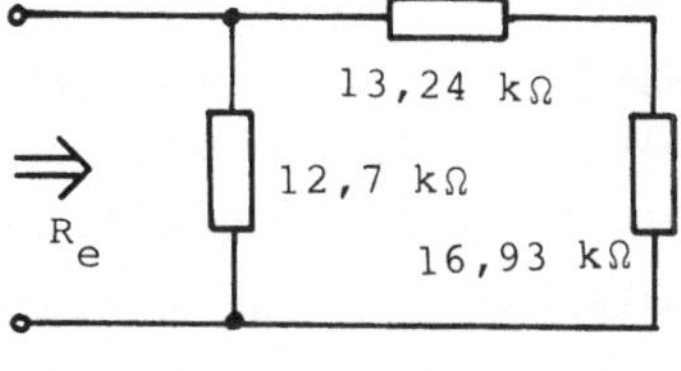

Bild 2.3 Parallelschaltung

Es gilt nach Abschn. 2.3.2

$$R_e = \frac{1}{\frac{1}{12{,}7\ \text{k}\Omega} + \frac{1}{13{,}24\ \text{k}\Omega + 16{,}93\ \text{k}\Omega}}$$

Mögliche Rechengänge sind

Eingaben	Anzeige
SHIFT TAB 3 1/(1/12.7+1/(13.24+16.93=	8.938
oder etwas kürzer 13.24+16.93= 1/x + 12.7 1/x = 1/x	8.938

Es ist somit R_e = 8,938 kΩ. (Die Zehnerpotenz wird erst im Ergebnis berücksichtigt.)

Beispiel 2.5. Wie groß ist der Eingangswiderstand R_e der Kettenschaltung in Bild 2.4?

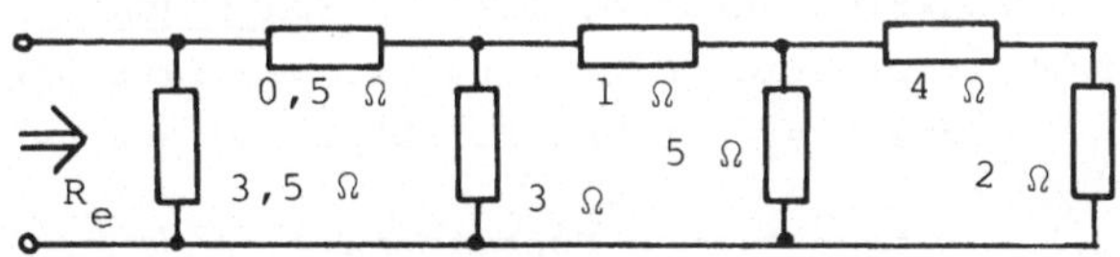

Bild 2.4 Kettenschaltung

Man macht zweckmäßig den Ansatz

$$R_e = \frac{1}{\frac{1}{3{,}5\ \Omega} + \frac{1}{0{,}5\ \Omega + \frac{1}{\frac{1}{3\ \Omega} + \frac{1}{1\ \Omega + \frac{1}{\frac{1}{5\ \Omega} + \frac{1}{4\ \Omega + 2\ \Omega}}}}}}$$

Ein übersichtlicher Rechengang wäre

Eingaben
SHIFT TAB 3 1/(1/3.5+1/(.5+1/(1/3+1/(1+1/(1/5+1/6=

Nach dem Eintasten der 5. Klammer wird jedoch mit E rechts oben im Display ein Fehler angezeigt - hier wird offenbar die Anzahl der zulässigen Rechenebenen überschritten. Man könnte daher die Berechnung unterteilen - einfacher ist es jedoch, die Rechnung rechts unten wie folgt zu beginnen mit den

Eingaben	und Anzeigen
6 1/x + 5 1/x = 1/x + 1 = 1/x + 3 1/x = 1/x + .5 =	
1/x + 3.5 1/x = 1/x	1.337

Somit beträgt der Eingangswiderstand R_e = 1,337 Ω.

Man kann weiterhin die vorgegebene Hierarchie günstig nutzen, indem man den in der Anzeige stehenden Zahlenwert in bestimmten Fällen mehrfach für die Rechnung einsetzt. Die folgenden Beispiele geben hierfür einige Anregungen.

Beispiel 2.6. Man bestimme für x = 7,6759 folgende

Funktionen	mit den Rechengängen Eingaben	Anzeige
a) $y = x + x^2$	SHIFT TAB 3 7.6759 x→M + x^2 =	66.595
b) $y = x + \frac{1}{x}$	RM + 1/x =	7.806
c) $y = x - \ln x$	RM - ln =	5.638
d) $y = \frac{\sin x}{x}$	SHIFT DRG RM / sin = 1/x	0.128

Die Funktion unter d) ist als Spaltfunktion für die Nachrichtentechnik wichtig. Hier wird mit den Tastenbefehlen x→M und RM der M-Speicher (s. Abschn. 2.1.5) eingesetzt.

2.1.3 Mathematische Funktionen

Das Vorgehen beim Berechnen von Funktionswerten ergibt sich zwanglos anhand der folgenden Rechnungen.

Beispiel 2.7. Man bestimme in der angegebenen Reihenfolge die Lösungen der

Aufgaben	mit den Eingaben	und Anzeigen
a) $\sin 30^\circ$	SHIFT TAB 3 30 sin	0.500
b) Arcsin 0,5	SHIFT $\sin^{-1}$	30.000
c) $\cos \pi/4$	SHIFT DRG SHIFT π/4 = cos	0.707
d) Arccos 0,707	SHIFT $\cos^{-1}$	0.785
e) $\tan 45^\circ$	SHIFT DRG SHIFT DRG 45 tan	1.000
f) Arctan 1	SHIFT $\tan^{-1}$	45.000
g) sinh 2	2 hyp sin	3.627
h) Arsinh 3.627	SHIFT archyp sin	2.000
i) cosh 2	hyp cos	3.762
j) Arcosh 3.762	SHIFT archyp cos	2.000
k) tanh 2	hyp tan	0.964
l) Artanh 0.964	SHIFT archyp tan	2.000
m) ctgh 2	hyp tan 1/x	1.037
n) Arctgh 1.037	1/x SHIFT archyp tan	2.000
o) ln 2	ln	0.693

p) $e^{0,693}$	SHIFT e^x	2.000
q) log 2	log	0.301
r) $10^{0,301}$	SHIFT 10^x	2.000
s) $\sqrt{2}$	$\sqrt{\ }$	1.414
t) $1,414^2$	x^2	2.000
u) $\sqrt[3]{-2}$	+/- SHIFT $\sqrt[3]{\ }$	-1.260
v) $2^{3,3}$	2 y^x 3.3 =	9.849
w) $\sqrt[3,3]{9,849}$	SHIFT $\sqrt[x]{y}$ 3.3 =	2.000
x) 5!	5 SHIFT n!	120.000
y)	15 HEX	F. HEX
z)	SHIFT DEC	15.000
aa)	EXP 1/x	1.000

Beispiel 2.8. Das Verhältnis der Spannungen U_a = 17,34 V und U_e = 45 soll in Dezibel angegeben werden.

Nach /14/ gilt

$$(U_a/U_e)_{dB} = 20 \text{ dB} \log (U_a/U_e) \tag{2.4}$$

Es ist hier sinnvoll, nur mit einer Nachkommastelle zu arbeiten, und man erhält dann über die

Eingaben	die Anzeige
SHIFT TAB 1 17.34/45 = log * 20 =	-8.3

Beispiel 2.9. Jetzt soll die Amplitude F_{dB} = 37,5 dB in den absoluten Betrag umgerechnet werden.

Die Umkehrfunktion zu Gl. (2.4) lautet hier entsprechend

$$F = 10^{F_{dB}/20} \tag{2.5}$$

Daher sind nun

Eingaben	und Anzeige
SHIFT TAB 3 37,5/20 = SHIFT 10^x	74.989

Beispiel 2.10. Es soll für den Schaltphasenwinkel $\gamma = -64,2^o$, die Zeitkonstante T_- = 6,58 ms und die Zeit t = 8,565 ms die Stoßziffer $\varkappa$ berechnet werden.

Nach /11/ gilt

$$\varkappa = 1 - e^{-t/T_-} \sin \gamma \tag{2.6}$$

Somit ist der Rechengang

Eingaben	Anzeige
SHIFT TAB 3 1 - (8.565/6.58) +/- SHIFT e^x * 64.2 +/- sin =	1.245

Die Stoßziffer beträgt also $\varkappa$ = 1,245.

Beispiel 2.11. Ein Maschenerder in einer Hochspannungsanlage hat die Abmessungen Länge a = 60 m und Breite b = 80 m bei dem Erdwiderstand ρ_E = 100 m. Es soll das Potential φ_x im Abstand x = 50 m von der Maschenerdermitte beim Strom I_E = 5 kA bestimmt werden.

Nach /11/ gilt

$$\varphi_x = \frac{I_E \; \rho_E}{\pi \; \sqrt{a \; b}} \; \text{Arcsin} \; \frac{\sqrt{a \; b}}{2 \; x} \qquad (2.7)$$

Es ist im Winkelmodus Radiand zu rechnen mit den

Eingaben	und der Anzeige
SHIFT TAB 0 SHIFT DRG 60 * 80 = √ x→M / 2 / 50 =	
SHIFT $\sin^{-1}$ * 5EXP3 * 100 / SHIFT π / RM =	1758.

Das Potential beträgt φ_x = 1758 V.

Beispiel 2.12. Eine Sinusspannung folgt der Gleichung

$$u = \sqrt{2} \cdot 220 \text{ V} \sin (2 \; \pi \; 50 \text{ Hz} \; t - 60^\circ)$$

Man bestimme den Zeitwert für die Zeit t = 12 ms.

Wir müssen einheitlich entweder im Winkelmodus Grad oder mit Radiand rechnen, also entweder den ersten oder den zweiten Term im Argument umrechnen. Für den Winkelmodus Grad ist der erste Term mit dem Faktor $180^\circ/\pi$ zu multiplizieren, und man erhält den Rechengang

Eingaben	Anzeige
SHIFT TAB 3 2 √ * 220 * (100 * 180 * 12 EXP 3 +/-	
-60) sin =	126.547

Es ist also u = 126,5 V.

Beispiel 2.13. Für den Zeitwert eines Kurzschlußstromes gilt nach /11/

$$i_k = \sqrt{2} \; I_k'' \; [\sin (\omega \; t + \gamma) - e^{-t/T} \sin \gamma] \qquad (2.8)$$

Es soll nun bei dem Anfangskurzschlußwechselstrom I_k'' = 15,4 kA, der Frequenz f = 50 Hz, dem Schaltphasenwinkel γ = 95° und der Zeitkonstante T = 7 ms der Zeitwert i_k für die Zeit t = 8 ms bestimmt werden.

Man muß, um im Winkelmodus Grad rechnen zu können, in Gl. (2.8) ωt durch 360 f t ersetzen und erhält dann den Rechengang

Eingaben	Anzeige
SHIFT TAB 3 2√ * 15.4EXP3 * ((360* 50 * 8EXP3 +/- + 95) sin - 95 sin * (8/7 +/- SHIFT e^x =	-25587.152

Der Zeitwert beträgt also i_k = - 25,59 kA.

Beispiel 2.14. Das Dämpfungsglied nach Bild 2.5 soll den Wellenwiderstand Z = 600 Ω und die Dämpfung a = 0,8 Neper aufweisen. Längswiderstand R und Querleitwert G sollen bestimmt werden.

Nach /43/ gilt

$$R = Z \sinh a \qquad (2.9)$$

und

$$G = \frac{1}{Z} \tanh \frac{a}{2} \qquad (2.10)$$

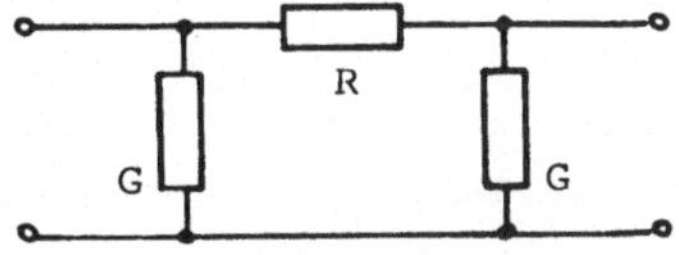

Bild 2.5 Dämpfungsglied

Der Rechengang ist

Eingaben	Anzeige
SHIFT TAB 3 .8 hyp sin * 600 =	532.864
.4 hyp tan / 600 = F ↔ E	6.332E-04

Es müssen somit R = 532,9 Ω und G = 633,2 µS verwirklicht werden.

Beispiel 2.15. Nach /14/ gilt für den Anodenstrom einer Elektronenröhre

$$I_a = K \sqrt[2]{U_{ak}^3} \qquad (2.11)$$

Welche Spannung U_{ak} muß man anlegen, damit bei der Konstante K = 6 µA $V^{-3/2}$ der Anodenstrom I_a = 8 mA fließt?

Zunächst wird Gl. (2.11) umgestellt in

$$U_{ak} = \sqrt[3]{(I_a/K)^2} \qquad (2.12)$$

Mit den Eingaben	ist die Anzeige
SHIFT TAB 3 8 EXP 3 +/- / 6 EXP 6 +/- = x^2 SHIFT ∛	121.141
Etwas kürzer ist 8 / 6 EXP 3 +/- = y^x (2 / 3 =	121.141

Es sind also U_{ak} = 121,1 V erforderlich.

Beispiel 2.16. Infolge einer Blindstromkompensation sinkt der Netzstrom von I_1 = 123 A auf I_2 = 85 A. Um wieviel Prozent gehen die Leitungsverluste zurück?

Da die Leitungsverluste quadratisch vom Strom abhängen /14/, ist hier der Rechengang

Eingaben	Anzeige
SHIFT TAB 3 85 x^2 - 123 x^2 SHIFT Δ%	-52.244

Die Verluste sinken also um 52,2 %.

2.1.4 Operandenspeicher

Über die Taste ↕ kann der Inhalt eines Operandenspeichers mit der Anzeige vertauscht werden. Dies wird beispielsweise bei der Koordinatenumwandlung (s. Abschn. 2.1.6) benötigt. Außerdem wird dieser Operandenspeicher im CAL-Modus noch bei den Grundrechnungen und für einige Funktionen eingesetzt. Er kann durch ein zweimaliges Betätigen der Taste C-CE auf Null gesetzt werden. Seinen Speicherinhalt bei den verschiedenen Rechenoperationen erkennt man am einfachsten mit den folgenden Rechengängen.

Beispiel 2.17. Man bearbeite die folgenden Aufgaben und bestimme so den angegebenen Inhalt des Operandenspeichers.

Eingabe	Anzeige	Anzeige nach Befehl ↕	Inhalt des Operaden-speichers
1 + 2 =	3.	2.	letzter Summand
1 + 2 + 4 =	7.	4.	letzter Summand
1 - 2 =	-1.	2.	letzter Minuend
1 + 2 - 4 =	-1.	4.	letzter Minuend
1 * 2 +/- =	-2.	1.	erster Faktor
3 * 2 +/- * 4 =	-24.	-6.	letztes Zwischenergebnis
1/2 =	0.5	2.	Divisor
1 / 2 / 4 =	0.125	4.	letzter Divisor
3 y^x 4 =	81.	4.	Exponent
81 SHIFT $\sqrt[x]{y}$ 4 =	3.	4.	Radikant
150 * 3 SHIFT Δ%	4.5	150.	erster Faktor
135 - 150 SHIFT Δ%	-10.	0.	
0 ↕ 1 SHIFT →rθ	1.	90.	Winkel
1 ↕ 90 SHIFT →xy	0.	1.	Imaginärteil
C-CE C-CE	0.	0.	

Aufgrund der Ergebnisse von Beispiel 2.17 kann man den Operandenspeicher als Konstantenspeicher, also z.B. für Tabellenrechnungen u.ä., nutzen. Nach Kettenrechnungen bleiben der vorgegebenen Hierarchie (s. Abschn. 2.1.2) folgend die letzte Rechenvorschrift und

Tafel 2.6 Konstanten im Operandenspeicher

Aufgabe	Rechengang	Konstante
Addition	a + b * c	+ bc
Subtraktion	a * b - c	- c
Multiplikation	a / b * c	a/b *
Division	a x b / c	/ c
Potenzfunktion	y^x	x
Wurzelfunktion	$\sqrt[x]{y}$	x
Prozentfunktion	a * b SHIFT Δ%	a

und der zugehörige Zahlenwert entsprechend Tafel 2.6 erhalten; sie können daher für weitere Berechnungen eingesetzt werden.

Bei der Potenzfunktion bleibt der Exponent und bei der Wurzelfunktion der Radikant im Operandenspeicher.

Für die möglichen Wirkungen der Prozentfunktion SHIFT Δ% gilt: Im Anschluß an das Multiplikationszeichen wird durch 100 dividiert, dagegen als Folge von Divisions-, Additions- und Subtraktionszeichen mit 100 multipliziert. Nach einem Additions- oder Subtraktionszeichen werden außerdem noch Summe oder Differenz durch den letzten Summanden bzw. Minuenden dividiert.

Beispiel 2.18. Zu den Preisen DM 1,65, 2,37 und 14,35 sollen jeweils 14 % Mehrwertsteuer zugeschlagen werden.

Der Rechengang ist

Eingaben	Anzeige
SHIFT TAB 2 114 * 1.65 SHIFT Δ%	1.88
2.37 SHIFT Δ%	2.70
14.35 SHIFT Δ%	16.36

Man könnte hier natürlich mindestens ebenso gut eine Konstantenmultiplikation mit 1,14 vornehmen.

Beispiel 2.19. Die Ströme I_1 = 3,74 A, I_2 = 4,97 A und I_3 = 2,53 A sind um den Betrag ΔI = 1,28 A zu groß gemessen worden. Es sollen die richtigen Werte berechnet werden.

Man findet für diese Konstanten-Subtraktion über die

Eingaben	die Anzeigen und Größen	
3.74 - 1.28 =	2.46	I_1
4.97 =	3.69	I_2
2.53 =	1.25	I_3

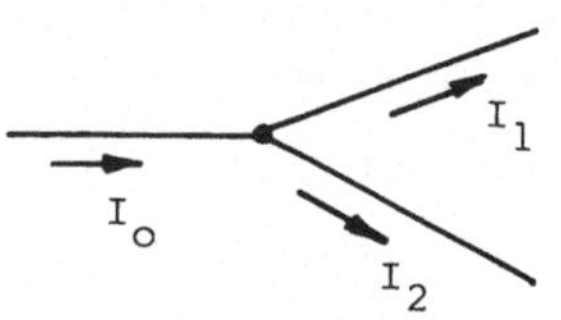

Bild 2.7 Stromverzweigung

Beispiel 2.20. Der Stromverzweigung nach Bild 2.7 wird der konstante Strom I_o = 17,9 mA zugeführt. Wie groß sind die

Ströme I_{1i}, wenn nacheinander die Ströme I_{2a} = 8,75 mA, I_{2b} = 3,96 mA und I_{2c} = 13,56 mA eingestellt werden?

Diese Aufgabe wird als Konstanten-Addition aufgefaßt und gelöst mit dem nebenstehenden Rechengang.

Eingaben	Anzeige	Größe
8.75 +/- + 17.9 =	9.15	I_{1a}
3.96 +/- =	13.94	I_{1b}
13.56 +/- =	4.34	I_{1c}

Beispiel 2.21. Durch den Widerstand R = 15,67 Ω fließen nacheinander die Ströme I_1 = 0,345 A, I_2 = 0,62 A und I_3 = 1,13 A. Es sollen die Verluste bestimmt werden.

Nach /14/ gilt für die Stromwärmeverluste $P_{Cu} = R\ I^2$ (2.13)

Daher ist hier bei einer Konstanten-Multiplikation der Rechengang

Größe	Eingaben	Anzeige	Größe
I_1	SHIFT TAB 3 15.67 * .345 x^2 =	1.865	P_{Cu1}
I_2	.62 x^2 =	6.024	P_{Cu2}
I_3	1.13 x^2 =	20.009	P_{Cu3}

Beispiel 2.22. Für 25-W-, 40-W- und 60-W-Glühlampen soll der Strom I bei Anschluß an die Spannung U = 220 V berechnet werden.

Für die Leistung gilt nach /14/ $P = U\ I$ (2.14)

und für den Strom daher $I = P/U$ (2.15)

Hier liegt somit eine Konstanten-Division vor, und der Rechengang ist

Größe	Eingaben	Anzeige	Größe
P_1	SHIFT TAB 3 25/220 =	0.114	I_1
P_2	40 =	0.182	I_2
P_3	60 =	0.273	I_3

Beispiel 2.23. In einem elektrischen Gerät soll der Strom I = 14,67 A fließen. Zur Verfügung stehen Drähte mit den Durchmessern d_1 = 1,5 mm, d_2 = 1,7 mm und d_3 = 2,2 mm. Welche Stromdichten würden sich jeweils einstellen?

Nach /14/ ist mit dem Querschnitt $A = \pi\ d^2/4$ die Stromdichte

$$S = \frac{I}{A} = \frac{4\ I}{\pi\ d^2} \qquad (2.16)$$

Wir fassen die Aufgabe als Konstanten-Multiplikation auf und müssen daher rechnen mit

Größen	Eingaben	Anzeige	Größe
d_1	SHIFT TAB 3 4 / π * 14.67 * 1.5 x^2 1/x =	8.302	s_1
d_2	1.7 x^2 1/x =	6.463	s_2
d_3	2.2 x^2 1/x =	3.859	s_3

Beispiel 2.24. Man bestimme die auf 47 folgenden nächsten 3 Normzahlen der Reihe E 24.

Viele Kennwerte (z.B. Widerstände, Kapazitäten, Drahtdurchmesser, Nennleistungen und -ströme - s. DIN 41 311, 41 431 bis 41 447, 41 572 bis 45 577, 41 660 bis 41 662, 41 668, 41 677, 41 687, 42 500 bis 42 524, 43 620, 43 635, 46 416, 46 460 bis 46464) sind nach Normzahlreihen entsprechend DIN 323 oder 41 426 gestuft. Mit der Normzahlreihe R 10 kann man auch sehr einfach eine lineare Unterteilung in eine logarithmische Skala zur Basis 10 umbenennen /14/.

Normzahlreihen bilden nach DIN 323 mit r als Anzahl der Stufen je Dezimalbereich und dem Stufensprung

$$q = \sqrt[r]{10} \tag{2.17}$$

(unendliche) geometrische Reihen, und es gilt für die auf n_m folgende Normzahl

$$n_{m+1} = q\, n_m \tag{2.18}$$

Die Hauptwerte sind meist auf 1 bis 3 Ziffern (mit beliebiger Zehnerpotenz) gerundet. Bei der Grundreihe R 20 ist beispielsweise r = 20 und bei der Reihe E 24 entsprechend r = 24.

Wir erhalten also wieder eine Konstanten-Multiplikation mit dem nebenstehenden Rechengang.

Man findet somit die 3 Normzahlen 52, 57 und 63.

Eingaben	Anzeige
SHIFT TAB 0 10 SHIFT $\sqrt[x]{y}$ 24 =	1.
* 47 =	52.
=	57.
=	63.

2.1.5 M-Speicher

Die festen Datenregister A bis Z oder Datenfelder sind im CAL-Modus i.allg. nicht zu nutzen; einige werden lediglich bei den statistischen Berechnungen (s. Abschn. 2.1.7) belegt. Im CAL-Modus kann aber noch ein weiteres Datenregister, der M-Speicher, eingesetzt werden. Für ihn gibt es Zugriffe über die

Tasten	mit der Wirkung
x → M	Abspeichern des Anzeigewerts (der alte Inhalt des M-Speichers wird überschrieben),
RM	Rückruf des Inhalts in das Anzeigeregister (der Anzeigewert geht verloren, der Inhalt des M-Speichers bleibt erhalten),
M+	Addition des Anzeigewerts zum Speicherinhalt (der Anzeigewert bleibt im Display; alle vorhergehenden Rechnungen werden abgeschlossen - also auch alle offenen Klammern geschlossen)

Einige Anregungen für den Einsatz des M-Speichers enthalten die folgenden Beispiele sowie Beispiel 2.6.

Beispiel 2.25. Der Wolframdraht einer Glühlampe habe bei der Temperatur $\vartheta = 20\ ^{\circ}C$ den Kaltwiderstand $R_k = 75{,}3\ \Omega$. Er wird bei den Temperaturbeiwerten $\alpha = 4{,}1 \cdot 10^{-3}\ K^{-1}$ und $\beta = 1 \cdot 10^{-6}\ K^{-2}$ im Betrieb um $\Delta\vartheta = 2000$ K erwärmt. Welchen Widerstand hat er bei dieser Temperatur?

Nach /14/ gilt für den Widerstand bei hoher Temperatur

$$R_w = R_k\ (1 + \alpha\ \Delta\vartheta + \beta\ \Delta\vartheta^2) \tag{2.18}$$

Somit ist ein zweckmäßiger Rechengang

Eingaben	Anzeige	
SHIFT TAB 3 1 x → M	1.000	
4.1 EXP 3 +/- * 2000 M+	8.200	Die Glühlampe hat somit den
1 EXP 6 +/- * 2000 x^2 M+	4.000	Betriebswiderstand R_w =
RM * 75.3 =	993.960	994 Ω.

Beispiel 2.26. Eine lineare Stromquelle hat bei dem Strom I_{a1} = 66 mA die Klemmenspannung $U_{a1} = 2{,}1$ V, dagegen bei dem Strom I_{a2} = 50,2 mA die Klemmenspannung $U_{a2} = 3{,}5$ V. Es sollen innerer Leitwert G_i, Quellenstrom I_q und Quellenspannung U_q bestimmt werden.

Nach /14/ gilt für den inneren Leitwert

$$G_i = \frac{I_{a1} - I_{a2}}{U_{a2} - U_{a1}} \tag{2.19}$$

den Quellenstrom $$I_q = I_{a1} + G_i\ U_{a1} \tag{2.20}$$

und die Quellenspannung $$U_q = I_q / G_i \tag{2.21}$$

Daher ist hier ein günstiger Rechengang

Eingaben	Anzeige	Größe
SHIFT TAB 3 66 EXP 3 +/- - 50.2 EXP 3 +/- =	0.016	
/ (3.5 - 2.1 = x → M F ↔ E	1.129E-02	G_i
66 EXP 3 +/- + 2.1 * RM = F ↔ E	8.970E-02	I_q
/ RM =	7.948	U_q

Beispiel 2.27. Eine Drehstrom-Stichleitung hat 3 Abnehmer mit den Daten von Bild 2.8. Es soll der Strom I_1 berechnet werden.

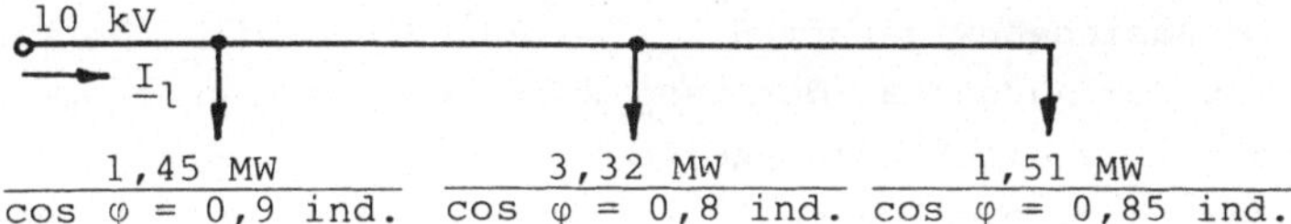

Bild 2.8 Stichleitung mit drei Abnahmen

Nach /11/ gilt für den Strom

$$I_1 = \frac{1}{\sqrt{3}\ U_N} \cdot \frac{(P_1 + P_2 + P_3)^2}{P_1 \cos\varphi_1 + P_2 \cos\varphi_2 + P_3 \cos\varphi_3} \quad (2.22)$$

Wir rechnen hier mit den

Eingaben	und erhalten die Anzeige
SHIFT TAB 3 1.45 * .9 = x → M 3.32 * .8 M+ 1.51 * .85 M+	
1.45 + 3.32 + 1.51 = x^2 * EXP 6 / RM / 3 √‾/ 10 EXP 3 =	434.165

Es fließt daher der Strom I_1 = 434,2 A.

Beispiel 2.28. Eine 110-kV-Freileitung hat den Leiterradius r = 1 cm, den geometrischen Mittelwert der Leiterabstände d_{gmi} = 5,04 m, die mittlere Leiterhöhe über Erde h_{gmi} = 9,1 m und die mittleren Abstände D_{gmi} = 19,0 m. Es sollen die Leitungsbeläge L' und C_b' bestimmt werden.

Nach /11/ ist mit der Induktionskonstanten $\mu_o = 0{,}4\ \pi\cdot 10^{-3}$ H/km die bezogene Induktivität

$$L' = \frac{\mu_o}{2\ \pi}\ (0{,}25 + \ln \frac{d_{gmi}}{r}) \quad (2.23)$$

und mit der elektrischen Feldkonstanten ε_o = 8,85 nF/km die bezogene Betriebskapazität

$$C_b' = \frac{2\ \pi\ \varepsilon_o}{\ln \dfrac{2\ h_{gmi}\ d_{gmi}}{D_{gmi}\ r}} \quad (2.24)$$

Wir kürzen in Gl. (2.23) schon $0{,}4\pi/(2\ \pi) = 0{,}2$ und erhalten dann den Rechengang

Eingaben	Anzeige
SHIFT TAB 3 5.04 / .01 = x → M ln + .25 = * .2 EXP	
3 +/- = F ↔ E	1.295E-03
2 * 9.1 * RM / 19 = ln 1/x * 2 * SHIFT π * 8.85 EXP	
9 +/- = F ↔ E	8.998E-09

Somit sind L' = 1,295 mH/km und C_b' = 8,998 nF/km.

Beispiel 2.29. Ein Kleinsignalverstärker hat die Stromverstärkung B = 150, den Basisbahnwiderstand $R_{BB'}$ = 280 Ω und wird von einem Generator mit dem Ausgangswiderstand R_G = 900 Ω angesteuert. Zu beachten sind ferner die Flicker-noise-Konstante K = $3 \cdot 10^{-19}$ A und die Elementarladung e = $1{,}6 \cdot 10^{-19}$ As. Es soll die minimale Rauschzahl F_{min} für die Frequenz f = 10 kHz bestimmt werden.

Nach /42/ gilt

$$F_{min} = 1 + \frac{R_{BB'}}{R_G} + \sqrt{\frac{1}{B} + \frac{K}{2\,e\,f}} \qquad (2.25)$$

Hierfür ist ein zweckmäßiger Rechengang (10^{-19} wird sofort gekürzt)

Eingaben	Anzeige
SHIFT TAB 3 3 / 2 / 1.6 / 10 EXP 3 + 150 1/x = √x → M	
280 / 900 M+ 1 M+ RM	1.393

Es ist also F_{min} = 1,393.

Beispiel 2.30. Nach /42/ gilt für die Verlustleistung eines Kaltleiters bei der Knicktemperatur T_A

$$P_{VA} = \frac{T_A - T_o}{R_{th}} \qquad (2.26)$$

sowie allgemein

$$P_V = P_{VA} + \frac{1}{\alpha_o\, R_{th}} \ln \frac{U^2}{R_o\, P_{VA}} \qquad (2.27)$$

Ein Kaltleiter habe die Knicktemperatur T_A = 350 K, den Kaltwiderstand R_o = 60 Ω, den Temperaturkoeffizienten α_o = 0,29 K^{-1} und den thermischen Widerstand R_{th} = 30 K/W. Er heizt den Raum bei der Außentemperatur T_o = 300 K und der Spannung U = 20 V. Es soll die Verlustleistung P_V berechnet werden.

Ein zweckmäßiger Rechengang ist

Eingaben	Anzeige
SHIFT TAB 3 350 - 300 = / 30 = x → M	
20 x² / 60 / RM = ln / .29 / 30 M+ RM	1.826

Somit beträgt die Verlustleistung P_V = 1,826 W.

Beispiel 2.31. Für ein Freileitungsseil ist bei der maximalen Zugkraft H_{max} = 20 790 N, der Wärmedehnungszahl $\varepsilon_t = 1{,}89 \cdot 10^{-5}\ K^{-1}$, dem bezogenen Seilgewicht g = 9,682 N/m und der bezogenen Zusatzlast g_z = 7,19 N/m die kritische Spannweite ℓ_{kr} zu bestimmen.

Nach /11/ gilt

$$\ell_{kr} = H_{max} \sqrt{\frac{360\ K\ \varepsilon_t}{(g + g_z)^2 - g^2}} \qquad (2.28)$$

somit ist ein zweckmäßiger Rechengang

Eingaben	Anzeige
SHIFT TAB 3 360 * 1.89 EXP 5 +/- / ((9.682 x → M	
+ 7.19) x² - RM x² = √ * 20790 =	124.110

Die kritische Spannweite beträgt also ℓ_{kr} = 124,1 m.

Beispiel 2.32. Zwei parallele Zylinderelektroden mit den gleichen Radien r = 2 cm haben den Abstand d = 10 cm. Welche Spannung U darf man an sie anlegen, damit die elektrische Feldstärke E_{max} = 17 kV/cm nicht überschritten wird?

Nach /23/ gilt mit der Konstanten

$$K = \frac{d}{2\ r} + \sqrt{\left(\frac{d}{2\ r}\right)^2 - 1} \qquad (2.29)$$

für die zulässige Spannung

$$U = \frac{2\ E_{max}\ r(K - 1)\ \ln K}{K + 1} \qquad (2.30)$$

Somit ist ein günstiger Rechengang

Eingaben	Anzeige
SHIFT TAB 3 10 / 2 / 2 = x → M x² - 1 = √ M+	
2 * 17 * 2 * (RM - 1) * RM ln /(RM + 1 =	69.748

Die zulässige Spannung beträgt U = 69,75 kV.

Beispiel 2.33. Für eine Hochspannungs-Stoßanlage sollen Dämpfungswiderstand R_d und Entladewiderstand R_e bestimmt werden. Nach /23/ gilt mit der Stirnzeit T_1 = 1,2 s, der Rückenhalbwertzeit T_2 =

50 µs, den Zeitfaktoren k_1 = 2,96 und k_2 = 0,73, der Stoßkapazität C_s = 5 nF und der Belastungskapazität C_b = 0,365 nF sowie mit den Summanden

$$a = \frac{T_2}{2\ k_2 (C_s + C_b)} \tag{2.31}$$

und

$$b = \frac{T_1\ T_2}{k_1\ k_2\ C_s\ C_b} \tag{2.32}$$

für den Dämpfungswiderstand

$$R_d = a + \sqrt{a^2 - b} \tag{2.33}$$

und den Entladewiderstand

$$R_e = a - \sqrt{a^2 - b} \tag{2.34}$$

Wir rechnen daher mit den

Eingaben	und erhalten die Anzeigen
SHIFT TAB 0 50 EXP 6 +/- / 2 / .73 / 5.365 EXP 9 +/-	
= x → M x^2 - 1.2 EXP 6 +/- * 50 EXP 6 +/- / 2.96 / .73	
/ 5 EXP 9 +/- / .365 EXP 9 +/- = √ M+ RM	11436.
- 2 * 5053 =	1330.

Es sind somit Dämpfungswiderstand R_d = 11,44 kΩ und Entladewiderstand R_e = 1330 Ω vorzusehen.

Beispiel 2.34. Eine Pumpe soll in der Zeit t = 3 h die Masse m = 4500 kg Wasser auf die Höhe h = 15 m bei der Fallbeschleunigung g = 9,81 m/s^2 fördern. Der Pumpenwirkungsgrad beträgt η_P = 0,2 und der Motorwirkungsgrad η_M = 0,7. Welche Leistungen müssen Pumpe und Antriebsmotor abgeben? Welchen Strom I nimmt der Wechselstrommotor an der Sinusspannung U = 220 V bei dem Leistungsfaktor cos φ = 0,85 auf?

Nach /14/ gelten bei der Kraft F = m g und der Arbeit W = F h für die Pumpenleistung

$$P_P = \frac{W}{t} = \frac{F\ h}{t} = \frac{m\ g\ h}{t} \tag{2.35}$$

die Leistungsaufnahme des Motors

$$P_M = P_P/\eta_P \tag{2.36}$$

und den Strom

$$I = \frac{P_M}{\eta_M\ U\ \cos\varphi} \tag{2.37}$$

Daher ist der Rechengang

Eingaben	Anzeigen
SHIFT TAB 3 4500 * 9.81 * 15 / 3 / 60 x^2 =	61.313
/ .2 =	306.563
/ .7 / 220 / .85 =	2.342

Somit sind P_P = 61,31 W, P_M = 306,6 W und I = 2,342 A.

Beispiel 2.35. Nach /42/ gilt für den spannungsabhängigen Gleichstromwiderstand eines Varistors

$$R_U = K^{1/ß}\, U^{(ß - 1)/ß} = K^{1/ß}\, U^{(1 - \frac{1}{ß})} \qquad (2.38)$$

Ein bestimmter Varistor hat die Kennwerte ß = 0,22 und K = 359 V $A^{-0,22}$ und liegt an der Spannung U = 100 V. Es soll der Gleichstromwiderstand ermittelt werden.

Wir wollen alle Daten nur einmal eingeben und nutzen daher den M-Speicher als Zwischenspeicher mit dem Rechengang

Eingaben	Anzeige
SHIFT TAB 3 359 y^x .22 1/x x → M * 100 y^x (1 - RM) =	
F ↔ E	3.335E 04

Somit ist R_U = 33,35 kΩ.

2.1.6 Umrechnung komplexer Zahlen

Da das Umwandeln von Dezimal- in Sexadezimal- oder Hexadezimal-Zahlen und umgekehrt für die Elektrotechnik nur in bestimmten Sparten Bedeutung hat und in der Betriebsanleitung gut erklärt ist, kann auf eine weitere Erläuterung hier verzichtet werden.

Sehr wichtig ist dagegen die Koordinatenumwandlung, mit der kartesische in Polarkoordinaten und umgekehrt überführt werden können. Sie wird in der Elektrotechnik beim Umrechnen komplexer Größen angewandt.

Das Formelzeichen einer komplexen Größe $\underline{A}$ nach Bild 2.9 wird durch den Unterstrich gekennzeichnet. Man kann sie nach /14/ mit dem Realteil a_w = Re $\underline{A}$ und dem Imaginärteil a_b = Im $\underline{A}$ sowie dem Betrag A und dem Phasenwinkel α sowohl in der Komponentenform

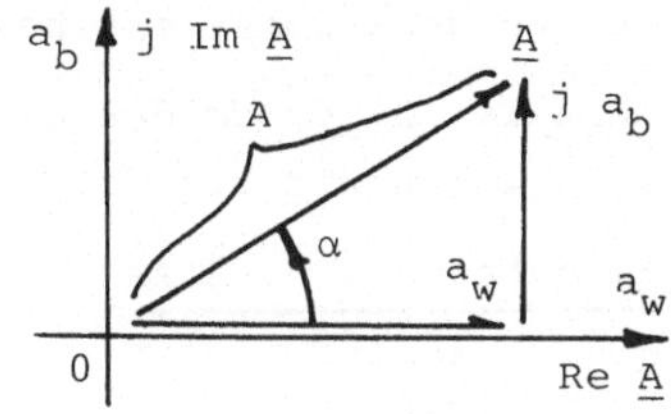

Bild 2.9 Komplexe Größe $\underline{A}$

$$\underline{A} = \text{Re}\,\underline{A} + j\,\text{Im}\,\underline{A} = a_w + j\,a_b$$

$$\underline{A} = A \cos \alpha + j\, A \sin \alpha \qquad (2.39)$$

als auch in der Exponential- oder Polarform

$$\underline{A} = A\, e^{j\alpha} = A \underline{/\alpha} = \sqrt{a_w^2 + a_b^2}\; e^{j \text{ Arctan } (a_b/a_w)} \qquad (2.40)$$

angeben. ($\underline{/\alpha}$ liest man als "Versor alpha".)

Die Komponentenform ist insbesondere für komplexe Additionen und Subtraktionen einzusetzen, während für alle übrigen komplexen Operationen die Polarform besser geeignet ist.

Der Koordinatenumwandlung dienen die Zweitfunktionen SHIFT →rΘ und SHIFT →xy. Bei der Umrechnung der Komponenten- in die Polarform muß man zunächst den Realteil a_w eingeben und mit dem Befehl ↕ in den Operandenspeicher (s. Abschn. 2.1.5) übernehmen, dann den Imaginärteil a_b eingeben und schließlich über den Befehl →rΘ die Umrechnung einleiten. In der Anzeige steht zunächst der Betrag A; über den Befehl ↕ erhält man auch den Phasenwinkel α.

Um die Polarform in die Komponentenform umzurechnen, gibt man zuerst den Betrag A ein, bringt ihn über die Taste ↕ in den Operandenspeicher, gibt dann den Phasenwinkel α ein und veranlaßt zum Schluß mit der Anweisung SHIFT →xy die Umrechnung. Im Display erscheint dann der Realteil a_w, und über den Befehl ↕ kann man wieder den Imaginärteil a_b zur Anzeige bringen.

Bei hintereinander folgenden Umwandlungen der einen in die andere Form darf man keine Zwischenrechnungen einfügen, die den Operandenspeicher berühren, da sonst ein Teil der komplexen Größe verloren geht und durch einen falschen Wert ersetzt wird. Für Additionen und Subtraktionen kann man in diesen Fällen den M-Speicher heranziehen. Einfache Funktionsrechnungen, wie 1/x, x^2, cos, sin usw., stören dagegen nicht.

Als Betrag der Polarform darf nur ein positiver Zahlenwert eingegeben werden; sonst erscheint eine Fehlermeldung.

Beispiel 2.36. Um das Umrechnen in den vier Quadranten zu zeigen, vollziehen wir die folgenden Rechengänge

Eingaben	Anzeige	Größe	Eingaben	Anzeige	Größe
SHIFT TAB 1			+/- ↕	-4.0	a_b
3 ↕ 4 SHIFT →rΘ	5.0	A	SHIFT →rΘ	5.0	A
↕	53.1	α	↕	-126.9	α
+/- SHIFT →xy	3.0	a_w	+/- SHIFT →xy	-3.0	a_w

Eingaben	Anzeige	Größe
↕	4.0	a_b
SHIFT →rθ	5.0	A
↕	126.9	α

Beispiel 2.37. Ein Verbraucher nimmt an der Sinusspannung $\underline{U}$ = 220 V /20,3° den Strom $\underline{I}$ = 2,31 A /-44,4° auf. Es soll die umgesetzte Leistung berechnet werden.

Nach /14/ gilt mit der Wirkleistung P und der Blindleistung Q sowie bei dem komplexen Strom $\underline{I} = I\ /\varphi$ und dem zugehörigen konjugiert komplexen Wert $\underline{I}^* = I\ /-\varphi$ für die komplexe Leistung

$$\underline{S} = P + j\,Q = \underline{U}\,\underline{I}^* \tag{2.41}$$

Ihre Bestimmung verlangt den Rechengang

Eingaben	Anzeigen
SHIFT TAB 3 20.3 x → M 44.4 M+ 220 * 2.31 = ↕ RM	
SHIFT →xy	217.183
↕	459.455

Es tritt also die Wirkleistung P = 217,2 W und die Blindleistung Q = 459,5 var auf.

Beispiel 2.38. Für die Schaltung in Bild 2.9 soll der komplexe Strom $\underline{I}$ berechnet werden.

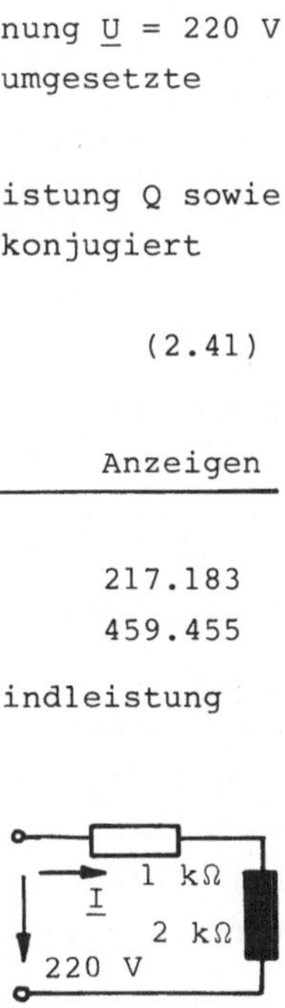

Mit dem komplexen Widerstand $\underline{Z} = R + j\,X$ ist nach /14/ der Strom

$$\underline{I} = \frac{\underline{U}}{\underline{Z}} = \frac{\underline{U}}{R + j\,X} = \frac{220\ \text{V}}{(1 + j\,2)\ \text{k}\Omega} \tag{2.42}$$

1 kΩ
$\underline{I}$
2 kΩ
220 V

Bild 2.9 Zweipol

Der komplexe Widerstand $\underline{Z}$ liegt in der Komponentenform vor; die Aufgabe läßt sich aber mit der Polarform einfacher lösen /14/. Wir rechnen daher mit den

Eingaben	und Anzeigen
SHIFT TAB 3 1 EXP 3 ↕ 2 EXP 3 SHIFT →rθ ↕	63.435
↕ 1/x * 220 = F ↔ E	9.839E-02

Es fließt also der Strom $\underline{I}$ = 98,39 mA /- 63,4°. Da in Gl. (2.42) durch den Phasenwinkel des Widerstands zu dividieren ist, erhält der Phasenwinkel des Stroms das negative Vorzeichen.

Beispiel 2.39. Es soll der Summenstrom $\underline{I} = \underline{I}_1 + \underline{I}_2$ mit den Teilströmen $\underline{I}_1$ = (2 + j 5)A und $\underline{I}_2$ = 6 A /- 30° in der Polarform angegeben werden.

Wir rechnen in diesem Fall in der Reihenfolge

Eingaben	Anzeigen
SHIFT TAB 3 6 ↕ 30 +/- SHIFT →xy x → M 2 M+ ↕ + 5 =	
↕ RM ↕ SHIFT →rθ	7.469
↕	15.532

Es ist somit $\underline{I}$ = 7,469 A $/15{,}5^{\circ}$.

Weitere Beispiele zum komplexen Rechnen enthält Abschn. 2.5.

2.1.7 Statistische Berechnungen

Der PC-1401 ermöglicht vielfältige statistische Berechnungen - z.B. das Bestimmen von Standardabweichungen und Mittelwerten von ein oder zwei Variablen oder eine lineare Regression mit Bestimmung des Korrelationskoeffizienten, des Schnittpunkts mit der y-Achse und der Steilheit, aber auch eine Trendanalyse.

Wichtig für das Auswerten von gemessenen Meßwertpaaren ist die Regressionsanalyse, die hier hauptsächlich betrachtet werden soll. Durch Rektifizierung lassen sich nämlich auch andere Funktionen auf eine Gerade zurückführen. Da bei den statistischen Berechnungen auch noch die Summe von Quadraten (und Produkten) gebildet wird und unmittelbar zugänglich ist, wird hierfür noch eine interessante Anwendung gezeigt. Der Leser wird vielleicht weitere finden.

2.1.7.1 Lineare Regression. Viele Zusammenhänge in der Elektrotechnik sind linear, lassen sich also durch eine Funktionsgerade beschreiben - z.B. wenn das Ohmsche Gesetz gilt oder die Drehzahlkennlinie eines Gleichstrom-Nebenschlußmotors. Andere nichtlinearen Zusammenhänge werden oft für einen bestimmten Bereich - z.B. für das Kleinsignalverhalten elektronischer Bauelemente oder in der Regelungstechnik - linearisiert, um z.B. leichter rechnen zu können oder bestimmte Verfahren, wie z.B. das Überlagerungsverfahren, anwenden zu können.

Die solchen Rechnungen zugrunde liegenden Kennlinien werden oft aus Messungen gewonnen; die Meßwertpaare liegen dann aber wegen der unvermeidbaren Meßfehler meist nicht exakt auf einer Geraden.

Nach /49/ kann man für n Meßwertpaare x_i und y_i die Regressionsgerade

$$y = a_o + a_1 x \tag{2.43}$$

angeben, deren Summe der Abstandsquadrate von den einzelnen Meßpunkten ein Minimum aufweist. Es gilt dann für die beiden Koeffizienten, nämlich die Steigung der Geraden

$$a_1 = \frac{n \sum_{i=1}^{n} x_i y_i - \sum_{i=1}^{n} x_i \sum_{i=1}^{n} y_i}{n \sum_{i=1}^{n} x_i^2 - (\sum_{i=1}^{n} x_i)^2} \tag{2.44}$$

und ihren Schnittpunkt mit der y-Achse

$$a_o = \frac{1}{n}(\sum_{i=1}^{n} y_i - a_1 \sum_{i=1}^{n} x_i) \tag{2.45}$$

Der Korrelationskoeffizient

$$r = \frac{n \sum_{i=1}^{n} x_i y_i - \sum_{i=1}^{n} x_i \sum_{i=1}^{n} y_i}{\sqrt{\{n \sum_{i=1}^{n} x_i^2 - (\sum_{i=1}^{n} x_i)^2\} \{n \sum_{i=1}^{n} y_i^2 - (\sum_{i=1}^{n} y_i)^2\}}} \tag{2.46}$$

liegt nahe bei $r = \pm 1$ (-1 für negative Steigungen a_1), wenn die Datenmenge weitgehend dem angenommenen Verlauf einer Geraden folgt.

Gl. (2.44) bis (2.46) werden vom PC-1401 unmittelbar im Anschluß an eine entsprechende Dateneingabe unter Inanspruchnahme der Datenregister U bis Z berechnet. Die Konstanten a_o und a_1 und der Korrelationskoeffizient r können anschließend abgerufen werden. Das Vorgehen wird mit dem folgenden Beispiel erklärt.

Beispiel 2.40. An den Klemmen eines aktiven Zweipols sind die Wertepaare von Tafel 2.10 gemessen worden. Es soll die Leerlaufspannung U_0 und der Kurzschlußstrom I_k sowie die Gleichung der Quellenkennlinie $U = f(I)$ bestimmt werden.

Tafel 2.10 Meßwerte eines aktiven Zweipols

I in A	0,22	0,41	0,6	0,83	1,05
U in V	1,73	1,51	1,31	1,09	0,85

Der Rechengang ist

Eingaben
SHIFT TAB 3 SHIFT STAT
.22 (x,y) 1.73 DATA
.41 (x,y) 1.51 DATA
.6 (x,y) 1.31 DATA
.83 (x,y) 1.09 DATA

Eingaben	Anzeige
1.05 (x,y) .85 DATA SHIFT r	-1.000
SHIFT a	1.949
SHIFT b	-1.047
0 SHIFT x'	1.862

Der negative Regressionskoeffizient $r = -1$ weist auf die negative Steigung $a_1 = -1{,}047$ V/A hin. (Er sollte für Zwecke der Elektrotechnik $|r| \geq 0{,}98$ betragen.) Mit der Leerlaufspannung $U_0 = 1{,}949$ V ist die Gleichung der Klemmenspannung daher

$$U = 1{,}949 \text{ V} - 1{,}047 \frac{\text{V}}{\text{A}} I$$

Der Kurzschlußstrom beträgt $I_k = 1{,}862$ A.

2.1.7.2 Quadratische Regression. Mit der Substitution /49/

$$x = z^2 \tag{2.47}$$

kann man Gl. (2.43) auch umformen in

$$y = a_o + a_1 z^2 \tag{2.48}$$

und somit eine quadratische Abhängigkeit untersuchen. Wir betrachten hierfür ein Beispiel aus der meßtechnischen Praxis.

Beispiel 2.41. Ein Dreiphasen-Asynchronmotor für die Nennspannung $U_{1N} = 220$ V in Dreieckschaltung hat bei Betriebstemperatur den Ständerstrangwiderstand $R_1 = 0{,}436$ Ω. Ein Leerlaufversuch liefert die Daten von Tafel 2.11. Es sollen die Eisenverluste P_{FeN} für Nennspannung und die Reibungsverluste P_R bestimmt werden.

Tafel 2.11 Meßwerte des Leerlaufversuchs

U_{10} in V	180	140	100	60
P_{10} in W	211	141	86	50,5
I_{10} in A	5,13	3,87	2,75	1,72

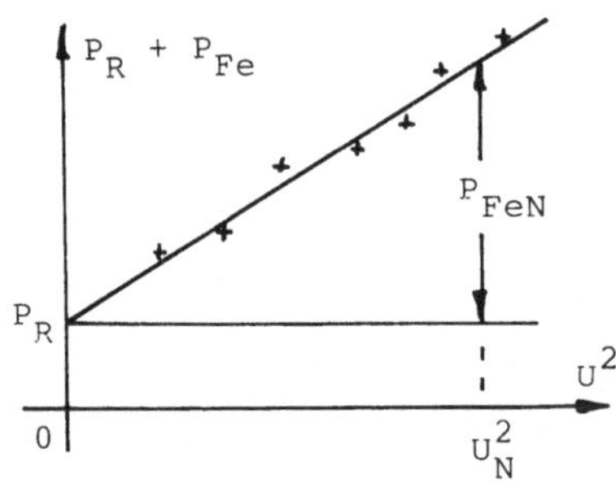

Bild 2.12 Zur Zerlegung der Leerlaufleistung

Nach /35/ gilt für die Stromwärmeverluste des Ständers

$$P_{Cu1} = R_1 I_1^2 \tag{2.49}$$

und somit für die Summe von Eisen- und Reibungsverlusten

$$P_{Fe} + P_R = P_{10} - R_1 I_1^2 \tag{2.50}$$

Da die Eisenverluste quadratisch von der Spannung abhängen, kann man nun entsprechend Bild 2.12 mit Gl. (2.48) und (2.50) sowie einer linearen Regression die Reibungsverluste P_R als Abschnitt a_o auf der y-Achse und die Eisenverluste P_{FEN} für die Nennspannung U_N bestimmen mit dem Rechengang

Eingaben	Anzeige
SHIFT TAB 3 SHIFT STAT	
180 x^2 (x,y) 211 - .436 * 5.13 x^2 = DATA	
140 x^2 (x,y) 141 - .436 * 3.87 x^2 = DATA	
100 x^2 (x,y) 86 - .436 * 2.75 x^2 = DATA	
60 x^2 (x.y) 50,5 - .436 * 1.72 x^2 = DATA SHIFT a	30.706
220 x^2 SHIFT y' - 30.706	253.131
SHIFT r	1.000

Man findet somit P_R = 30,7 W und P_{FeN} = 253,1 W. In der Praxis sollten weitere Meßwertripel eingegeben werden.

2.1.7.3 Exponentielle Regression. Mit dem Strom I_o, dem Spannungsfaktor k und der Spannung U folgt der Strom einer Diode der Diodenkennlinie

$$I_D = I_o\, e^{k\,U} \tag{2.51}$$

Durch Logarithmieren geht Gl. (2.51) über in

$$\ln I_D = \ln I_o + k\,U \tag{2.52}$$

Dies entspricht mit den Substitutionen /49/

$$y = \ln I_D, \qquad a_o = \ln I_o, \qquad a_1 = k$$

der Gleichung einer Geraden, so daß man auf sie die lineare Regression anwenden kann. Das folgende Beispiel zeigt eine praktische Anwendung.

Beispiel 2.42. Die Quellenkennlinie eines Solargenerators /42/ folgt mit dem Kurzschlußstrom I_k sowie den weiteren Kennwerten I_o und k bei der Spannung U der Stromfunktion

$$I = I_k - I_o(e^{k\,U} - 1) \tag{2.53}$$

und wird in den Herstellerlisten meist durch die 3 Datenpaare von Tafel 2.14 beschrieben. Es sollen die Kenngrößen I_k, I_o und k bestimmt werden.

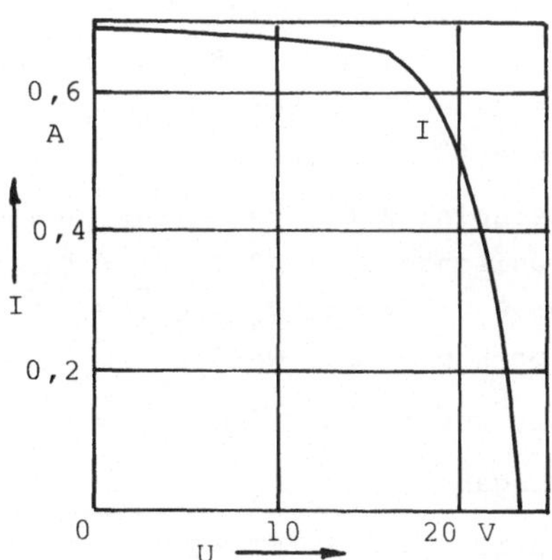

Bild 2.13 Quellenkennlinie I = f(U)

Die Quellenkennlinie kann aus der Diodenkennlinie mit $I = -(I_D - I_k)$ abgeleitet werden. Mit Gl. (2.52)

Tafel 2.14 Kennwerte

I in mA	685	630	0
U in V	0	18,4	23,5
$I_D = I - I_k$ in mA	0	55	685

ist somit der Rechengang

Eingaben	Anzeige
SHIFT TAB 3 SHIFT STAT 23.5 (x,y) .685 ln DATA	
18.4 (x,y) .055 ln DATA SHIFT a SHIFT e^x F ↔ E	6.146E-06
SHIFT b F ↔ E	4.945E-01

Daher hat der betrachtete Solargenerator mit I_k = 685 mA, I_o = 6,146 µA und k = 0,4945 V^{-1} die Quellenkennlinie

$$I = 685 \text{ mA} - 6{,}146 \text{ µA} \left(e^{0{,}4945 \text{ V}^{-1} U} - 1\right)$$

$$= 685 \text{ mA} - 6{,}146 \text{ µA}\, e^{0{,}4945 \text{ V}^{-1} U} .$$

2.1.7.4 Effektivwert und Klirrfaktor. Nach /14/ gilt bei den Scheitelwerten $\hat{i}_\nu$ bzw. Effektivwerten I_ν der n Teilströme für den Effektivwert des Wechselstroms

$$I = \sqrt{\sum_{\nu=1}^{n} I_\nu^2} = \sqrt{\frac{1}{2} \sum_{\nu=1}^{n} \hat{i}_\nu^2} \tag{2.53}$$

und den zugehörigen Klirrfaktor

$$k = \frac{1}{I} \sqrt{\sum_{\nu=2}^{n} I_\nu^2} = \frac{1}{I} \sqrt{I^2 - I_1^2} \tag{2.54}$$

Gl. (2.53) und (2.54) kann man vorteilhaft mit dem Programmteil "statistische Berechnungen" bestimmen, und sie gelten natürlich auch für Spannungen.

Beispiel 2.43. Von einer Wechselspannung wurden gemessen die Harmonischen U_1 = 10 V, U_2 = 0,5 V, U_3 = 2 V, U_4 = 0,2 V, U_5 = 0,7 V, U_7 = 0,3 V und U_9 = 0,1 V. Es sollen Effektivwert U und Klirrfaktor k bestimmt werden.

Wir rechnen mit den

Eingaben	Anzeigen
SHIFT TAB 3 SHIFT STAT .5 DATA 2 DATA .2 DATA .7 DATA	
.3 DATA .1 DATA SHIFT Σx^2 $\sqrt{\ }$	2.209
10 DATA SHIFT Σx^2 $\sqrt{\ }$	10.241
1/x * 2.209 =	0.216

Somit beträgt der Effektivwert U = 10,24 V und der Klirrfaktor k = 0,216.

2.2 RUN- und PRO-Modus

Mit dem PC-1401 kann man auch im RUN- und PRO-Modus rechnen - z.B. mathematische Funktionen bestimmen (s. Abschn. 2.2.1). Im PRO-Modus kann dies zu Irritationen führen; man sollte es daher nur in Sonderfällen nutzen.

Das Rechnen im RUN-Modus entspricht weitgehend dem Vorgehen bei anderen BASIC-Rechnern, mit denen man auch ohne Programmunterstützung arbeiten kann. Man kann hierbei schon einfache BASIC-Anweisungen anwenden und sich so in diese Programmiersprache einarbeiten.

Die Daten und Anweisungen sind meist in anderer Reihenfolge als im CAL-Modus einzugeben; nur die Werte mathematischer Funktionen können auch in gleicher Reihenfolge bestimmt werden. Man kann jedoch den Rechengang vorteilhaft auch noch nach der Eingabe und unmittelbar der Ausführung im Display überprüfen. Vor allen Dingen ergibt sich der Vorteil, die Datenregister A bis Z einsetzen zu können.

Man muß alle für BASIC geltenden Regeln beachten und kann daher auch einige Berechnungen, die im CAL-Modus möglich sind, im RUN-Modus nicht ausführen - z.B. statistische Berechnungen und Prozentrechnungen. Einige Anzeigen sind unterschiedlich. Beim komplexen Rechnen im RUN-Modus muß man die Belegung der festen Datenregister Y und Z beachten.

2.2.1 Mathematische Funktionen

Es ist leicht zu überprüfen, daß fast alle in Beispiel 2.7 berechneten Funktionswerte in völlig gleicher Weise in den Betriebsarten RUN und PRO bestimmbar sind. Allerdings kann das negative Vorzeichen eines Eingabewerts nicht über die Taste +/-, sondern nur über die vorher zu betätigende Taste - eingestellt werden, und die Eingabe ist nicht mit dem Befehl =, sondern mit ENTER abzuschließen.

Das folgende Beispiel zeigt einige Abweichungen zu Beispiel 2.7.

Beispiel 2.44. Man berechne nacheinander im PRO-Modus

Eingaben	Anzeige	Befehl	Anzeige
- 2 SHIFT $\sqrt[3]{}$	-1.25992105		
EXP 1/x	ERCP	ENTER	ERROR 1

Eingaben	Anzeigen	Befehl	Anzeige
15 →HEX	F.		
SHIFT →DEC	15.		
2 y^x 3.3	2^3.3	ENTER	2:^3.3

Diese Berechnung wird also nicht ausgeführt. Wir gehen daher über in den RUN-Modus und rechnen

2 y^x 3.3	2^3.3	ENTER	9.849155307
SHIFT $\sqrt[x]{y}$ 3.3	9155307 ROT 3.3	ENTER	2.

Die Potenzieranweisung ^ ist auch über die Tasten SHIFT ^ zu erreichen, was jedoch einen Tastendruck mehr verlangt.

2.2.2 Vergleich des Rechnens im RUN- und im CAL-Modus

Das Rechnen im CAL-Modus hat gegenüber dem Rechnen im RUN-Modus folgende (oft ausschlaggebende) Vorteile:

- Man kann leicht ingenieurgerechte Anzeigeformate einstellen.
- Die Eingaben sind meist kürzer.
- BASIC braucht man noch nicht zu beherrschen.

Demgegenüber hat der RUN-Modus auch schon beim Rechnen ohne Programmunterstützung andere Vorteile:

- Das Display zeigt die letzten Eingaben (mit einer Beschränkung auf 16 Zeichen) an; Fehler können daher sofort erkannt und berichtigt werden.
- Man kann den Rechengang jederzeit über die Tasten ↑ und ↓ vor oder nach Abschluß der Rechnung in den Display zurückholen und so überprüfen oder verändern.
- Man kann mit den Variablen A bis Z arbeiten.

Dies ist allerdings mit Nachteilen verbunden:

- Die Ergebnisanzeige ist meist mit 10 Ziffern überfrachtet.
- Einige Funktionen (s. Abschn. 2.2.1) lassen sich im RUN-Modus nicht bestimmen.

Im CAL-Modus geht nach dem Drücken der Taste EXP der Wert 1E 00 in die Anzeige und man kann hiermit weiterrechnen. Im RUN-Modus erscheint dann jedoch im Display ein E, das schließlich zur Fehlermeldung führt. Weiterhin ist statt mit +/- über - das negative Vorzeichen einzustellen, und alle Anweisungen sind mit ENTER abzuschließen.

Beispiel 2.45. Für die Schaltung in Bild 2.15 soll der Gesamtwiderstand R_g bestimmt werden.

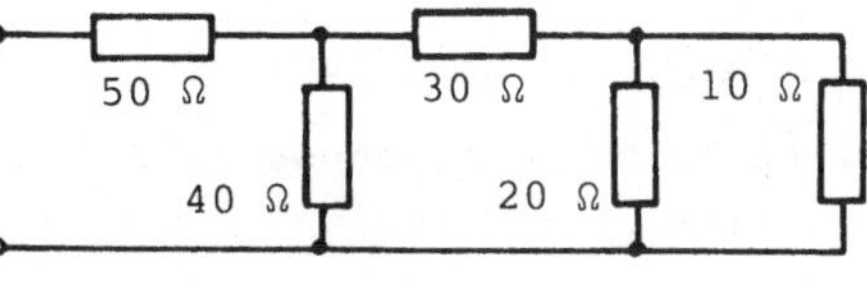

Bild 2.15 Netzwerk

Nach Abschn. 2.3.2 gilt

$$R_g = 50\ \Omega + \cfrac{1}{\cfrac{1}{40\ \Omega} + \cfrac{1}{30\ \Omega + \cfrac{1}{\cfrac{1}{20\ \Omega} + \cfrac{1}{10\ \Omega}}}}$$

Daher erhält man den Rechengang für den RUN-Modus

Eingaben	Anzeige
50 + 1/(1/40 + 1/(30 + 1/(1/20 + 1/10))) ENTER	69.13043478
oder	
A = 1/20 + 1/10 ENTER	0.15
A = 30 + 1/A ENTER	36.66666667
A = 1/40 + 1/A ENTER	5.227272727E-02
50 + 1/A ENTER	69.13043478
Im CAL-Modus rechnet man dagegen	
SHIFT TAB 3 50 + 1 / (1 / 40 + 1 / (30 + 1 / (1 / 20 + 1 / 10 =	69.130
oder	
10 1/x + 20 1/x = 1/x + 30 = 1/x + 40 1/x = 1/x + 50 =	69.130

Der 4. Rechengang ist nach Meinung des Verfassers der beste, da er am kürzesten ist, nach jeder Eingabe die Anzeige wechselt und so bestätigt, daß der Tastendruck erfolgreich war, ferner mit dem Befehl = immer wieder Rechnungen abschließt, so Fehlermöglichkeiten ausschließt und außerdem ein ingenieurgerecht gerundetes Ergebnis liefert.

Der 1. Rechengang ermöglicht hingegen in vorteilhafter Weise eine jederzeitige Überprüfung der Eingaben.

Beispiel 2.46. Für die Brückenschaltung in Bild 2.16 soll die Brückenspannung U_a bestimmt werden.

Durch Anwenden der Spannungsteilerregel findet man

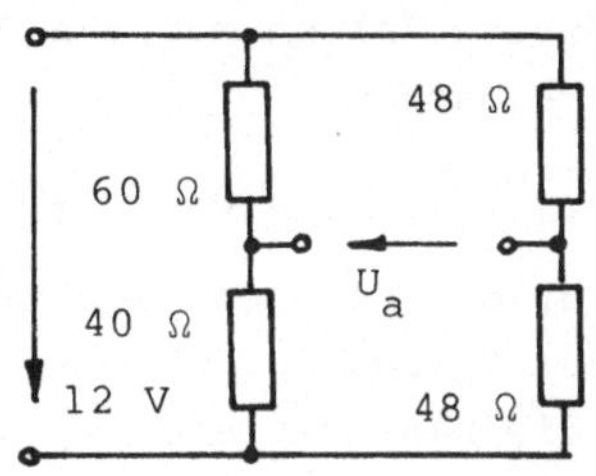

Bild 2.16 Brückenschaltung

$$U_a = 12\ V\ (\frac{1}{1 + (40\ \Omega/60\ \Omega)} - \frac{1}{1 + (48\ \Omega/48\ \Omega)})$$

Zweckmäßige Rechengänge sind, wenn man 1 + (48/48) = 2 sowie 1/2 = 0,5 im Kopf rechnet

a) im CAL-Modus

Eingaben	Anzeige
SHIFT TAB 3 40 / 60 + 1 = 1/x - . 5 = * 12 =	1.200
b) im RUN-Modus 12 * (1 / (40 / 60 + 1) - .5) ENTER	1.2

Die Eingabe im RUN-Modus ist unwesentlich länger und die Anzeige des Rechengangs im Display vorteilhaft. Daher ist U_a = 1,2 V.

Schwierigkeiten im RUN-Modus. Normalerweise wird ein in der Anzeige stehender Zahlenwert durch das Eintasten eines BASIC-Worts überschrieben. Nach dem Eintasten eines im rechten Teil des Tastenfeldes stehenden Rechenbefehls wird dieser jedoch auf den angezeigten Zahlenwert angewandt, und es erscheint i.allg. ein neuer Zahlenwert, so daß diese u.U. falsche Eingabe sofort auffällt. Irritiert wird man jedoch, wenn sich der angezeigte Wert nicht ändert, also der Rechner auch auf einen mehrfachen Tastenbefehl scheinbar nicht reagiert. (Im PRO-Modus erscheint das eingetastete BASIC-Wort nicht im Display.)

Tafel 2.17 Beispiele für unveränderte Anzeigen im RUN-Modus

Display	Eingabe	Anzeige
0.	sin	0.
0.	√ oder SQR	0.
0.	x^2 oder SQU	0.
0.	SHIFT $\sqrt[3]{}$	0.
1.	1/x	1.

Wenn nämlich rechts im Display ein Zahlenwert steht und der nächste Rechenbefehl würde wieder genau diesen Wert ergeben, bleibt der angezeigte Wert unverändert stehen. Man hat den Eindruck, daß der Rechner gar nicht auf die Eingabe reagiert. Tafel 2.17 enthält hierfür einige Beispiele. In diesen Fällen muß man die Anzeige zunächst über den Befehl C-CE freimachen.

2.2.3 Einsatz von Variablen

Für das Rechnen im CAL-Modus steht normalerweise nur der M-Speicher zur Verfügung. Beim Rechnen im RUN-Modus kann man dagegen meist auf alle Datenregister A bis Z zurückgreifen und ihnen Variable zuweisen. Das hat Vorteile, wenn längere Formeln durchgerchnet werden müssen und in ihnen einige Variable mehrfach vorkommen. Das Vorgehen wird hier an Beispielen gezeigt.

Beispiel 2.47. Nach /42/ gilt für den Einschaltschwellenstrom eines optischen Relais mit Schmitt-Trigger mit $K = R_2/(R_1 + R_2 + R_{C2})$

$$I_{Clan} = \frac{1}{B_2 R_{B2}} \left[B_2(U_{p-} - 0{,}7\ V) - \frac{R_{B2} + B_2 R_{E23}}{R_{E23} + K R_{C2}}(K U_{p-} - 0{,}7\ V)\right] \qquad (2.55)$$

Für die Daten $R_{B2} = 10$ kΩ, $R_{C2} = 1$ kΩ, $R_2 = 470$ Ω, $R_{E23} = 10$ Ω, $U_{p-} = 10$ V und $B_2 = 100$ soll dieser Einschaltschwellenstrom bestimmt werden.

Wir weisen, um die Daten nur einmal eingeben zu müssen, den Daten folgende Variablen zu

$A = R_{B2}$, $B = B_2$; $C = U_{p-}$, $D = 0{,}7$, $E = R_{E23}$, $G = K$, $F = R_{C2}$

und erhalten dann den Rechengang

Eingaben	Anzeige
A = 10 EXP 3 ENTER B = 100 ENTER C = 10 ENTER D =	
.7 ENTER E = 10 ENTER F = 1000 ENTER G = 470 / (	
100 + 470 + F) ENTER (B * (C - D) - (A + B *	
E) * (G * C - D) / (E + G * F)) / B / A ENTER	8.484455425E-04

Es fließt somit $I_{Clan} = 0{,}8484$ mA.

Beispiel 2.48. Ein Verbraucher entnimmt pro Tag dem Netz bei der minimalen Leistung $P_{min} = 3$ MW und der maximalen Leistung $P_{max} = 7$ MW die Tagesarbeit W = 112 MWh. Es soll der Arbeitsverlustgrad d bestimmt werden.

Mit dem Belastungsgrad

$$m = \frac{W}{W_{maxd}} = \frac{W}{24\ h\ P_{max}} \qquad (2.56)$$

und dem Leistungsgrad $m_o = P_{min}/P_{max}$ (2.57)

gilt nach /11/ für den Arbeitsverlustgrad

$$d = 1 + \frac{2(m_o - 1)}{\frac{m - m_o}{1 - m} + 1} + \frac{(m_o - 1)^2}{2\frac{m - m_o}{1 - m} + 1} \qquad (2.58)$$

Wir wollen hier die Variablen

$A = m_o$, $B = m$, $C = m_o - 1$ und $D = (m - m_o)/(1 - m)$

einsetzen und rechnen daher im RUN-Modus mit den

Eingaben	und Anzeigen
A = 3 / 7 ENTER B = 112 / 24 / 7 ENTER C = A - 1 ENTER D = (B - A) / (1 - B) ENTER 1 + 2 * C / (D + 1) + C * C / (2 * D + 1) ENTER	4.677871149E-01

Der Arbeitsverlustgrag beträgt d = 0,4678.

2.2.4 Komplexe Rechnung

IM CAL-Modus kann man für das komplexe Rechnen praktisch nur den M-Speicher verwenden. Dies genügt häufig schon nicht mehr - auch nicht bei einfachen Aufgaben, wie die folgenden Beispiele zeigen.

Im RUN-Modus werden dagegen bei der Koordinatenumwandlung automatisch die Variablen Y und Z eingesetzt, und man kann sie dann auch sinnvoll nutzen. Noch größere Vorteile hat es allerdings, für solche Aufgaben die in Abschn. 4 beschriebene komplexe Arithmetik, also ein komfortabel angelegtes Programm, heranzuziehen.

Wir zeigen zunächst die komplexe Rechnung ohne Programmunterstützung mit den folgenden Beispielen.

Beispiel 2.49. Eine Reihenschaltung besteht aus den kompexen Widerständen $\underline{Z}_1 = 10\ \Omega\ \underline{/30^\circ}$, $\underline{Z}_2 = 20\ \Omega\ \underline{/-45^\circ}$ und $\underline{Z}_3 = 30\ \Omega\ \underline{/50^\circ}$ und liegt an der Spannung $\underline{U} = 200$ V. Es soll der komplexe Strom $\underline{I}$ berechnet werden.

Es gilt für den Strom $$\underline{I} = \underline{U}/(\underline{Z}_1 + \underline{Z}_2 + \underline{Z}_3) \quad (2.59)$$

Wir müssen zunächst bei den drei Widerständen die Polarform in die Komponentenform umwandeln, können anschließend Real- und Imaginärteil addieren und ihre Summe wieder in die Polarform bringen. Wir wählen daher den Rechengang

Eingaben	Eingaben	Anzeigen
SHIFT →xy (10,30) ENTER	SHIFT →xy (30,50) ENTER	
A = Y ENTER B = Z ENTER	SHIFT →rΘ (A+Y,B+Z) ENTER	
SHIFT →xy (20,-45) ENTER	1/x * 200 ENTER	4.51436641
A = A + Y ENTER B = B + Z ENTER	Z = - Z ENTER	-18.20248051

Somit ist der Strom $\underline{I} = 4{,}514$ A $\underline{/-18{,}2^\circ}$.

Beispiel 2.50. Die Schaltung in Bild 2.18 soll mit dem komplexen Widerstand $\underline{Z}_1 = 2$ kΩ $\underline{/26^\circ}$ den komplexen Eingangswiderstand $\underline{Z}_e = 1{,}5$ k $\underline{/35^\circ}$ bilden. Wie groß muß dann der Widerstand $\underline{Z}_2$ sein?

Nach /14/ gilt für den gesuchten komplexen Widerstand

$$\underline{Z}_2 = \frac{1}{\frac{1}{\underline{Z}_e} - \frac{1}{\underline{Z}_1}} \qquad (2.60)$$

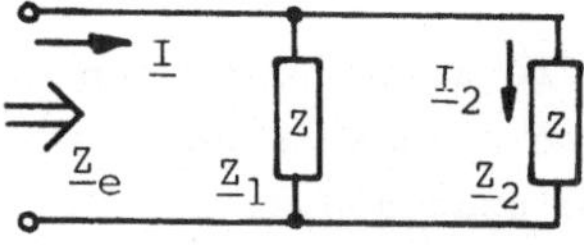

Bild 2.18 Parallelschaltung

Wir müssen also zunächst die Differenz der komplexen Kehrwerte bilden und diese nochmals invertieren. Man hat hierbei besonders sorgfältig auf die Vorzeichen zu achten. Es sind also die komplexen Größen mehrfach umzurechnen; wir nutzen hierfür die von den Umrechnungsfunktionen sowieso schon angesteuerten Datenregister Y und Z mit dem Rechengang

Eingaben	Anzeige
SHIFT →xy (1/1.5 EXP 3, -35) ENTER A = Y ENTER B = Z	
ENTER SHIFT →xy (1/2 EXP 3, -26) ENTER	
SHIFT →rΘ (A - Y, B - Z) ENTER 1/x	5271.520785
Z = - Z ENTER	59.35089404

Daher muß sein $\underline{Z}_1$ = 5272 Ω /59,35°.

Beispiel 2.51. Die Parallelschaltung von Bild 2.18 besteht aus den komplexen Widerständen $\underline{Z}_1$ = (30 + j 20) Ω und $\underline{Z}_2$ = (20 - j 10) Ω, und es fließt der Strom $\underline{I}$ = (2 + j 3) A. Es soll der komplexe Strom $\underline{I}_2$ berechnet werden.

Man kann die komplexe Stromteilerregel (s. Abschn. 2.3.2) mit

$$\underline{I}_2 = \frac{\underline{I}}{1 + (\underline{Z}_2/\underline{Z}_1)} \qquad (2.61)$$

anwenden. Sie verlangt den Rechengang

Eingaben	Anzeige
SHIFT →rΘ (20,-10) ENTER A = Y ENTER B = Z ENTER	
SHIFT →rΘ (30,20) ENTER SHIFT →xy (A/Y,B-Z) ENTER	
SHIFT →rΘ (Y+1,Z) ENTER A = Y ENTER B = Z ENTER	
SHIFT →rΘ (2,3) ENTER Y/A ENTER	2.549509757
Z - B ENTER	78.69006752

Man findet also den Strom $\underline{I}_2$ = 2,55 A /78,69°.

2.3 Aufbereiten der Aufgaben

Man kann sich die rechnerische Lösung von Ingenieuraufgaben durch ihr zweckmäßiges Aufbereiten erleichtern. So sollte man möglichst nicht mit zugeschnittenen Größengleichungen, sondern stets mit klaren Größengleichungen und SI-Einheiten arbeiten. Auch kann man die zu verwendenden Gleichungen so umstellen, daß die Daten auch schon beim Rechnen ohne Programmunterstützung möglichst nur einmal einzugeben sind.

2.3.1 Größengleichungen

Auch BASIC-programmierbare Taschenrechner lösen nur Zahlengleichungen und geben, wenn dies nicht besonders einprogrammiert wird, keine Einheiten an. Daher sollte man für normale technische Berechnungen nur mit Größengleichungen nach DIN 1313 arbeiten und die Einheiten getrennt bestimmen. Die verwendeten Formelzeichen

$$x = \{x\}\ [x] \qquad (2.62)$$

stehen für physikalsche Größen, wobei $\{x\}$ den Zahlenwert und $[x]$ die Einheit wiedergibt. Digitalrechner können natürlich nur Zahlenwerte $\{x\}$ berechnen.

Größengleichungen haben den Vorteil, einfach in zwei getrennt zu behandelnde Gleichungen aufgelöst werden zu können. Z.B. ist beim Ohmschen Gesetz nach /14/ mit Spannung U (Einheit V) und Widerstand R (Einheit Ω) der Strom (Einheit A)

$$I = U/R \qquad (2.63)$$

wobei der Taschenrechner den Zahlenwert

$$\{I\} = \{U\}/\{R\} \qquad (2.64)$$

berechnen kann und getrennt hierzu die Einheit

$$[I] = [U]/[R] = V/\Omega = A \qquad (2.65)$$

zu bestimmen ist, wenn SI-Einheiten nach DIN 1301 benutzt werden.

Die Zahlenwerte sollen nach DIN 1301 im Bereich $1 \leq \{x\} \leq 9999$ an-

Tafel 2.19 Vorsätze zur Bezeichnung von dezimalen Vielfachen und Teilen von Einheiten nach DIN 1301

Faktor	Vorsatz	Zeichen	Faktor	Vorsatz	Zeichen
10^{-18}	Atto	a	10^{3}	Kilo	k
10^{-15}	Femto	f	10^{6}	Mega	M
10^{-12}	Piko	p	10^{9}	Giga	G
10^{-9}	Nano	n	10^{12}	Tera	T
10^{-6}	Mikro	µ	10^{15}	Peta	P
10^{-3}	Milli	m	10^{18}	Exa	E

gegeben werden, so daß für Zehnerpotenzen die in DIN 1301 und Tafel 2.19 aufgeführten Vorsätze zu verwenden sind. Man beachte, daß diese Vorsätze Bestandteile der Einheit sind und Exponenten sich daher auf das Ganze beziehen.

Bei den folgenden Berechnungen werden die zur Kennzeichnung des Zahlenwerts eigentlich erforderlichen geschweiften Klammern i.allg. fortgelassen.

2.3.2 Taschenrechnerfreundliche Gleichungen

Mit dem Rechenschieber kann man besonders gut multiplizieren und dividieren, aber nicht addieren und subtrahieren. Auch ist das Bilden von Kehrwerten wegen der getrennt auszurechnenden Zehnerpotenzen umständlich und daher leicht mit Fehlern verbunden. Die auch heute noch üblichen Bestimmungsgleichungen nehmen auf diese Eigenarten so weit wie möglich Rücksicht.

Bei Berechnungen mit dem Taschenrechner kennt man diese Schwierigkeiten nicht. Man sollte jedoch dafür sorgen, jeden Zahlenwert nur einmal eingeben zu müssen, da Eingaben meist erhebliche Zeit beanspruchen und hierbei auch am ehesten Fehler gemacht werden. Daher müssen bekannte Bestimmungsgleichungen gelegentlich umgestellt und taschenrechnerfreundlich gemacht werden. Dies soll mit den folgenden einfachen Beispielen verdeutlicht werden.

Parallelschaltung. Es sollen die parallelen Widerstände R_1 und R_2 durch einen Gesamtwiderstand R_g nach Bild 2.20 b ersetzt werden.

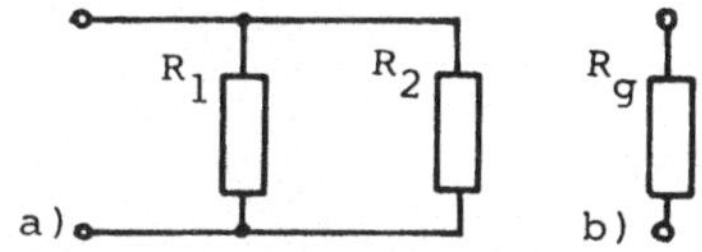

Bild 2.20 Parallelschaltung (a) der Widerstände R_1 und R_2 und Ersatzwiderstand R_g (b)

Nach /14/ gilt dann

$$\frac{1}{R_g} = \frac{1}{R_1} + \frac{1}{R_2} \qquad (2.66)$$

bzw.

$$R_g = \frac{R_1 R_2}{R_1 + R_2} \qquad (2.67)$$

und entsprechend bei drei parallelen Widerständen

$$\frac{1}{R_g} = \frac{1}{R_1} + \frac{1}{R_2} + \frac{1}{R_3} \qquad (2.68)$$

oder

$$R_g = \frac{R_1 R_2 R_3}{R_1 R_2 + R_2 R_3 + R_3 R_1} \qquad (2.69)$$

Die Produkte und Quotienten in Gl. (2.67) und (2.69) lassen sich mit dem Rechenschieber gut berechnen; für Taschenrechner sind Gl. (2.67) und (2.69) dagegen wenig geeignet, da entweder die Daten mehrfach eingegeben oder Speicher belegt werden müssen. Einfacher errechnet man mit Digitalrechnern die Gesamtwiderstände

$$R_g = \frac{1}{\frac{1}{R_1} + \frac{1}{R_2}} \qquad (2.70)$$

oder

$$R_g = \frac{1}{\frac{1}{R_1} + \frac{1}{R_2} + \frac{1}{R_3}} \qquad (2.71)$$

da hier nur mehrfach Kehrwerte zu bilden sind, alo immer wieder der gleiche Algorithmus angewendet wird.

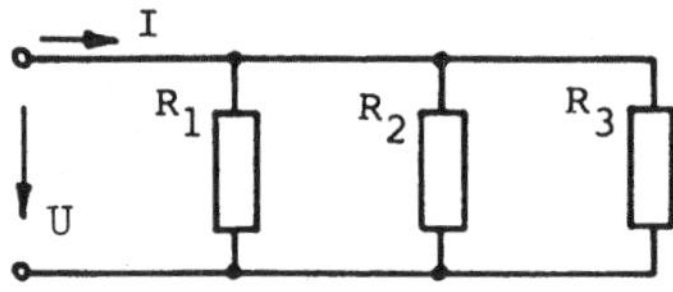

Bild 2.21 Parallelschaltung

Beispiel 2.52. Die Widerstände $R_1 = 10\ \Omega$, $R_2 = 20\ \Omega$ und $R_3 = 25\ \Omega$ liegen entsprechend Bild 2.21 parallel; es soll ihr Gesamtwiderstand berechnet werden.

Wir finden die Lösung mit dem Rechengang im CAL-Modus

Eingaben	Anzeige
SHIFT TAB 3 10 1/x + 20 1/x + 25 1/x = 1/x	5.263

Es herrscht also der Gesamtwiderstand $R_g = 5{,}263\ \Omega$.

Beispiel 2.53. Drei Widerstände liegen nach Bild 2.21 parallel an der Spannung $U = 220$ V und sollen die Gesamtleistung $P = 1$ kW aufnehmen. Wie groß muß der Widerstand R_3 sein, wenn die Widerstände $R_1 = 100\ \Omega$ und $R_2 = 200\ \Omega$ verwendet werden sollen?

Es muß der Gesamtwiderstand $R_g = U^2/P$ vorhanden sein. Dann gilt nach Gl. (2.68) für den gesuchten Teilwiderstand

$$R_3 = \frac{1}{\frac{1}{R_g} - \frac{1}{R_1} - \frac{1}{R_2}}$$

und wir erhalten den Rechengang

Eingaben	Anzeige
SHIFT TAB 3 EXP 3 / 220 x^2 - 100 1/x - 200 1/x = 1/x	176.642

Es ist also der Teilwiderstand R_3 = 176,6 Ω zu verwirklichen.

Spannungs- und Stromteiler. Für den Spannungsteiler von Bild 2.22 kann man nach /14/ mit den Teilwiderständen R_1 und R_2 sowie den Teilspannungen U und U_1 die Spannungsteilerregel

$$\frac{U_1}{U} = \frac{R_1}{R_1 + R_2} = \frac{1}{1 + (R_2/R_1)} \qquad (2.72)$$

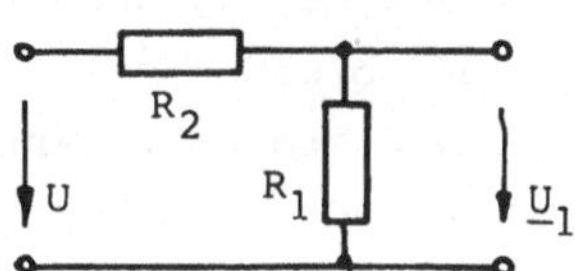

Bild 2.22 Spannungsteiler

angeben. Für den Stromteiler von Bild 2.23 gilt mit den Leitwerten G_1 und G_2 sowie den Strömen I und I_1 nach /14/ in analoger Weise die Stromteilerregel

$$\frac{I_1}{I} = \frac{G_1}{G_1 + G_2} = \frac{R_2}{R_1 + R_2} = \frac{1}{1 + (R_1/R_2)} \qquad (2.73)$$

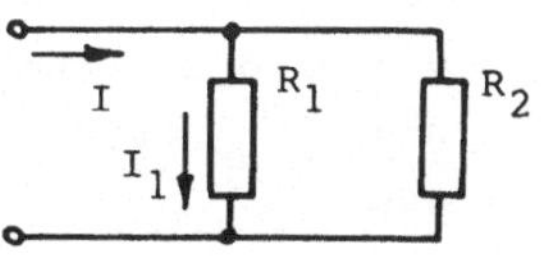

Bild 2.23 Stromteiler

Nur die letzten Ausdrücke von Gl. (2.72) und (2.73) sind jeweils taschenrechnerfreundlich.

Beispiel 2.54. Eine Schaltung nach Bild 2.22 besteht aus den Widerständen R_1 = 12,5 kΩ und R_2 = 7,37 kΩ und liegt an der Spannung U = 92,7 V. Es soll die Spannung U_1 berechnet werden.

Mit Gl. (2.72) erhält man den Rechengang

Eingaben	Anzeige
SHIFT TAB 3 92.7 / (1 + 7.37 / 12.5 =	58.317

Die gesuchte Spannung beträgt also U_1 = 58,32 V.

Beispiel 2.55. Die Schaltung von Bild 2.23 besteht aus den Widerständen R_1 = 10 kΩ und R_2 = 22 kΩ und wird vom Strom I = 120 mA durchflossen. Der Teilstrom I_1 soll berechnet werden.

Mit Gl. (2.73) kann man sofort den Rechengang

Eingaben	Anzeige
SHIFT TAB 3 120 / (1 + 10 / 22 =	82.500

und das Ergebnis I_1 = 82,5 mA angeben. (Die Zehnerpotenzen kürzen sich heraus oder werden im Endergebnis berücksichtigt.)

2.4 Weitere Beispiele

Hier werden noch einige Beispiele vorgerechnet. Sie sollen vor allen Dingen zeigen, wie die BASIC-Hierarchie bei den Eingaben zu beachten ist und wie man auch ohne ein Programm schon beachtliche Ergebnisse erzielen kann. Beispiele zur Sinusstromtechnik werden nachweisen, daß man hier auch ohne komplexe Rechnung zu guten Lösungen kommt, diese jedoch große Vorteile hat. Schließlich sollen einige Vorgehensweisen schon auf zweckmäßige numerische Algorithmen hinleiten. Die erforderliche Berechnungsgleichungen werden nicht abgeleitet; hierfür wird jeweils auf das angegebene Schrifttum im Anhang verwiesen.

2.4.1 Gleichstrom

Beispiel 2.56. Bei welchem Widerstand R_a stellt sich in der Schaltung von Bild 2.24 Leistungsanpassung ein, und welche verfügbare Leistung P_{amax} tritt auf? Welcher Ausnutzungsgrad ergibt sich für R_a = 400 Ω?

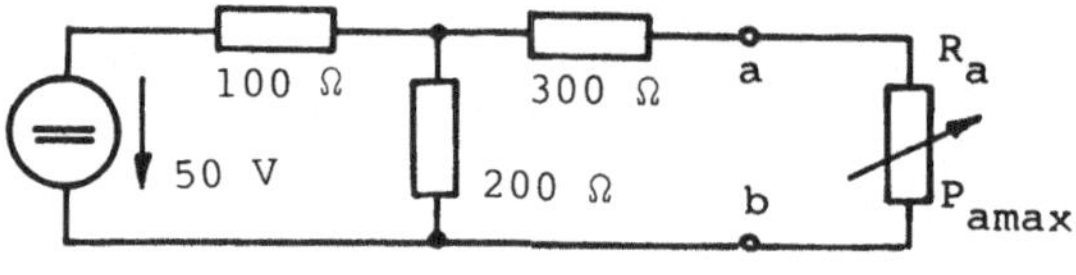

Bild 2.24 Netzwerk

Man muß zunächst bezüglich der Klemmen a und b eine Ersatzquelle bestimmen. Für den Innenwiderstand dieser Ersatzquelle gilt nach /14/

$$R_{iE} = 300\ \Omega + \frac{1}{\frac{1}{100\ \Omega} + \frac{1}{200\ \Omega}}$$

Die Spannungsteilerregel von Gl. (2.72) liefert die Ersatz-Quellenspannung

$$U_{qE} = \frac{50\ \text{V}}{1 + (200\ \Omega/100\ \Omega)}$$

und nach /14/ erhält man die verfügbare Leistung

$$P_{amax} = \frac{U_{qE}^2}{4\ R_{iE}} \tag{2.74}$$

Somit ist der Rechengang

Eingaben	Anzeige
SHIFT TAB 3 100 1/x + 200 1/x = 1/x + 300 = x → M	366.667
50 / (1 + 200 / 100 = x^2 / 4 / RM = F ↔ E	1.894E-01

Anpassung stellt sich somit ein für $R_a = R_{iE} = 366{,}7\ \Omega$, und die verfügbare Leistung beträgt $P_{amax} = 0{,}1894$ W.

Nach /14/ gilt für den Ausnutzungsgrad

$$\varepsilon = \frac{P_a}{P_{amax}} = \frac{4}{2 + \frac{R_a}{R_i} + \frac{R_i}{R_a}} \tag{2.75}$$

Man rechnet daher z.B. weiter mit den

Eingaben	und der Anzeige
400 / RM = + 1/x + 2 = 1/x * 4 =	0.998

Mit dem Widerstand $R_a = 400\ \Omega$ werden somit schon 99,8 % der verfügbaren Leistung erzielt.

Beispiel 2.57. Für die Schaltung von Bild 2.25 soll die Spannung U_a bestimmt werden.

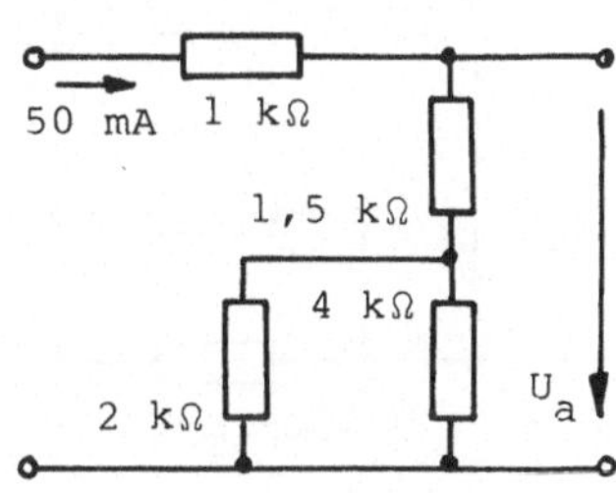

Bild 2.25 Netzwerk

Mit dem Ohmschen Gesetz und dem Maschensatz /14/ gilt für die Ausgangsspannung

$$U_a = (1{,}5\ \mathrm{k\Omega} + \frac{1}{\frac{1}{2\ \mathrm{k\Omega}} + \frac{1}{4\ \mathrm{k\Omega}}})\ 50\ \mathrm{mA}$$

Daher ist der Rechengang (die Zehnerpotenzen kann man kürzen)

Eingaben	Anzeige
SHIFT TAB 3 2 1/x + 4 1/x = 1/x + 1.5 = * 50 =	141.667

und die Spannung beträgt $U_a = 141{,}7$ V.

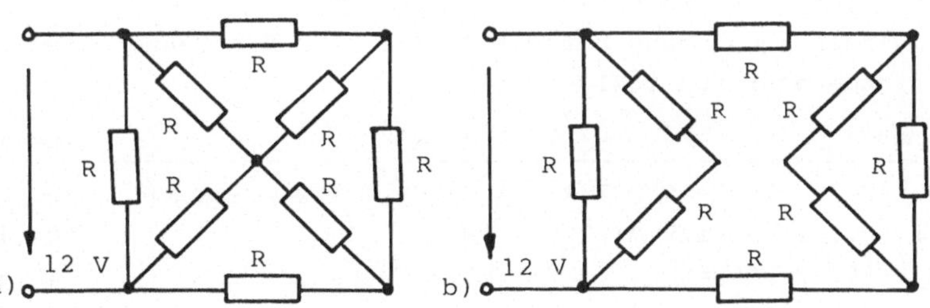

Bild 2.26 Netzwerk (a) mit Ersatzschaltung (b)

Beispiel 2.58. Die Schaltung in Bild 2.26 a besteht aus 8 Widerständen R = 2 kΩ. Welche Leistung P nimmt sie auf?

Man darf das Netzwerk entsprechend Bild 2.26 b in der Mitte auftrennen und findet dann mit dem Gesamtleitwert G für die Leistung

$$P = U^2\, G = U^2 \left(\frac{1}{R} + \frac{1}{2\,R} + \frac{1}{2\,R + \cfrac{1}{\cfrac{1}{R} + \cfrac{1}{2\,R}}}\right)$$

$$= \frac{12^2\ V^2}{2\ k\Omega}\left(1 + \frac{1}{2} + \frac{1}{2 + \cfrac{1}{1 + \cfrac{1}{2}}}\right)$$

Hierfür ist der Rechengang (mit $1 + \frac{1}{2} = 1{,}5$)

Eingaben	Anzeige
SHIFT TAB 3 2 + 1 / 1.5 = 1/x + 1.5 = * 12 x^2 / 2 =	135.000

Es werden also P = 135 mW umgesetzt. (Die Zehnerpotenz wird erst im Endergebnis berücksichtigt.)

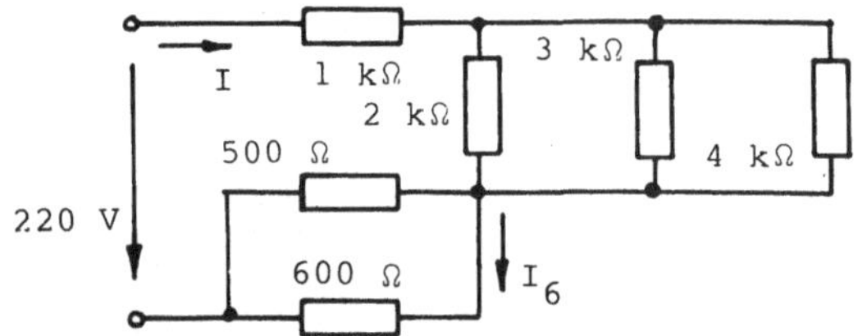

Bild 2.27 Netzwerk

Beispiel 2.59. Für die Schaltung in Bild 2.27 sollen die Ströme I und I_6 bestimmt werden.

Zunächst berechnet man den Strom

$$I = \frac{220\ V}{1\ k\Omega + \cfrac{1}{\cfrac{1}{2\ k\Omega} + \cfrac{1}{3\ k\Omega} + \cfrac{1}{4\ k\Omega}} + \cfrac{1}{\cfrac{1}{500\ \Omega} + \cfrac{1}{600\ \Omega}}}$$

und anschließend über die Stromteilerregel

$$I_6 = \frac{I}{1 + (600\ \Omega/500\ \Omega)}$$

Im folgenden Rechengang berücksichtigen wir die Zehnerpotenzen der Widerstände erst zum Schluß.

Eingaben	Anzeigen
SHIFT TAB 3 1 x → M 2 1/x + 3 1/x + 4 1/x = 1/x M+	
.5 1/x + .6 1/x = 1/x M+ 220 / RM	100.191
/ (1 + 600 / 500 =	45.541

Es fließen somit die Ströme I = 100,2 mA und I_6 = 45,54 mA.

Beispiel 2.60. Für die Brückenschaltung von Bild 2.28 soll der Strom I_4 bestimmt werden.

Man kann nach Abschn. 7.1.3.1 die Spannungsquelle entsprechend Bild 2.29 verlegen und anschließend die rechte Spannungsquelle entsprechend Bild 2.29 b in eine Stromquelle umwandeln. Dann liefert die Stromteilerregel den Strom

$$I_4 = \frac{(120\ \text{V}/30\ \Omega) - 5\ \text{A}}{1 + (40\ \Omega/30\ \Omega)}$$

Die zunächst schwierig erscheinende Aufgabe ist somit zu lösen mit dem einfachen Rechengang

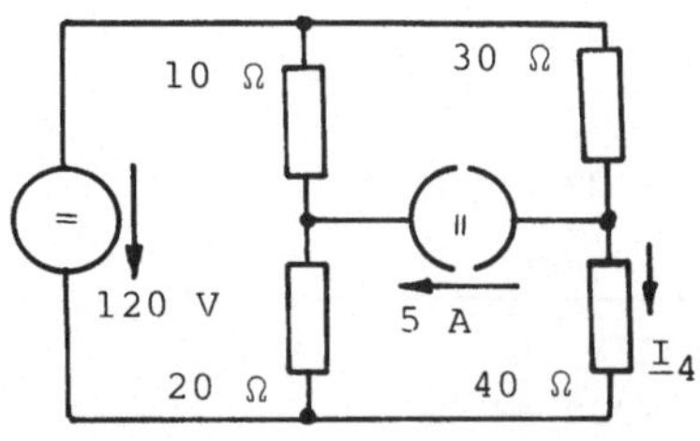

Bild 2.28 Brückenschaltung

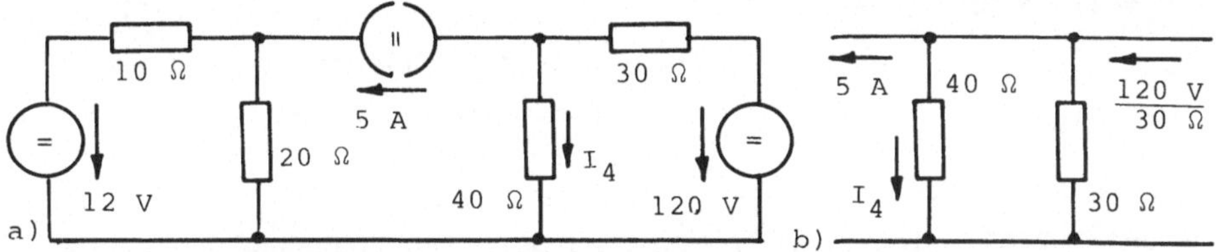

Bild 2.29 Brückenschaltung nach Verlegung der Spannungsquellen (a) und rechter Schaltungteil (b) nach Umwandlung der rechten Spannungsquelle in eine Stromquelle

Eingaben	Anzeige
SHIFT TAB 3 120 / 30 - 5 = / (1 + 40 / 30 =	-0.429

Es fließt also der Strom $I_4 = -0{,}429$ A.

Beispiel 2.61. Für die Schaltung in Bild 2.30 a soll der Strom I_5 bestimmt werden.

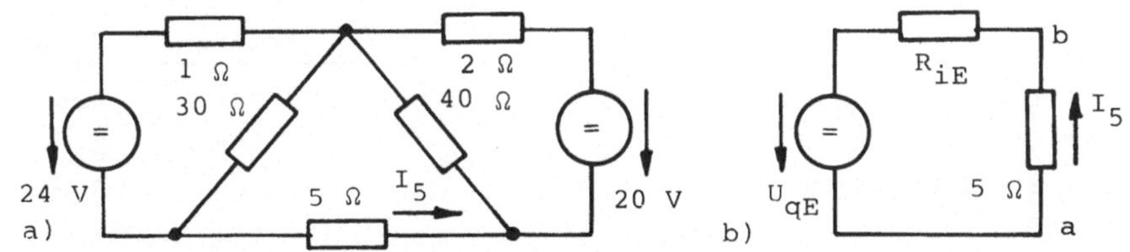

Bild 2.30 Netzwerk (a) und Ersatzquelle (b)

Wir wollen die Schaltung in eine Ersatzquelle umwandeln. Dann gilt für die zugehörige Quellenspannung

$$U_{qE} = \frac{24\ \text{V}}{1 + (1\ \Omega/\ 30\ \Omega)} - \frac{20\ \text{V}}{1 + (2\ \Omega/40\ \Omega)}$$

den Innenwiderstand

$$R_{iE} = \frac{1}{\frac{1}{1\ \Omega} + \frac{1}{30\ \Omega}} + \frac{1}{\frac{1}{1\ \Omega} + \frac{1}{40\ \Omega}}$$

und schließlich den Strom

$$I_5 = \frac{-\,U_{qE}}{R_{iE} + 5\ \Omega}$$

Der Rechengang ist

Eingaben	Anzeige
SHIFT TAB 3 20 / (1 + 2 / 40 = +/- x → M 24 / (1 +	
1 / 30 M+ RM	4.178
1 + 1 / 30 = 1/x + (2 1/x + 40 1/x) 1/x =	2.873
+ 5 = 1/x * RM = +/-	-0.531

Bei der Ersatzquellenspannung U_{qE} = 4,178 V und dem Innenwiderstand R_{iE} = 2,873 Ω fließt dementsprechend der Strom I_5 = - 0,531 A.

2.4.2 Sinusstrom

Beispiel 2.62. Eine Drossel nimmt an der Sinusspannung U = 220 V den Strom I = 2 A und die Leistung P = 150 W auf. Die Teilwiderstände R und X_L nach Bild 2.31 sollen bestimmt werden.

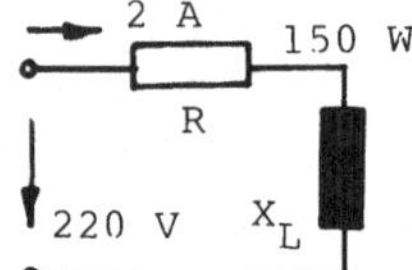

Bild 2.31 Drossel

Nach /14/ gilt für den Leistungsfaktor

$$\cos\varphi = \frac{P}{U\,I} \tag{2.76}$$

und den komplexen Widerstand

$$\underline{Z} = \frac{U}{I}\ \underline{/\mathrm{Arccos}\ \varphi} = R + j\,X_L \tag{2.77}$$

Wir wählen daher den Rechengang

Eingaben	Anzeige	Größe
SHIFT TAB 3 150 / 220 / 2 =	0.341	cos φ
SHIFT $\cos^{-1}$ x → M	70.068	φ
220 / 2 = ↕ RM SHIFT →xy	37.500	R
↕	103.411	X_L

Es sind also R = 37,5 Ω und X_L = 103,4 Ω.

Beispiel 2.63. Wie groß sind in der Schaltung von Bild 2.32 Phasenwinkel φ und Induktivität L?

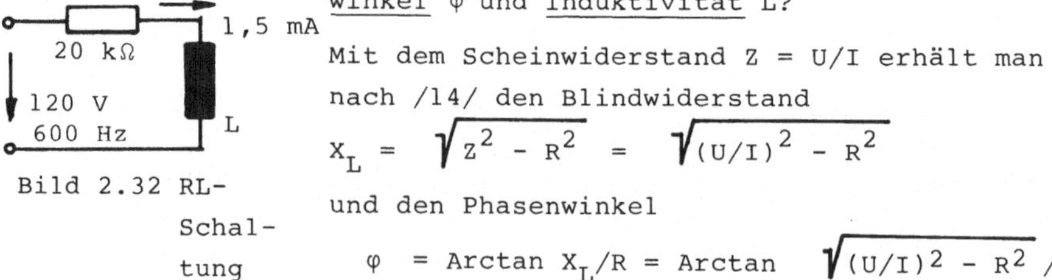

Bild 2.32 RL-Schaltung

Mit dem Scheinwiderstand Z = U/I erhält man nach /14/ den Blindwiderstand

$$X_L = \sqrt{Z^2 - R^2} = \sqrt{(U/I)^2 - R^2}$$

und den Phasenwinkel

$$\varphi = \mathrm{Arctan}\ X_L/R = \mathrm{Arctan}\ \sqrt{(U/I)^2 - R^2}\,/R$$

sowie mit der Kreisfrequenz $\omega = 2\,\pi\,f$ die Induktivität

$$L = X_L/\omega = X_L/(2\,\pi\,f) \qquad (2.78)$$

Daher benötigt man den Rechengang

Eingaben	Anzeige
SHIFT TAB 3 (120 / 1.5 EXP 3 +/- = x^2 - 20 EXP 3 x^2	
= √x → M / 20 EXP 3 = SHIFT $\tan^{-1}$	75.522
RM / 2 / SHIFT π / 600 EXP 3 = F ↔ E	2.055E-02

Bei dem Phasenwinkel $\varphi = 75{,}5^\circ$ liegt also die Induktivität L = 20,55 mH vor.

Beispiel 2.64 Die Schaltung in Bild 2.33 enthält die Wirkwiderstände $R_1 = 20$ kΩ und $R_2 = 5$ kΩ. Wie groß muß der kapazitive Blindwiderstand X_C sein, damit in den beiden Wirkwiderständen die gleichen Wirkleistungen umgesetzt werden?

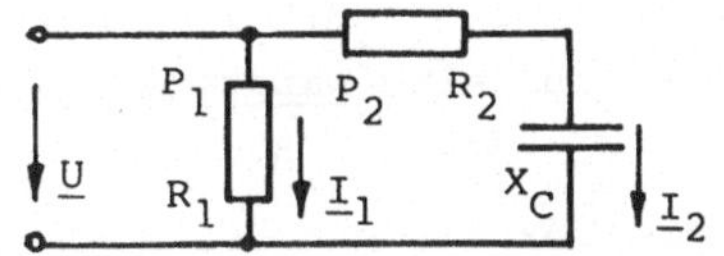

Bild 2.33 RC-Schaltung

Nach /14/ gilt für die Wirkleistungen

$$P_1 = R_1\,I_1^2 = P_2 = R_2\,I_2^2 \qquad (2.79)$$

Die Ströme müssen somit die Bedingung $I_2/I_1 = \sqrt{R_1/R_2}$ erfüllen, und es muß der Scheinwiderstand

$$Z_2 = \frac{U}{I_2} = \frac{U}{I_1}\sqrt{\frac{R_2}{R_1}} = R_1\sqrt{\frac{R_2}{R_1}} = \sqrt{R_1\,R_2} \qquad (2.80)$$

bzw. der Blindwiderstand

$$X_C = -\sqrt{Z_2^2 - R_2^2} = -\sqrt{R_1\,R_2 - R_2^2} = -\sqrt{R_2(R_1 - R_2)} \qquad (2.81)$$

verwirklicht sein. Man findet ihn über den Rechengang

Eingaben	Anzeige
SHIFT TAB 3 5 * (20 - 5 = √	8.660

Es ist daher der kapazitive Blindwiderstand $X_C = -\,8{,}66$ kΩ erforderlich. (Das Minuszeichen und die Zehnerpotenz werden erst im hingeschriebenen Endergebnis berücksichtigt.)

Beispiel 2.65. Ein Verbraucher nimmt an der Sinusspannung U = 220 V bei der Frequenz f = 50 Hz den Strom I = 0,5 A und die Wirkleistung P = 90 W auf. Es sollen die Daten der Parallel-Ersatzschaltung von Bild 2.34 b, nämlich Wirkwiderstand R, Induktivität L bzw. Kapazität C bestimmt werden.

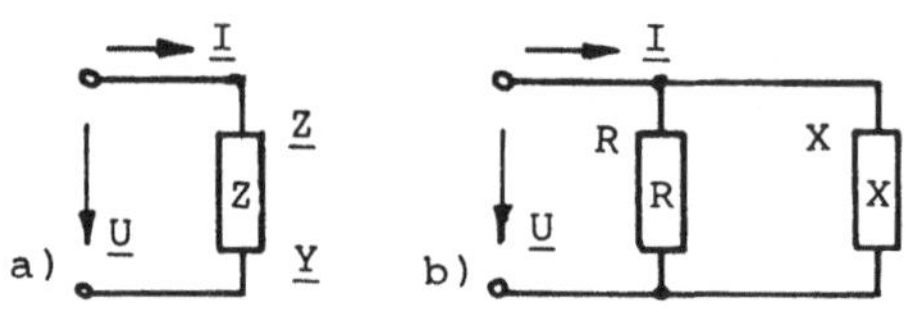

Bild 2.34 Verbraucher (a) und Parallel-Ersatzschaltung (b)

Man kann zunächst nur den Betrag des Phasenwinkels

$$|\varphi| = \text{Arccos } P/(U\ I) \qquad (2.82)$$

bestimmen, über das Vozeichen mit den vorliegenden Angaben aber nichts aussagen. Für den Wirkwiderstand gilt

$$R = U^2/P \qquad (2.83)$$

sowie für den Blindleitwert

$$B = \frac{I}{U} \sin \varphi \qquad (2.84)$$

und dann mit der Kreisfrequenz $\omega = 2\ \pi\ f$ für eine Induktivität

$$L = \frac{1}{2\ \pi\ f\ B} \qquad (2.85)$$

bzw. für eine Kapazität

$$C = B/\omega = L\ B^2 \qquad (2.86)$$

Somit erhält man den Rechengang

Eingaben	Anzeigen
SHIFT TAB 3 220 x^2 / 90 =	537.778
90 / 220 / .5 = SHIFT $\cos^{-1}$ sin * .5 / 220 = x → M	
2 * SHIFT π * 50 * RM = 1/x	2.436
* RM x^2 = F ↔ E	4.159E-06

und den Wirkwiderstand R = 537,8 Ω. Es kann sowohl die Induktivität L = 2,436 H als auch die Kapazität C = 4,159 μF vorhanden sein.

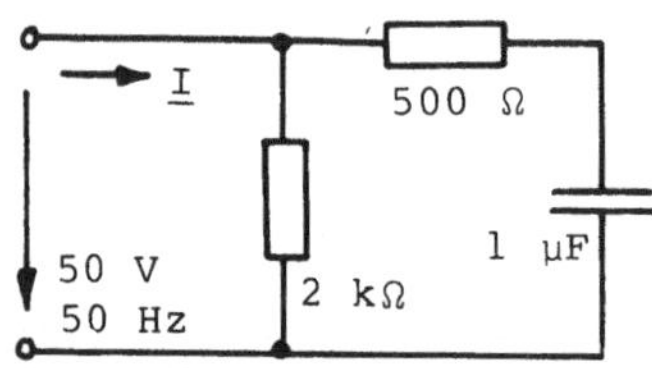

Bild 2.35 Netzwerk

Beispiel 2.66. Für die Schaltung in Bild 2.35 soll der komplexe Strom $\underline{I}$ berechnet werden.

Nach /14/ gilt mit dem komplexen Gesamtleitwert $\underline{Y}$ und der komplexen Spannung $\underline{U}$ für den Strom

$$\underline{I} = \underline{Y}\ \underline{U} = 50\ \text{V}\left(\frac{1}{2\ \text{k}\Omega} + \frac{1}{500\ \Omega - j\ \frac{1}{2\ \pi \cdot 50\ \text{Hz} \cdot 1\ \mu\text{F}}}\right)$$

Wir wählen den Rechengang

Eingaben	Anzeige
SHIFT TAB 3 2 EXP 3 1/x x → M 1 / 2 / SHIFT π / 50 / EXP 6 +/- = +/- ↕ 500 ↕ SHIFT →rθ 1/x ↕ +/- SHIFT →xy M+ RM ↕ SHIFT →rθ ↕	29.219

↕ * 50 = F ↔ E 3.140E-02

Der Strom ist daher $\underline{I}$ = 31,4 mA $/29,22^{\circ}$. (Zwischen den Anweisungen SHIFT →xy und SHIFT →rΘ darf keine Grundrechenart mit dem Operandenspeicher ausgeführt werden.)

Beispiel 2.67. Die Schaltung in Bild 2.36 a nimmt an der Sinusspannung U = 30 V bei Anschluß an den Klemmen a und b den Strom I_{ab} = 8,3 mA, bei Anschluß an den Klemmen a und c den Strom I_{ac} = 6 mA und die Leistung P = 108 mW sowie bei Anschluß an den Klemmen b und c den Strom I_{bc} = 15 mA auf. Ist der Blindwiderstand X eine Kapazität C oder eine Induktivität L? Wie groß sind Blindwiderstand X und Wirkwiderstand R?

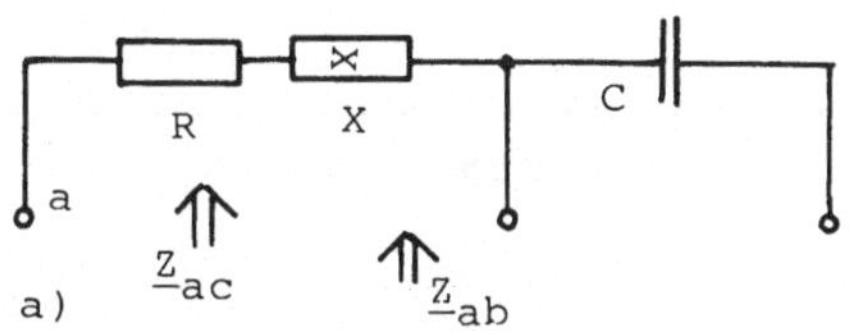

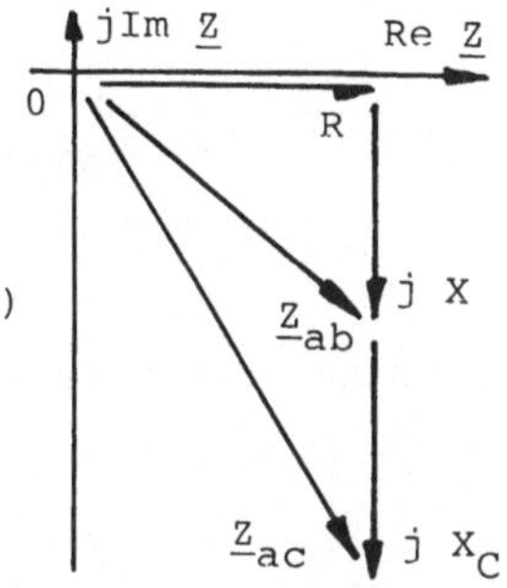

Bild 2.36 Reihenschaltung (a) mit Widerstandsdiagramm (b)

Wir bestimmen nacheinander den Wirkwiderstand $R = P/I_{ac}^2$ und die Scheinwiderstände $Z_i = U/I_i$ sowie den Blindwiderstand $|X| = \sqrt{Z_{ab}^2 - R^2}$ mit dem Rechengang

Eingaben	Anzeige	Größe
SHIFT TAB 3 108 EXP 3 +/- / 6 EXP 3 +/- x^2 =	3000.000	R
30 * 8.3 EXP +/- 3 1/x = x → M	3614.458	Z_{ab}
6 EXP 3 +/- 1/x =	5000.000	Z_{ac}
15 EXP 3 +/- 1/x =	2000.000	X_{bc}
RM x^2 - 3 EXP 3 x^2 = √	2016.012	$\|X\|$

Die ermittelten Widerstände können nur das Zeigerdiagramm von Bild 2.36 b erfüllen, so daß der Blindwiderstand X = - 2016 Ω zu einer Kapazität gehören muß. Ferner ist R = 3000 Ω.

Beispiel 2.68. Je 3 Widerstände R = 100 Ω und X_C = - 200 Ω liegen in der Schaltung von Bild 2.37 an einem Dreiphasennetz mit der Außenleiterspannung U = 380 V. Wie groß sind die Außenleiterströme I, und welcher Leistungsfaktor cos φ tritt auf?

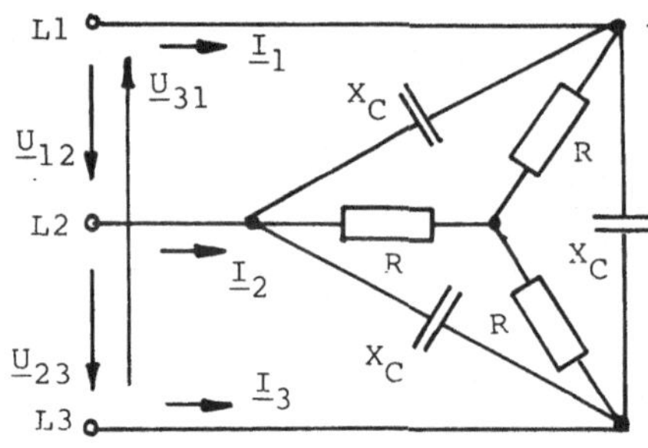

Bild 2.37 Symmetrische Belastung eines Dreiphasennetzes

Die Wirkwiderstände R liegen an der Strangspannung $U_{Str} = U/\sqrt{3}$ und führen daher den Strangstrom $I_{StrR} = U_{Str}/R = U/(\sqrt{3}\ R) = I_w$, der gleichzeitig die Wirkkomponente I_w des Außenleiterstroms darstellt. Jeder kapazitive Blindwiderstand verursacht einen Strangstrom $I_{StrC} = U/(-X_C)$, so daß im Außenleiter die Blindkomponente $I_b = \sqrt{3}\ I_{StrC} = \sqrt{3}\ U/X_C$ auftritt. Daher wählen wir den Rechengang

Eingaben	Anzeige
SHIFT TAB 3 3 √ * 380 / 200 = x → M 380 / 3 √ /	
100 = ↕ RM SHIFT →r θ	3.955
↕ cos	0.555

Somit sind Außenleiterstrom I = 3,955 A und Leistungsfaktor cos φ = 0,555.

Beispiel 2.69. Ein Drehstrom-Leistungstransformator /35/ für die Nennleistung S_N = 500 kVA hat die relative Kurzschlußspannung u_k = 0,06, den Kurzschluß-Phasenwinkel $\varphi_k = 75^\circ$ und das Leerlaufspannungsübersetzungsverhältnis U_{10}/U_{20} = 20 kV/400 V. Es soll für die Einspeisung auf der Oberspannungsseite mit Nennspannung und den Leistungsfaktor cos φ = 0,8 induktiv die Vollastspannung auf der Unterspannungsseite bestimmt werden.

Nach /49/ gilt für die Spannung auf der Unterspannungsseite

$$U_2 = U_{20}\ |1 - u_k\ I_r \angle \varphi_2 - \varphi_k\ | \qquad (2.87)$$

Für Vollast ist I_r = 1 und man erhält den Rechengang

Eingaben	Anzeige
SHIFT TAB 3 1 x → M .8 SHIFT cos⁻¹ - 75 = ↕ .06 ↕	
SHIFT →xy +/- M+ RM SHIFT →r θ * 400 =	381.409

Die Vollastspannung beträgt daher 381,4 V.

Weitere Beispiele für Sinusstrom findet man in Abschn. 4 bis 7.

3 Programm-Module

Um Aufgaben aus der Elektrotechnik rationell lösen zu können, benötigt man einige Unterprogramme - z.B. für Ein- und Ausgabe von Daten, Runden oder komplexe Operationen, wie Addition, Inversion, Multiplikation oder Division. Sie sollen nun besprochen werden.

In diesem Teil 2 werden u.a. auch umfangreiche Programme mitgeteilt, mit denen man Frequenzgänge und die über sie zu findenden Ortskurven, Bodediagramme, Phasen- und Gruppenlaufzeiten sowie Sprungantworten oder Übergangsfunktionen bestimmen kann. Diese Programme unterscheiden sich hauptsächlich durch die angewandten Berechnungsverfahren, die für bestimmte Aufgaben jeweils besondere Vor- oder Nachteile und somit begrenzte Anwendungsbereiche haben (s. Abschn. 6 und 7).

Um den Frequenzgang punktweise zu berechnen, genügt ein einfaches Unterprogramm. Zum Plotten von Übergangsfunktionen benötigt man dagegen ein umfangreiches Unterprogramm. Daneben werden weitere Alternativen mitgeteilt. Es sollen nun die für dieses Vorgehen erforderlichen Programm-Module einzeln beschrieben werden. Angewandt werden sie erst in den folgenden Abschnitten.

3.1 Kleine Hilfsprogramme

Die Benutzer BASIC-programmierbarer Taschenrechner können von ihren Programmen einigen Komfort erwarten. Ingenieure müssen darüber hinaus bestimmte Ansprüche an die Ausgabe der berechneten Ergebnisse stellen - z.B. in Hinsicht auf ein ingenieurgerechtes Anzeigeformat oder eine übersichtliche Darstellung in Form von Kurven.

Diese Aufgaben erfüllt man zweckmäßig mit Hilfsroutinen, die entweder an einen Rechengang angeschlossen oder unmittelbar als Unterprogramm in ein anderes Programm eingebaut werden können. Es müssen also einige Fragen der Ein- oder Zuordnung von Programmzeilen und Datenregistern sinnvoll gelöst sein, wenn diese Hilfsroutinen universell eingesetzt werden sollen (s.a. Abschn. 1.4).

Die folgenden kleinen Programme, die oft nur eine und höchstens wenige Zeilen umfassen, werden häufig eingesetzt - einige sogar in jedem Programm. Nach den in Abschn. 1.4.3 dargestellten Erkenntnissen ist es daher sinnvoll, sie mit möglichst kleinen Zeilennummern in das Programmpaket aufzunehmen.

3.1.1 Runden

Nach DIN 1333 heißt die Dezimalstelle, an der nach dem Runden die letzte Ziffer steht, Rundestelle. Um eine Zahl zu runden, addiert man zur Rundestelle den halben Stellenwert der Rundestelle und läßt in der Summe anschließend die hinter der Rundestelle stehenden Ziffern fort. Die fortgelassenen Stellen sollen nicht durch Nullen ersetzt werden. Deshalb darf das Komma nicht weiter rechts als unmittelbar hinter der Rundestelle stehen.

Beispiel 3.1. Die Zahl 1234,5678 kann z.B. gerundet werden auf 4 Stellen mit 1235 oder 2 Stellen mit $12 \cdot 10^2$.

Nach Beispiel 1.1 rundet der PC-1401 unter bestimmten Bedingungen in der 10. Stelle. Welche es sind, möge das folgende Beispiel zeigen.

Beispiel 3.2. Man berechne nacheinander im RUN-Modus

Eingaben	Anzeigen
a) 123.456 + 1E8 - 1E8 ENTER	123.456
b) 123.456 + 1E9 - 1E9 ENTER	123.45
c) 123.456 + 1E8 ENTER	100000123.5
- 1E8 ENTER	123.5

In Beispiel 3.2 a) und b) wird offenbar noch nicht in der 10. Stelle gerundet; vielmehr wird hiermit nochmals nachgewiesen, daß intern mit 12 Stellen gerechnet wird und darüber hinausgehende Stellen einfach abgeschnitten werden. Nach Beispiel 3.2 c) wird erst bei der Übernahme in das Anzeigeregister (oder jedes andere Datenregister) die 10. Stelle gerundet.

Mit der Anweisung USING können zwar verschiedene Ausgabeformate festgelegt werden, beim Verkürzen der normalerweise 10-stelligen numerischen Ausgabe werden aber nur die hinteren Stellen für die Ausgabe gelöscht, ein ingenieurgerechtes Runden nach DIN 1333 findet jedoch nicht statt. Es müssen daher eigene Rundungsroutinen vorgesehen werden. Wir wenden hier zunächst zwei verschiedene Arten an, die man leicht vielfältig abwandeln kann.

Durch jede aus einem Programm herausführende Rechenoperation kommt man bei den SHARP-Rechnern automatisch wieder auf die 10-stellige Normalanzeige. Bei einer Doppelanzeige (s. Programm 3.14) bringt beispielsweise die Anweisung * den links stehenden Zahlenwert 10-stellig in die Anzeige. Nach der Anweisung 1 ENTER kann man anschließend im Programm weiterrechnen.

Mit Beispiel 3.3 soll noch auf weitere Eigentümlichkeiten beim Runden hingewiesen werden.

Beispiel 3.3. Man berechne nacheinander

im CAL-Modus

Eingaben	Anzeige
a) 5 - 5/9 *	0.555555555
9 =	0.
b) 50 - 50/9 *	5.555555556
9 =	0.
c) 10/3 *	3.333333333
3 =	10.
d) 274 y^x 3 =	20570824.
SHIFT $\sqrt[3]{\ }$	274.
e) 1 SHIFT e^x ln	1.

und im RUN-Modus

Eingaben	Anzeige
f) A = 3 ENTER	
B = 3 ENTER	
C = 10/A ENTER	3.333333333
D = B*C ENTER	9.999999999
E = 10 - D ENTER	0.
g) 1 e^x ln	9.999999998
- 1 ENTER	0. E-01

Nach a) ist nicht immer die letzte angezeigte Stelle gerundet - nämlich nach b) erst die 10. Ziffer, die aber bei einem echten Dezimalbruch nicht angezeigt wird. Nach c), e), f) und g) muß man auch unterschiedliche Ergebnisse bzw. Anzeigen im CAl- und RUN-Modus in Kauf nehmen. Die Berechnungen nach d) und e) sind eindeutig umkehrbar; dies gilt auch für die Erst- und Zweitfunktionen der übrigen Tasten.

Trotz der dargestellten Unterschiede würde eine IF-Anweisung, die auf diese Ergebnisse aufbaut, richtig ausgeführt. Das ist ein großer Vorteil gegenüber anderen Rechnern, die in diesem Punkt versagen.

Vierziffriges Exponentialformat. Es soll hier als normales Anzeigeformat eingesetzt werden, da es am ehesten mit einem relativ geringen Aufwand die Ansprüche des Elektroingenieurs erfüllt. Es wird durch das nebenstehende Unterprogramm 3.1 verwirklicht. Dieses Programm steht in Zeile 90 bis 120 und wird ab Zeile 90 oder 120 eingesetzt. Es wendet die Rundevorschrift auf die vierte Ziffer eines Ergebnisses an.

Unterprogramm 3.1

```
 90:X=Y
100:IF X=0 THEN 120
110:X=(5*TEN INT (LOG (
    ABS X)-4)+ABS X)*SGN
    X
120:USING "##.###^":
    RETURN
```

Programm 3.2

```
 90:X=Y
100:IF X=0 THEN 120
110:X=(5*TEN INT (LOG (
    ABS X)-4)+ABS X)*SGN
    X
120:USING "##.###^":
    RETURN
190:"Z" AREAD X:GOSUB 10
    0:PRINT X:END
```

Man beachte, daß der gerundete, im Anzeigeregister befindliche Wert dann verfälscht und für weitere Rechnungen nicht besonders gut geeignet ist. Hierfür greife man besser auf die ursprünglichen Werte zurück (s. Beispiel 4.2).

Über DEF Z und das nebenstehende Programm 3.2 kann man auch jeden angezeigten Wert zweckmäßig runden; der Befehl ENTER entfällt dann. Dieses kleine Programm wird hier häufig im Anschluß an große Programme nach Weiterrechnungen zum Runden eingesetzt.

Beispiel 3.4. Man berechne im RUN-Modus

Eingabe	Anzeige
1 / 6 DEF Z	1.667E-01

Festkomma mit einer Nachkommastelle. Für Phasenwinkel oder Angaben in dB (Dezibel) reicht eine Ausgabe des Ergebnisses mit einer Nachkommastelle voll aus. Dies sind also Winkel im Bereich $-180{,}0^{\circ} \leq \varphi \leq 180{,}0^{\circ}$ mit maximal 4 Ziffern. Bei dem logarithmischen Maß Dezibel werden i.allg. auch nicht mehr als 4 Ziffern ausgegeben.

Unterprogramm 3.3

```
130:X=Z
140:W=1E8+ABS X:X=(W-1E8
    )*SGN X:RETURN
```

Für das nebenstehende einfache Rundungsprogramm 3.3 haben wir uns die Erkenntnisse von Beispiel 3.2 zunutze gemacht. Es erfordert allerdings jeweils 2 Datenspeicher, für die hier X und W genommen werden.

3.1.2 Anzeige komplexer Größen

Wegen der Begrenzung des Displays auf 16 Zeichen kann man beim PC-1401 leider nicht die beiden Werte einer komplexen Größe im vierziffrigen Exponentialformat nebeneinander anzeigen. Sie werden daher hier nacheinander ausgegeben. Lediglich bei der Anzeige des Betrags in dB und des Winkels in Grad kann man diese Werte im Display nebeneinander stellen.

Komponentenform. Mit dem auf der nächsten Seite stehenden Unterprogramm 3.4 (in Zeile 150) wird eine komplexe Größe in der Komponentenform im vierziffrigen Exponentialformat unter Anwenden des Unterprogramms 3.1 ausgegeben. Der zuerst angezeigte Realteil ist durch RE=, der anschließend nach dem Befehl ENTER kommende Imaginärteil durch IM= gekennzeichnet. Um welche physikalische Größe es sich handelt, muß aus dem Programm bzw. der Berechnungsvorschrift hervorgehen. Dieses Unterprogramm kann auch über die Marke KO aufgerufen werden.

Polarform. Mit dem nebenstehenden Unterprogramm 3.5 wird ein komplexes Ergebnis in der Polarform (Exponentialform) angezeigt - zunächst der Betrag im vierziffrigen Exponentialformat mit dem Hinweis B= und anschließend nach dem Befehl ENTER der Phasenwinkel mit dem Hinweis <=.

Vor der Anzeige wird die gespeicherte Komponentenform über das Unterprogramm 3.7 (Zeile 10) in die Polarform umgerechnet und anschließnd über das Unterprogramm 3.8 (Zeile 180) wieder, um eindeutige Weiterrechnungen zu ermöglichen, in die Komponentenform zurücktransformiert. (Der Sprung zur Zeile 670 ist nur für die Programme 3.18 und 3.20 interessant; er kann für die übrigen Programme fortgelassen werden. Das Programm ab Zeile 670 findet man im Unterprogramm 3.14.)

Dieses Unterprogramm kann auch über die Marke EX eingeleitet werden. (Die naheliegende Marke P ist nicht verfügbar.)

Betrag in dB. Das mit den Programmen 3.18 und 3.21 zu bestimmende Bodediagramm verlangt eine Umrechnung des Betrags nach Gl. (2.4) in die Einheit Dezibel (Zeile 330 des nebenstehenden Unterprogramms 3.6). Für Betrag und Phasenwinkel genügt dann eine Anzeige mit einer Nachkommastelle entsprechend dem Unterprogramm 3.3. Beide Werte werden gleichzeitig nebenein-

Unterprogramm 3.4

```
 90:X=Y
100:IF X=0 THEN 120
110:X=(5*TEN INT (LOG (
    ABS X)-4)+ABS X)*SGN
    X
120:USING "##.###^":
    RETURN
150:"KO" GOSUB 90:V=X:X=
    Z:GOSUB 100:PRINT "R
    E=";V:PRINT "IM=";X:
    RETURN
```

Unterprogramm 3.5

```
 10:IF Y=0 AND Z=0
    RETURN
 20:Y=POL (Y,Z):RETURN
 90:X=Y
100:IF X=0 THEN 120
110:X=(5*TEN INT (LOG (
    ABS X)-4)+ABS X)*SGN
    X
120:USING "##.###^":
    RETURN
130:X=Z
140:W=1E8+ABS X:X=(W-1E8
    )*SGN X:RETURN
160:"EX" DEGREE :GOSUB 1
    0:IF U$="PL" THEN 67
    0
170:GOSUB 90:V=X:GOSUB 1
    30:PRINT "B=";V:
    USING :PRINT "<=";X
180:Y=REC (Y,Z):RETURN
```

Unterprogramm 3.6

```
 10:IF Y=0 AND Z=0
    RETURN
 20:Y=POL (Y,Z):RETURN
130:X=Z
140:W=1E8+ABS X:X=(W-1E8
    )*SGN X:RETURN
330:"B" GOSUB 20:X=20*
    LOG Y
340:GOSUB 140:V=X:GOSUB
    130:USING :PRINT V;"
    DB ";X:RETURN
```

ander angezeigt - zuerst der Betrag und dann (getrennt durch ein freistehendes DB) der Phasenwinkel (Zeile 340).

Auch hier muß zunächst in die Polarform umgerechnet werden (Zeile 20); auf ein Rückrechnen (Zeile 180) könnte man jedoch verzichten. Dieses Unterprogramm kann man über die Marke B aufrufen.

3.3.3 Komplexe Rechnung

Aufgaben für Sinusstrom verlangen komplexe Rechnungen in vielfältiger Form. Daher werden hier kurze Programme für das Umrechnen der Komponenten- in die Polarform und umgekehrt sowie für die komplexen Operationen Inversion, Multiplikation, Division und Addition und das Umspeichern komplexer Größen mitgeteilt.

Um stets eine klare Grundlage für die Berechnungen zu haben, wird in den Programmen dieses Teils 3 immer mit der Komponentenform gerechnet. Eingaben in der Polarform werden sofort in die Komponentenform umgerechnet. Ergebnisse können auf Wunsch in der Polarform ausgegeben werden; die für das Weiterrechnen benötigten Werte werden aber nach der Anzeige wieder in die Komponentenform zurückgebracht.

Man kann zwar in der Polarform leichter Kehrwerte bilden, multiplizieren und dividieren. Wegen der dann jeweils erforderlichen mehrfachen Umrechnungen von der einen Form in die andere, die stets über die Datenregister Y und Z laufen müssen, und der hierdurch bedingten vielfachen Umspeicherungen hätte dieses Vorgehen hier jedoch nur Nachteile.

Unterprogramm 3.7

```
10:IF Y=0 AND Z=0
   RETURN
20:Y=POL (Y,Z):RETURN
```

Unterprogramm 3.8

```
180:Y=REC (Y,Z):RETURN
```

Umrechnen der Komponenten- in die Polarform. Das nebenstehende Unterprogramm 3.7 nutzt die fest verdrahtete Funktion POL, mit der die in den festen Datenregistern Y und Z gespeicherten Real- und Imaginärteile umgerechnet und Betrag Y und Phasenwinkel Z wieder in die gleichen Datenregister gebracht werden. Da bei Y = 0 und Z = 0 die Anweisung POL zu einer Fehlermeldung führt und das Programm unterbricht, kann dies durch eine Abfrage in Zeile 10 vermieden werden.

Umrechnen der Polar- in die Komponentenform. Das Unterprogramm 3.8 in Zeile 180 führt mit der fest verdrahteten Funktion REC die Umkehrfunktion zum Programm 3.7 aus. (Sie kann auch für Y = 0 und Z = 0 ausgeführt werden.)

Komplexe Inversion. Für die Kehrwertbildung der komplexen Größe $\underline{A} = Y + j\,Z$ gilt

$$\frac{1}{\underline{A}} = \frac{1}{Y + j\,Z} = \frac{Y}{Y^2 + Z^2} - j\frac{Z}{Y^2 + Z^2} \tag{3.1}$$

Das nebenstehende Unterprogramm 3.9 berechnet Gl. (3.1) unter Nutzung des Datenregisters X. Mit der vorgeschalteten Abfrage in Zeile 30 wird eine Fehlermeldung vermieden.

Komplexe Multiplikation. Das nebenstehende Unterprogramm 3.10 vollzieht mit den Variablen V, W, Y, Z bei einer Zwischenspeicherung im Datenregister X die Multiplikation

Unterprogramm 3.9

```
30:IF Y=0 AND Z=0
   RETURN
40:X=SQU Y+SQU Z:Y=Y/X:
   Z=-Z/X:RETURN
```

Unterprogramm 3.10

```
60:X=Y:Y=X*V-Z*W:Z=X*W+
   Z*V:RETURN
```

Unterprogramm 3.11

```
40:X=SQU Y+SQU Z:Y=Y/X:
   Z=-Z/X:RETURN
50:GOSUB 40
60:X=Y:Y=X*V-Z*W:Z=X*W+
   Z*V:RETURN
```

Unterprogramm 3.12

```
70:Y=Y+V:Z=Z+W:RETURN
```

Unterprogramm 3.13

```
80:"W"V=Y:W=Z:RETURN
```

$$(V + j\,W)(Y + j\,Z) = (Y\,V - Z\,W) + j(Y\,W + Z\,V) \tag{3.2}$$

Komplexe Division. Wenn der Multiplikation mit dem Unterprogramm 3.10 eine Inversion des Divisors Y + j Z mit dem Programm 3.9 vorgeschaltet wird, entsteht die Division

$$\frac{V + j\,W}{Y + j\,Z} = \frac{V\,Y + W\,Z}{Y^2 + Z^2} + j\,\frac{W\,Y - V\,Z}{Y^2 + Z^2} \tag{3.3}$$

Dieses obenstehende Unterprogramm 3.11 kann das Programm 3.9 nicht integrieren, da die Inversion getrennt gebraucht wird.

Komplexe Addition. Für die komplexe Summe von V + j W und Y + j Z ist mit

$$(V + j\,W) + (Y + j\,Z) = (V + Y) + j(W + Z) \tag{3.4}$$

das oben stehende Unterprogramm 3.12 einzusetzen. Zum Bilden der Differenz sind nur die Vorzeichen von Y und Z umzukehren.

Umspeichern komplexer Größen. Um die Unterprogramme 3.9 bis 3.11 ausführen zu können, muß man den komplexen Dividenden, Multiplikator oder Summanden in die Datenregister V und W bringen. Wenn sie sich in den Datenregistern Y und Z befinden, dient hierzu das oben stehende Unterprogramm 3.13.

3.2 Umfangreiche Teilprogramme

Die Programme 3.18 und 3.21 enthalten in der vollständigen Form Unterprogramme, mit denen man Frequenzgänge als Ortskurve in Polar- oder Komponentenform, als Bodediagramm oder auch die Phasen- und Gruppenlaufzeiten berechnen, mit denen man aber auch die Resonanzfrequenz oder die Sprungantwort bestimmen kann. Die Ergebnisse kann man sowohl im Display zur Anzeige bringen als auch mit dem Drucker auflisten oder in einem einfachen Diagramm plotten.

Dieses Unterprogramm ist daher recht umfangreich. Wenn der Benutzer dagegen keinen Drucker besitzt oder nur bestimmte Ergebnisse wünscht, kann man es erheblich kürzen. Deshalb werden hier auch reduzierte Alternativprogramme mitgeteilt.

Die Programme 3.18 bis 3.21 bestehen aus einem dem ausgewählten Berechnungsverfahren angepaßten Eingabeprogramm, mit dem die benötigten Schaltungsdaten eingegeben werden, einem Programmteil, das entsprechend dem gewählten Verfahren die Zustandsgrößen des Netzwerks berechnet, und einem für diese Programme gleichem Unterprogramm 3.14, das hier zunächst besprochen werden soll. Es übernimmt die in Bild 3.1 dargestellten Aufgaben.

Das Unterprogramm 3.14 enthält viele Marken, um Programmsprünge zu erleichtern. Zu diesen Marken kann man auch unmittelbar gehen, wenn man das erneute Eintasten von Eingabedaten vermeiden und trotzdem weitere Kennwerte oder Funktionen bestimmen will.

Leider kann man nicht beliebig zu diesen Marken springen - z.B. dann nicht, wenn anschließend ein schon festgelegtes Datenfeld nochmals neu definiert werden muß. So kann z.B. ein Befehl GOTO "SA" zu einer Fehlermeldung führen - das Kommando RUN "SA" würde dagegen alle Datenfelder und somit wichtige Eingabedaten löschen. Man halte sich im Zweifelsfall an das Vorgehen in den Beispielen.

Die Datenregister F bis T halten u.a. die Bereiche fest, in denen Funktionswerte berechnet werden sollen, oder speichern Stringvariable, die den Rechengang für die gewünschten Ausgabegrößen steuern. Die letzten Datenregister V bis Z werden für komplexe Operationen und das Runden benutzt und so als Arbeitsspeicher u.U. mehrfach nacheinander zu unterschiedlichen Aufgaben herangezogen.

Auf den nächsten Seiten steht zusammenhängend das aufgelistete Unterprogramm 3.14; seine Elemente werden anschließend einzeln er-

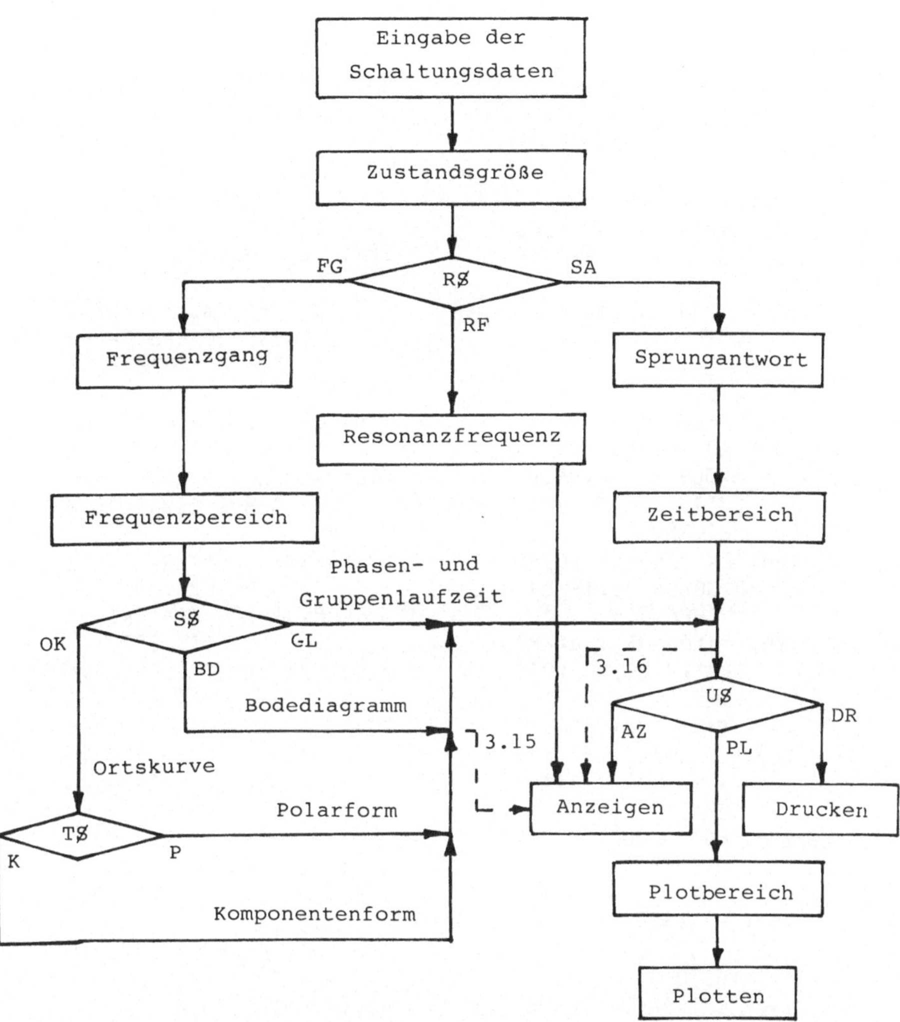

Bild 3.1 Schema für Wahlmöglichkeiten der Unterprogramme für Frequenzgänge, Resonanzfrequenzen und Sprungantworten (---) Alternativprogramme

erläutert.

3.2.1 Frequenzgang

Unter Frequenzgang $\underline{F} = f(\omega)$ wird hier das Verhalten der Zustandsgrößen einer elektrischen Schaltung abhängig von der Frequenz f oder der Kreisfrequenz

Unterprogramm 3.14

```
 10:IF Y=0 AND Z=0
    RETURN
 20:Y=POL (Y,Z):RETURN
 90:X=Y
100:IF X=0 THEN 120
110:X=(5*TEN INT (LOG (
    ABS X)-4)+ABS X)*SGN
    X
120:USING "##.###^":
    RETURN
130:X=Z
140:W=1E8+ABS X:X=(W-1E8
    )*SGN X:RETURN
150:"KO" GOSUB 90:V=X:X=
    Z:GOSUB 100:PRINT "R
    E=";V:PRINT "IM=";X:
    RETURN
160:"EX" DEGREE :GOSUB 1
    0:GOSUB 90:IF U$="PL
    " THEN 670
170:V=X:GOSUB 130:PRINT
    "B=";V:USING :PRINT
    "<=";X
180:Y=REC (Y,Z):RETURN
200:"F" INPUT "FG RF SA?
    ",R$,"F W?",M$:GOSUB
    500:GOTO R$
210:"FG" INPUT "A?",P,"I
    ?",Q:IF Q<>1 INPUT "
    S?",N,"* +?",S$
220:IF S$="+" LET N=-N
230:INPUT "OK BD GL?",S$
    :GOTO S$
240:"OK" INPUT "KO EX?",
    T$
250:"BD" IF U$="PL"
    INPUT "B <?",H$
260:FOR L=1 TO Q:GOSUB 0
    :GOSUB 760:IF S$="BD
    " LET T$="B"
270:GOSUB T$
280:IF N>0 LET P=P*N
290:IF N<0 LET P=P-N
300:NEXT L:DEGREE
310:IF U$="PL" GOSUB 620
320:GOTO 210
330:"B" GOSUB 20:X=20*
    LOG Y:IF U$="PL"
    THEN 670
340:GOSUB 140:V=X:GOSUB
    130:USING :PRINT V;"
     DB ";X:RETURN
350:"GL" RADIAN :FOR L=1
    TO Q
360:B0=P:P=1.01*B0:GOSUB
    0:GOSUB 20:H=Z:P=.99
    *B0:GOSUB 0:GOSUB 20
    :P=B0
370:GOSUB 760:W=P:IF M$=
    "F" LET W=2*π*P
380:X=(H-Z)*50/W:IF U$="
    PL" GOSUB 680:GOTO 2
    80
390:GOSUB 100:T=X:X=(H+Z
    )/2/W:GOSUB 100:
    PRINT "PH=";X:PRINT
    "GL=";T:GOTO 280
410:"RF" INPUT "UG?",J,"
    <U?",N,"OG?",K
420:FOR Q=1 TO 99:P=(J+K
    )/2:GOSUB 0:GOSUB 20
    :IF ABS Z<.1 THEN 48
    0
430:IF Z/N<0 THEN 460
440:N=Z:J=P
450:NEXT Q:PRINT "I>99":
    END
460:K=P:IF (K-J)>.001*(K
    +J) THEN 450
480:X=P:GOSUB 100:PRINT
    M$;"=";X; USING ;" I
    =";Q:GOTO 410
490:"SA" INPUT "TE?",H,"
    V?",T:DIM D(T/2,1):P
    =1E-9:GOSUB 0:R=Y/2:
    M$="W"
500:FOR N=0 TO T/2:
    RADIAN :S=2*N+1:P=π*
    S/H:GOSUB 0:GOSUB 20
    :D(N,0)=Y/S:D(N,1)=Z
    :NEXT N
```

```
510:P=0:N=0:Q=20
520:FOR L=0 TO Q:X=0
530:FOR S=0 TO T/2:X=D(S
    ,0)*SIN ((2*S+1)*N+D
    (S,1))+X:NEXT S
540:X=2*X/π+R:IF U$="PL"
    GOSUB 680:GOTO 590
550:IF U$="DR" PRINT =
    LPRINT
570:BEEP 1:GOSUB 100:
    PRINT "T=";P:PRINT "
    Y=";X
590:N=N+π/20:P=P+H/20:
    NEXT L:DEGREE :END
600:INPUT "AZ DR PL?",U$
    :IF U$<>"PL" RETURN
610:DIM P$(1)*24:INPUT "
    LI LG?",G$
620:INPUT "YMAX?",K,"YMI
    N?",J
630:P$(0)="
                 ":USING :
    LPRINT J,K:K=K-J
640:LPRINT "------------
    ------------"
650:X=-J/K*20+1.5:IF X<1
    OR X>23 RETURN
660:F$=":":P$(0)=LEFT$ (
    P$(0),X)+F$+RIGHT$ (
    P$(0),24-X):RETURN
670:IF H$="<" LET X=Z
680:X=(X-J)/K*20+1.5:F$=
    "*":I$="-":IF G$="LG
    " LET I= INT LOG P:I
    $=STR$ I
700:IF X<1 LET X=.5:F$="
    <"
710:IF X>22 LET X=22:F$=
    ">"
720:P$(1)=I$+LEFT$ (P$(0
    ),X)+F$+RIGHT$ (P$(0
    ),24-X):LPRINT P$(1)
    :IF L<>Q RETURN
730:LPRINT P:RETURN
760:IF U$="DR" PRINT =
    LPRINT
770:IF U$="PL" RETURN
780:X=P:GOSUB 100:PRINT
    M$;"=";X:RETURN
```

$$\omega = 2\,\pi\,f \qquad (3.5)$$

verstanden. Mit Frequenzgängen wird beispielsweise das Übertragungsverhalten von Zweitoren (Vierpolen) oder die Frequenzabhängigkeit der Ein- oder Ausgangswiderstände von Netzwerken beschrieben /14/. Als Zustandsgrößen werden z.B. das komplexe Verhältnis

$$\underline{F} = \underline{U}_a/\underline{U}_e \qquad (3.6)$$

von Ausgangsspannung $\underline{U}_a$ zu Eingangsspannung $\underline{U}_e$ oder komplexer Eingangswiderstand $\underline{Z}_e$ oder Ausgangswiderstand $\underline{Z}_a$ betrachtet. (Spezielle Bezeichnungen aus Energie-, Nachrichten- oder Regelungstechnik werden hier zugunsten allgemeinerer Begriffe nach Möglichkeit vermieden.)

Wenn man Zustandsgrößen als Ortskurven /14/ in der komplexen Zahlenebene (s. Bild 3.2) darstellen will, ist es zweckmäßig, diese komplexen Größen in der Komponentenform

$$\underline{F} = \mathrm{Re}\,\underline{F} + j\,\mathrm{Im}\,\underline{F}$$

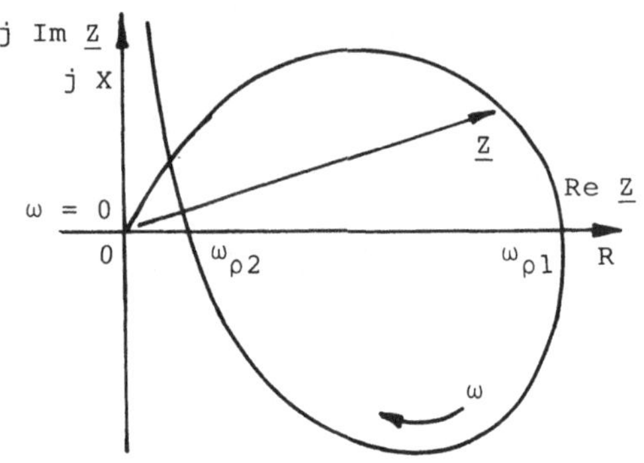

Bild 3.2 Ortskurve des komplexen Widerstands $\underline{Z}$ mit Resonanzkreisfrequenzen ω_ρ

auszugeben. Gelegentlich wird hierfür auch die Exponential- oder Polarform

$\underline{F} = F \,\underline{/\ \varphi}$

(sprich: F Versor φ) eingesetzt. Im Bodediagramm (Bild 3.3) /14/ werden Amplitudengang $F = f(\omega)$ und Phasengang $\varphi = f(\omega)$ getrennt über einer logarithmischen Frequenzskala dargestellt.

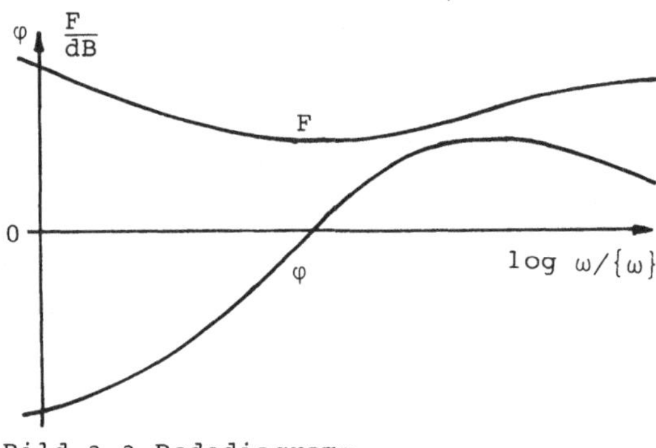

Bild 3.3 Bodediagramm

Phasenverzerrungen treten nach /13/ in einem Übertragungssystem auf, wenn die einzelnen Teilschwingungen des zu übertragenden Frequenzspektrums unterschiedliche Phasenlaufzeiten

$$t_\varphi = \varphi/\omega \qquad (3.7)$$

haben. Zur Kennzeichnung der der Phasenverzerrungen gibt man als Gruppenlaufzeit die Steigung der Phasenlaufzeit, d.h. den Differentialquotienten

$$t_g = d\varphi/d\omega \qquad (3.8)$$

an. Die Größen von Bild 3.4 lassen sich daher auch über den Frequenzgang bestimmen.

Man benötigt zunächst Programmsegmente, die nach Eingabe der Schaltungsdaten die Auftrennung in die unterschiedlichen Rechenwege für den Frequenzgang, die Resonanzfrequenz und die Übergangsfunktion vorbereiten und bei der eigentlichen Berechnung einleiten. Anschließend müssen Ausgabeart und Frequenzbereich gewählt werden, in dem eine festzulegende Anzahl von Funktionswerten berechnet werden soll. Schließlich muß es auch noch Programmsegmente geben, die die Entscheidung, ob Ortskurven, Bodediagramme oder Gruppenlaufzeiten bestimmt werden sollen, ermöglichen.

Das Frequenzgangprogramm 3.14 setzt voraus, daß mit dem vorgeschalteten Eingabeprogramm alle Schaltungsdaten gespeichert sind. Es beginnt in Zeile 200 mit der Frage, ob Frequenzgang (FG), Resonanzfrequenz (RF) oder Sprungantwort (SA) bestimmt werden sollen, und fragt anschließend, ob mit der Frequenz (F) oder der Kreisfrequenz (W) gearbeitet wird.

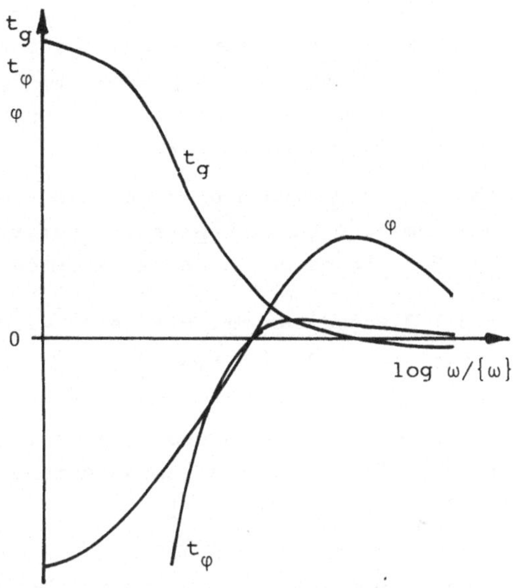

Bild 3.4 Phasenwinkel φ, Phasenlaufzeit t_φ und Gruppenlaufzeit t_g abhängig von der Kreisfrequenz ω

Mit dem Unterprogramm in Zeile 600 hat der Benutzer zu entscheiden, ob die Ergebnisse im Diaplay angezeigt (AZ) oder mit dem Drucker aufgelistet (DR) oder als Diagramm geplottet (PL) werden sollen. Hat er sich auf das Plotten festgelegt, wird dieses ab Zeile 610 vorbereitet (s. Abschn. 3.2.4.3). Das Frequenzgangprogramm verzweigt anschließend für die gewünschte Ausgabefunktion zu den Marken FG, RF oder SA.

Im Programmsegment FG (ab Zeile 210) werden zunächst der Anfangswert (A) der Frequenz und die gewünschte Anzahl (I) der Frequenzschritte angefordert. Anschließend ist, wenn mehr als ein Wert berechnet werden soll, die Schrittweite (S) einzugeben und festzulegen, ob sie als Faktor (*) oder als Summand (+) zu werten ist. Dies wird durch das Vorzeichen von S unterschieden.

Danach wird in Zeile 230 bestimmt, ob das Programm zur Berechnung einer Ortskurve (OK), des Bodediagramms (BD) oder der Gruppenlaufzeit (GL) verzweigen soll.

<u>3.2.1.1 Ortskurve</u>. Ortskurven (OK) des Frequenzgangs kann man am einfachsten für komplexe Größen, die in der <u>Komponentenform</u> vorliegen, zeichnen. Es sollte aber auch eine Ausgabe in der Polar- bzw. Exponentialform möglich sein.

In Zeile 240 wird festgelgt, ob die Ergebnisse in der Komponentenform (KO) oder in der Exponentialform (EX) verlangt werden. In Zeile 260 wird mit dem Hauptprogramm der Frequenzgang berechnet und anschließend ausgegeben. Das Plotten (s. Abschn. 3.2.4.3) ist nur für die Polarform vorgesehen.

Ab Zeile 280 wird die Frequenz entweder um einen Schritt<u>faktor</u> (*) oder um eine Schritt<u>weite</u> (+) vergrößert, und in Zeile 300 wird zur Berechnung des nächsten Punktes zurückgesprungen.

<u>3.2.1.2 Bodediagramm</u>. Hierunter wird hier die Darstellung des <u>Betrags</u> in dB und des <u>Phasenwinkels</u> in ° über einer <u>logarithmischen Kreisfrequenzskala</u> verstanden /14/.

Die Berechnung des Bodediagramms (BD) beginnt in Zeile 250. In Zeile 330 wird der Betrag entsprechend

$$F_{dB} = 20 \text{ dB} \log F/\{F\} \tag{3.9}$$

in dB umgerechnet und auf eine Nachkommastelle gerundet. Entsprechend Zeile 340 ist dies im Ergebnis durch ein zwischen Betrag und Phasenwinkel stehendes DB gekennzeichnet.

<u>3.2.1.3 Phasen- und Gruppenlaufzeit</u>. Mit dem nach Abschn. 3.2.1.1 bestimmten Phasengang $\varphi = f(\omega)$ kann man auch die Phasenlaufzeit $t_\varphi = \varphi/\omega$ leicht zusätzlich berechnen. Zur numerischen Ermittlung der Gruppenlaufzeit $t_g = d\varphi/d\omega$ muß man dagegen den Differentialquotienten durch den <u>Differenzenquotienten</u>

$$t_g(\omega) = \frac{\Delta\varphi}{\Delta\omega} = \frac{\varphi(\omega_2) - \varphi(\omega_1)}{\omega_2 - \omega_1} \tag{3.10}$$

ersetzen, wobei nur dann für die Kreisfrequenz ω realistische Ergebnisse zu erzielen sind, wenn sich die Steigung $d\varphi/d\omega$ nur wenig ändert und mit einer kleinen Kreisfrequenzdifferenz $\Delta\omega$ auch nur wenig unterschiedliche Kreisfrequenzwerte

$$\omega_1 = \omega - \frac{\Delta\omega}{2} \tag{3.11}$$

und

$$\omega_2 = \omega + \frac{\Delta\omega}{2} \tag{3.12}$$

auftreten. Hier wird der Einfachheit halber $\omega_1 = 0{,}99\omega$ und $\omega_2 = 1{,}01\omega$ gewählt. Es müssen somit für die Kreisfrequenzwerte die zugehörigen Phasenwinkel $\varphi_1 = \varphi(\omega_1)$ und $\varphi_2 = \varphi(\omega_2)$ berechnet und anschließend kann die Gruppenlaufzeit nach Gl. (3.10) bestimmt werden.

Für die weniger interessante <u>Phasenlaufzeit</u> berechnet das Grundprogramm die Näherung

$$t_{\varphi} \approx \frac{\varphi(\omega_2) + \varphi(\omega_1)}{2\ \omega} \qquad (3.13)$$

so daß ein weitere Durchgang eingespart wird.

Ab Zeile 350 wird zunächst auf den Winkelmodus Radiand umgestellt und dann die Rechenschleife begonnen. Zeile 360 berechnet für die Frequenzen nach Gl. (3.11) und (3.12) die Phasenwinkel, und Zeile 390 bestimmt die Phasenlaufzeit sowie Zeile 380 die Gruppenlaufzeit. Angezeigt oder gedruckt werden Phasenlaufzeit (PH) und Gruppenlaufzeit (GL) - geplottet wird aber nur die wichtigere Gruppenlaufzeit.

3.2.2 Resonanzfrequenz

Als Resonanzfrequenzen $f_{\rho i}$ bzw. Resonanzkreisfrequenzen $\omega_{\rho i}$ werden hier die Frequenzen bzw. Kreisfrequenzen bezeichnet, bei denen die Phasenwinkel φ_e bzw. die Imaginärteile X_e oder B_e von komplexem Eingangswiderstand $\underline{Z}_e = Z_e \underline{/\varphi_e} = R_e + j\ X_e$ oder komplexem Eingangsleitwert $\underline{Y}_e = Y_e \underline{/- \varphi_e} = G_e + j\ B_e$ verschwinden, also Null werden /14/. Es ist sinnvoll, zunächst die Ortskurve des Frequenzgangs nach Bild 3.2 oder den Phasenwinkel mit groben Frequenzschritten zu berechnen und dann anhand des Vorzeichenswechsels von Phasenwinkel oder Imaginärteil die Frequenzbereiche auszusuchen, in denen Resonanzfrequenzen auftreten, und sie dort durch eine einfache <u>Iteration</u> näher zu bestimmen.

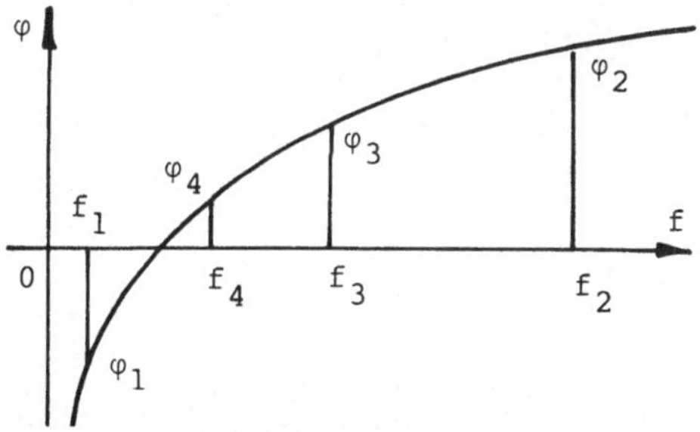

Bild 3.5 Zur Bestimmung der Resonanzfrequenz f_ρ durch Intervallhalbierung

Nach Bild 3.5 müssen also zwei Frequenzen f_1 und f_2 eingegeben werden, für die die Phasenwinkel φ_1 und φ_2 unterschiedliche Vorzeichen haben. Es wird dann iterativ für die jeweilig neuen Mittelwerte

$$f_3 = (f_1 + f_2)/2 \qquad (3.14)$$

der Phasenwinkel φ_3 bestimmt und abgefragt, ob er kleiner als $0{,}1^{\circ}$ ist. Ist diese Näherung noch nicht erreicht, ersetzt f_3 den Grenzwert mit dem gleichen Winkelvorzeichen, so daß für den neuen Frequenzmittelwert entsprechend Bild 3.5 eine bessere Näherung zu erwarten ist. Dies entspricht einer <u>Nullstellensuche mit Intervall-</u>

halbierung. Da die Resonanzfrequenz in einem vierziffrigen Exponentialformat ausgegeben wird, bricht die Berechnung ab, wenn sich die 4. Stelle nicht mehr ändert.

Nach Zeile 410 sind zunächst untere (UG) und obere (OG) Frequenzbereichsgrenze sowie der Phasenwinkel (<U) für die untere Frequenz einzugeben. (Es genügt ein vorzeichenrichtiger, aber sonst beliebiger Wert für diesen Phasenwinkel.) Ab Zeile 420 wird mit dem Hauptprogramm bis zu 99mal iteriert bzw. nach dem Erreichen eines Phasenwinkels $\varphi < 0{,}1\,^\circ$ oder einer Frequenz, die sich in der 4. Stelle nicht mehr ändert, abgebrochen. Angezeigt wird hinter der Resonanzfrequenz auch die Anzahl der Iterationen (I). Plotten ist nicht vorgesehen.

Im Anschluß an die Ausgabe der Resonanzfrequenz kann man auch noch nach dem Befehl BRK über Y ENTER den Betrag des bei der berechneten Resonanzfrequenz wirksamen Widerstands oder Leitwerts in die Anzeige bringen (s. Beispiel 5.23).

3.2.3 Sprungantwort

Zu einer Rechteckerregung mit dem Scheitelwert $\hat{x}_e$ nach Bild 3.6 gehört nach /7/ die Fourierreihe

$$x_e(t) = \hat{x}_e \left\{\frac{1}{2} + \frac{2}{\pi} \sum_{k=0}^{\infty} \frac{1}{2\,k+1} \sin\left[(2\,k+1)\frac{t}{T}\right]\right\} \tag{3.15}$$

Die Sprungantwort $x_{a\sqcap}(t)$ ist dann, wenn bei der Periodendauer T die Zeit $t_E = T/2$ ausreichend groß gewählt wird, im interessierenden Anfangsbereich bei den entsprechend Gl. (3.15) für die Ordnungszahlen

$$\nu = 2\,k + 1 \tag{3.16}$$

bei k = 0, 1, 2, 3, ... berechneten Amplituden F_ν und Phasenwinkeln φ_ν des Frequenzgangs identisch mit dem Verlauf der Antwort $x_a(t)$ in der ersten Halbperiode. Für die Sprungantwort gilt daher mit dem

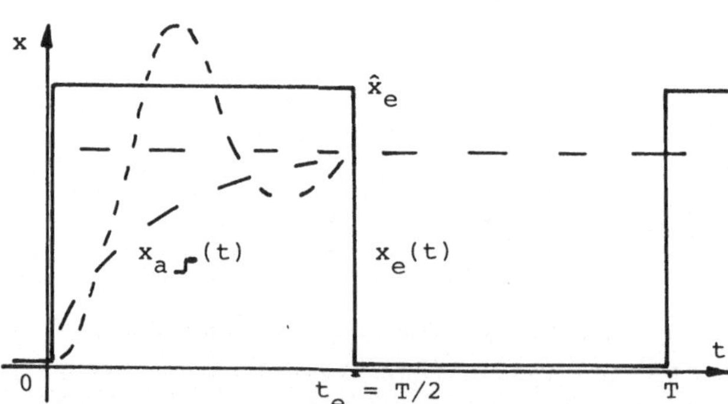

Bild 3.6 Rechteckerregung $x_e(t)$ mit Antwort $x_{a\sqcap}(t)$ für erste Halbperiode

Gleichstromglied F_o im Zeitbereich $0 \leq t \leq t_E$

$$x_{a\sigma}(t) = \frac{F_o}{2} + \frac{2}{\pi} \sum_{\nu = 1}^{\infty} \frac{F_\nu}{\nu} \sin\left[\left(\nu\frac{t}{T} + \varphi_\nu\right)\right] \tag{3.17}$$

Für $\hat{x}_e = 1$ stellt sie die Übergangsfunktion h(t) dar. Bei Begrenzung von ν bzw. k kann dies allerdings nur eine Näherung sein.

Das Programm arbeitet hier mit dem Winkelmodus Radiand, schaltet aber zum Schluß wieder auf Grad um. Je nach Wahl der Ordnungszahl reserviert es automatisch ein passendes Datenfeld für Amplituden und Phasenwinkel. Meist genügt es, mit $\nu = 15$ zu arbeiten; in Zweifelsfällen wird man versuchsweise auf größere Ordnungszahlen übergehen und die Unterschiede im Ergebnis untersuchen.

Für sehr große Ordnungszahlen ν sollte man die schnelle Fourier-Transformation (FFT) nach /8/ mit einem größeren Speicherbedarf einsetzen; wegen der für Taschenrechner sowieso begrenzten Möglichkeiten und der auch schon bei ihnen zu erzielenden ausreichenden Rechengeschwindigkeiten wird sie hier jedoch nicht angewandt.

Zum Bestimmen der Sprungantwort berechnet das Programm zunächst für die Kreisfrequenzen

$$\omega_\nu = \nu\omega = \nu\pi/t_E \tag{3.18}$$

bei ungerader Ordnungszahl ν Amplitude F_ν/ν und Phasenwinkel φ_ν. Anschließend wird in einer Fourier-Synthese nach Gl. (3.15) mit dem Zeitschritt $\Delta t = t_E/20$ im Bereich $0 \leq t \leq t_E$ die Sprungantwort bestimmt.

Ab Zeile 490 wird im Grundprogramm die Betrachtungszeit (TE) und die Ordnungszahl (V), mit der gearbeitet werden soll, eingegeben und dann auch gleich das für die Fourier-Koeffizienten benötigte Datenfeld festgelegt. Anschließend berechnet das Hauptprogramm Amplituden und Phasenwinkel für alle ungeraden Ordnungszahlen 1 bis ν.

In Zeile 520 beginnt die Berechnung der Diagrammpunkte, wobei in Zeile 530 die Werte aller Teilschwingungen summiert werden. Die Funktionswerte können entweder über das Unterprogramm ab Zeile 660 geplottet oder in der Reihenfolge Zeit (T), Ausgangsgröße (Y) angezeigt bzw. gedruckt werden.

Das Programm benötigt zunächst zur Bestimmung der $(\nu + 1)/2$ Amplituden und Phasenwinkel einige Zeit, rechnet jedoch anschließend die Funktionswerte schnell hintereinander aus. Man darf sich hierdurch nicht irritieren lassen. Daher ist auch vor die Ausgabe von Diagrammwerten ein Piepton in das Programm eingefügt.

3.2.4 Ausgabe

Die berechneten Ergebnisse können mit dem Unterprogramm 3.14 entweder im Display angezeigt oder mit dem Drucker CE-126P in einer Liste ausgedruckt oder auch mit ihm als einfaches Diagramm geplottet werden. Die Ausgabeart muß entsprechend Bild 3.1 vor der Berechnung gewählt werden.

3.2.4.1 Anzeigen. Für die Anzeige und die gedruckte Ergebnisliste sollte man ein ingenieurgerechtes Anzeigeformat (s. Abschn. 3.1.1) wählen. Für alle normalen Ergebnisse wird hier ein gerundetes vierziffriges Exponentialformat vorgeschrieben - für die Phasenwinkel und Angaben in dB dagegen Festkomma mit einer Nachkommastelle. Nur für Größen des Bodediagramms ist eine Doppelanzeige möglich. Sonst werden entweder Real- und Imaginärteil oder Betrag und Phasenwinkel nacheinander ausgegeben. Für die hier eingesetzten Unterprogramme wurde eine Übernahme aus Teil 1, so weit dies vertretbar erschien, angestrebt. Allerdings sind die Zeilennummern geändert (s. Abschn. 3.1).

Um für alle Programme gleiche Unterprogramme einsetzen zu können, enthalten diese sonst keine Formelzeichen zur Kennzeichnung der ausgegebenen Größe. Dieses wird meist vorher im Programm aufgerufen und getrennt ausgegeben oder ergibt sich aufgrund der gewählten Ergebnisfunktion.

3.2.4.2. Drucken. Da man über eine - i.allg. vor dem Benutzen eines Programms einzugebende - Anweisung PRINT = LPRINT alle einfachen PRINT-Befehle, die eine Ausgabe im Display bewirken, in Druckbefehle umwandeln kann, könnte hier darauf verzichtet werden, eine eigene Druckroutine in die Programme einzubauen. Auch könnte man über die Befehlsfolge BRK PRINT = LPRINT ENTER CONT ENTER an einer geeigneten Stelle bei der Dateneingabe auf Drucken umschalten.

Im Unterprogramm 3.14 ist die Alternative Drucken (DR) jedoch ausdrücklich vorgesehen. Sie wird in den Programmzeilen 550, 600 und 760 vorbereitet.

3.2.4.3 Plotten. In /25/ werden Plotprogramme für den BASIC-Taschencomputer PC-1211 bei Anschluß des Druckers CE-122 beschrieben. Mit dem PRINTER CE-126P kann man ebenso wie mit dem CE-122 eigentlich nur Zeilen nacheinander drucken; man kann ihn aber durch bestimmte Programmroutinen dazu bringen, Diagramme, die nur in einer Richtung wachsen, zu plotten.

Solche Frequenz- oder Zeitdiagramme können den Verlauf von Funktionen, wie z.B. Frequenzgänge, Übergangsfunktionen, Impulsantworten, Kennlinien u.ä., anschaulich wiedergeben. Sie vermitteln einen guten und schnellen Überblick über den Funktionstyp, können aber wegen der groben Teilung bei diesen Druckern - 24 Punkte beim CE-126P - keine genauen Kurvendarstellungen liefern.

Hier wird ein einfaches Plotprogramm für den PC-1401 mit dem Drukker CE-126P angegeben, das gestattet, Betrag und Phasenwinkel von Frequenzgängen sowie die Gruppenlaufzeit abhängig von der Frequenz oder die Sprungantwort und andere Kennlinien darzustellen.

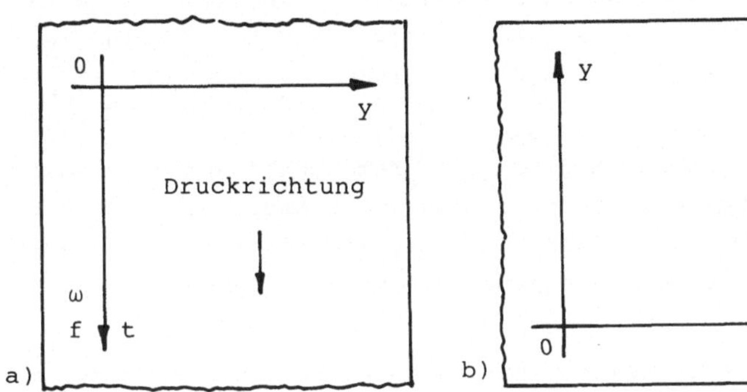

Bild 3.7 Druckrichtung (a) und Betrachtungrichtung (b) für Diagramme

Gedruckt werden kann nur zeilenweise entsprechend Bild 3.7 a; anschließend sind die Diagramme um 90° nach links zu drehen, damit sie in der Lage von Bild 3.7 b betrachtet werden können.

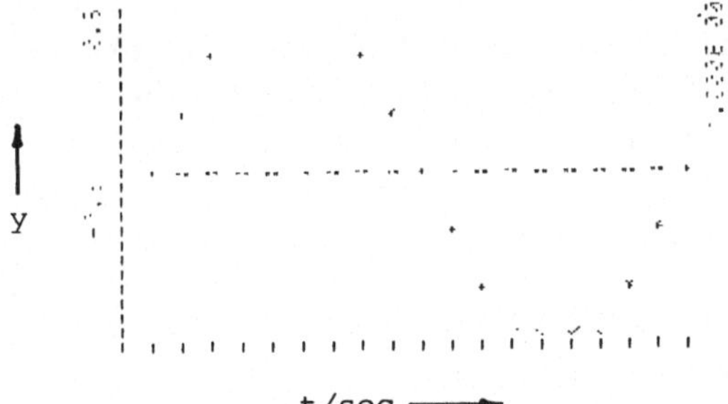

Bild 3.8 Geplottetes Diagramm y = f(t)

Bild 3.8 zeigt am Beispiel einer Sinuslinie, was dieses einfache Plotprogramm zu leisten vermag. Zunächst werden links untere und obere Grenze für die Ordinatenwerte ausgedruckt. Anschließend erscheint die Ordinatenachse. Die Abszissenachse besteht bei linearer Teilung (LI) aus Strichen und bei logarithmischer Teilung (LG) aus den zugehörigen Zehnerpotenzen. In das Diagramm ist eine Nullinie (.. ..) eingebaut. Die Diagrammpunkte werden durch das Malzeichen (*) dargestellt. Werte, die den gewählten Bereich unterschreiten, werden durch das Zeichen ∨ und solche, die ihn überschreiten, durch ∧ gekennzeichnet. Zum Schluß wird der Endwert der Abszisse ausgedruckt.

Im Unterprogramm 3.14 wird ab Zeile 600 das Plotten vorbereitet und in Zeile 610 eine Textvariable P$(1) als Vektor mit 2 Elementen für je 24 Zeichen vereinbart. Zeile 620 legt den Darstellungsbereich mit YMAX und YMIN fest.

Die Programmzeile 630 muß unbedingt 24 Leerzeichen SPC enthalten. Mit Zeile 640 wird die Ordinatenachse gedruckt. Ab Zeile 650 wird die Nullinie vorbereitet und gegebenenfalls mit Zeile 660 in die Leerzeichen der Textvariablen P$(0) eingefügt.

Zeile 670 fragt, ob die 1. oder die 2. Funktion geplottet werden soll. In Zeile 680 wird die Lage des Diagrammpunkts und gegebenenfalls der Exponent für die Abszissenachse bestimmt. Zeile 700 und 710 prüfen, ob der Darstellungsbereich eingehalten ist und veranlassen beim Unter- oder Überschreiten die Sonderzeichen ∨ und ∧ für solche Diagrammpunkte.

In Zeile 720 werden alle Zeichen zur gewünschten Druckzeile zusammengesetzt und ausgedruckt. Zeile 730 veranlaßt zum Schluß das Ausdrucken des letzten Abszissenwerts.

Zeile 310 sorgt dafür, daß im Anschluß an den Amplitudengang (gewählt in Zeile 250 mit B) auch der Phasengang (gewählt in Zeile 250 mit <) oder in umgekehrter Reihenfolge mit frei wählbarem Maßstab geplottet werden kann. Durch eine weitere Zeichenaddition analog zu Zeile 720 könnte man auch beide Kennlinien mit unterschiedlichen Zeichen gleichzeitig darstellen. Wegen der dann überstrapazierten Speicherkapazität wurde auf diesen Komfort verzichtet.

3.2.5 Alternative Frequenzgangprogramme

Die relativ einfache Plotroutine des Unterprogramms 3.14 erfordert nicht nur viele Programmzeilen, sondern beansprucht auch weitere Speicherplätze für eine umfangreiche Textvariable. Wer keinen Drukker einsetzen kann oder will, sollte daher die entsprechenden Programmteile erst gar nicht eintasten. Es können dann einige Programmzeilen entfallen; andere sind zu ändern. Auch würden einige Datenregister wieder verfügbar. Zwei Alternativen sollen anschließend angegeben werden.

3.2.5.1 Ohne Drucken und Plotten. Wenn kein Drucker zur Verfügung steht, kann man keine Ergebnislisten ausdrucken oder Diagramme plotten. In diesem Fall sollte das Unterprogramm 3.14 ersetzt werden durch das auf den nächsten Seiten stehende Unterprogramm 3.15. Die einzelnen Schritte sind schon in Abschn. 3.2.4 erklärt bzw. sind anhand der dort stehenden Erläuterungen leicht zu durchschauen.

3.2.5.2 Ohne Drucken und Plotten und ohne Gruppenlaufzeit, Resonanzfrequenz, Sprungantwort. Wenn nur die Anzeige der Ergebnisse einer Berechnung des Frequenzgangs gewünscht wird, also auf das Drucken und Plotten sowie auf Resonanzfrequenz, Gruppenlaufzeit und Sprungantwort verzichtet wird, ist das Unterprogramm 3.14 zu ersetzen durch das auf der übernächsten Seite folgende Unterprogramm 3.16. Die Programme 3.18 und 3.21 werden hierdurch noch kürzer.

Man beachte, daß beim Unterprogramm 3.16 die Abfragen FG RF SA und AZ DR PL - und somit auch in den Beispielen die zugehörigen Eingaben entfallen.

<u>Unterprogramm 3.15</u>

```
 10:IF Y=0 AND Z=0
    RETURN
 20:Y=POL (Y,Z):RETURN
 90:X=Y
100:IF X=0 THEN 120
110:X=(5*TEN INT (LOG (
    ABS X)-4)+ABS X)*SGN
    X
120:USING "##.###^":
    RETURN
130:X=Z
140:W=1E8+ABS X:X=(W-1E8
    )*SGN X:RETURN
150:"KO" GOSUB 90:V=X:X=
    Z:GOSUB 100:PRINT "R
    E=";V:PRINT "IM=";X:
    RETURN
160:"EX" DEGREE :GOSUB 1
    0:GOSUB 90
170:V=X:GOSUB 130:PRINT
    "B=";V:USING :PRINT
    "<=";X
180:Y=REC (Y,Z):RETURN
190:"Z" AREAD X:GOSUB 10
    0:PRINT X:END
200:"F" INPUT "FG RF SA?
    ",R$,"F W?",M$:GOTO
    R$
210:"FG" INPUT "A?",P,"I
    ?",Q:IF Q<>1 INPUT "
    S?",N,"* +?",S$
220:IF S$="+" LET N=-N
230:INPUT "OK BD GL?",S$
    :GOTO S$
240:"OK" INPUT "KO EX?",
    T$
260:"BD" FOR L=1 TO Q:
    GOSUB 0:GOSUB 780:IF
    S$="BD" LET T$="B"
270:GOSUB T$
280:IF N>0 LET P=P*N
290:IF N<0 LET P=P-N
300:NEXT L:DEGREE
320:GOTO 210
330:"B" GOSUB 20:X=20*
    LOG Y
340:GOSUB 140:V=X:GOSUB
    130:USING :PRINT V;"
    DB ";X:RETURN
350:"GL" RADIAN :FOR L=1
    TO Q
360:B0=P:P=1.01*B0:GOSUB
    0:GOSUB 20:H=Z:P=.99
    *B0:GOSUB 0:GOSUB 20
    :P=B0
370:GOSUB 780:W=P:IF M$=
    "F" LET W=2*π*P
380:X=(H-Z)*50/W
390:GOSUB 100:T=X:X=(H+Z
    )/2/W:GOSUB 100:
    PRINT "PH=";X:PRINT
    "GL=";T:GOTO 280
410:"RF" INPUT "UG?",J,"
    <U?",N,"OG?",K
420:FOR Q=1 TO 99:P=(J+K
    )/2:GOSUB 0:GOSUB 20
    :IF ABS Z<.1 THEN 48
    0
430:IF Z/N<0 THEN 460
440:N=Z:J=P
450:NEXT Q:PRINT "I>99":
    END
460:K=P:IF (K-J)>.001*(K
    +J) THEN 450
480:X=P:GOSUB 100:PRINT
    M$;"=";X; USING ;" I
    =";Q:GOTO 410
490:"SA" INPUT "TE?",H,"
    V?",T:DIM D(T/2,1):P
    =1E-9:GOSUB 0:R=Y/2:
    M$="W"
500:FOR N=0 TO T/2:
    RADIAN :S=2*N+1:P=π*
    S/H:GOSUB 0:GOSUB 20
    :D(N,0)=Y/S:D(N,1)=Z
    :NEXT N
510:P=0:N=0:Q=20
520:FOR L=0 TO Q:X=0
530:FOR S=0 TO T/2:X=D(S
    ,0)*SIN ((2*S+1)*N+D
    (S,1))+X:NEXT S
```

```
540:X=Z*X/π+R
570:BEEP 1:GOSUB 100:
    PRINT "T=";P:PRINT "
    Y=";X
780:X=P:GOSUB 100:PRINT
    M$;"=";X:RETURN
```

Unterprogramm 3.16

```
 10:IF Y=0 AND Z=0
    RETURN
 20:Y=POL (Y,Z):RETURN
 90:X=Y
100:IF X=0 THEN 120
110:X=(5*TEN INT (LOG (
    ABS X)-4)+ABS X)*SGN
    X
120:USING "##.###^":
    RETURN
130:X=Z
140:W=1E8+ABS X:X=(W-1E8
    )*SGN X:RETURN
150:"KO" GOSUB 90:V=X:X=
    Z:GOSUB 100:PRINT "R
    E=";V:PRINT "IM=";X:
    RETURN
160:"EX" DEGREE :GOSUB 1
    0:GOSUB 90
170:V=X:GOSUB 130:PRINT
    "B=";V:USING :PRINT
    "<=";X
180:Y=REC (Y,Z):RETURN
190:"Z" AREAD X:GOSUB 10
    0:PRINT X:END
200:"F" INPUT "F W?",M$,
    "A?",P,"I?",Q:IF Q<>
    1 INPUT "S?",N,"* +?
    ",S$
210:IF S$="+" LET N=-N
220:INPUT "OK BD?",S$,"K
    O EX?",T$
230:FOR L=1 TO Q:GOSUB O
    :X=P:GOSUB 100:PRINT
    M$;"=";X:IF S$="BD"
    LET T$="B"
270:GOSUB T$
280:IF N>0 LET P=P*N
290:IF N<0 LET P=P-N
300:NEXT L:GOTO 200
320:"B" GOSUB 20:X=20*
    LOG Y
330:GOSUB 140:V=X:GOSUB
    130:USING :PRINT V;"
    DB ";X:RETURN
```

4 Komplexe Arithmetik

Für die Sinusstromtechnik stellt die komplexe Rechnung eines der wichtigsten Verfahren dar. Mit ihr werden Sinusschwingungen aus dem nur umständlich zu handhabenden Zeitbereich in die viel einfacher zu übersehene komplexe Zahlenebene transformiert. Sie findet daher eine breite Anwendung.

Das komplexe Rechnen verlangt das Beachten einiger Rechenregeln, verlangt aber beim manuellen Rechnen immer noch einigen Aufwand - z.B. das mehrfache Umrechnen von der Komponenten- in die Polarform und umgekehrt (s. Abschn. 2.4.2). Es liegt daher nahe, diese Algorithmen in Rechenprogramme zu übersetzen, so mögliche Fehler auszuschalten und die Berechnung auf diese Weise ganz wesentlich zu beschleunigen.

4.1 Grundlagen

Für die komplexe Größe $\underline{A}$ kennt man nach Abschn. 2.1.6 mit Realteil $a_w = \text{Re}\,\underline{A}$ und Imaginärteil $a_b = \text{Im}\,\underline{A}$ die Komponentenform

$$\underline{A} = \text{Re}\,\underline{A} + j\,\text{Im}\,\underline{A} = a_w + j\,a_b \quad (4.1)$$

sowie mit Betrag A und Phasenwinkel α die Exponential- oder Polarform

$$\underline{A} = A\,e^{j\alpha} = A\,\underline{/\,\alpha} \quad (4.2)$$

In der Elektrotechnik werden hauptsächlich die folgenden komplexen Rechenoperationen benötigt.

Addition. Die komplexe Summe (4.3)

$$\underline{A} + \underline{B} = (\text{Re}\,\underline{A} + \text{Re}\,\underline{B}) + j(\text{Im}\,\underline{A} + \text{Im}\,\underline{B}) = (a_w + b_w) + j(a_b + b_b)$$

benötigt man z.B. zum Berechnen des komplexen Gesamtwiderstands

$$\underline{Z}_g = \underline{Z}_1 + \underline{Z}_2 \quad (4.4)$$

einer Reihenschaltung nach Bild 4.1.

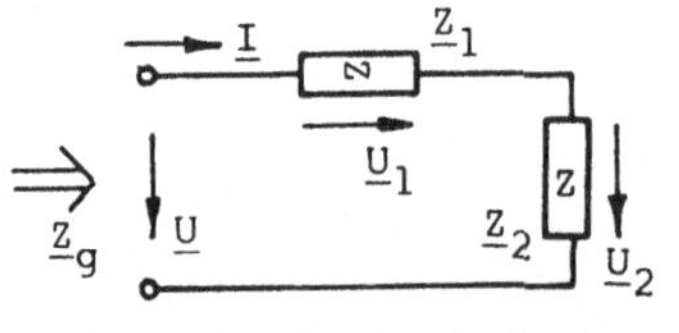

Bild 4.1 Reihenschaltung

Subtraktion. Die komplexe Differenz (4.5)

$$\underline{A} - \underline{B} = (\text{Re}\,\underline{A} - \text{Re}\,\underline{B}) + j(\text{Im}\,\underline{A} - \text{Im}\,\underline{B}) = (a_w - b_w) + j(a_b - b_b)$$

ist z.B. zu bilden, wenn für die Schaltung in Bild 4.1 bei vorgegebenen Widerstandswerten $\underline{Z}_g$ und $\underline{Z}_1$ der komplexe Teilwiderstand

$$\underline{Z}_2 = \underline{Z}_g - \underline{Z}_1 \tag{4.6}$$

gesucht wird.

Multiplikation. Das komplexe Produkt

$$\underline{A}\ \underline{B} = A\ B\ \underline{/\alpha + \beta} = (a_w\ b_w - a_b\ a_b) + j(a_w\ b_b + a_b b_w) \tag{4.7}$$

ermöglicht z.B. das Bestimmen der komplexen Spannung

$$\underline{U}_1 = \underline{Z}_1\ \underline{I} \tag{4.8}$$

in Bild 4.1 aus komplexem Widerstand $\underline{Z}_1$ und komplexem Strom $\underline{I}$.

Division. Der komplexe Quotient

$$\frac{\underline{A}}{\underline{B}} = \frac{A}{B}\ \underline{/\alpha - \beta} = \frac{(a_w\ b_w + a_b\ b_b) + j(a_b\ b_w - a_w\ b_b)}{b_w^2 + b_b^2} \tag{4.9}$$

kann z.B. entsprechend umgekehrt zum Berechnen des komplexen Stroms

$$\underline{I} = \underline{U}/\underline{Z} \tag{4.10}$$

nach dem Ohmschen Gesetz benutzt werden.

Inversion. Der komplexe Kehrwert

$$\frac{1}{\underline{A}} = \frac{1}{A}\ \underline{/-\alpha} = \frac{a_w - j\ a_b}{a_w^2 + a_b^2} \tag{4.11}$$

wird z.B. beim Bestimmen des komplexen Leitwerts

$$\underline{Y} = 1/\underline{Z} \tag{4.12}$$

aus dem komplexen Widerstand $\underline{Z}$ benötigt.

Parallelschaltung. Für den Gesamtwiderstand der Parallelschaltung von Bild 4.2 gilt nach /14/ und /50/

$$\underline{Z}_g = \frac{1}{\frac{1}{\underline{Z}_1} + \frac{1}{\underline{Z}_2}} \tag{4.13}$$

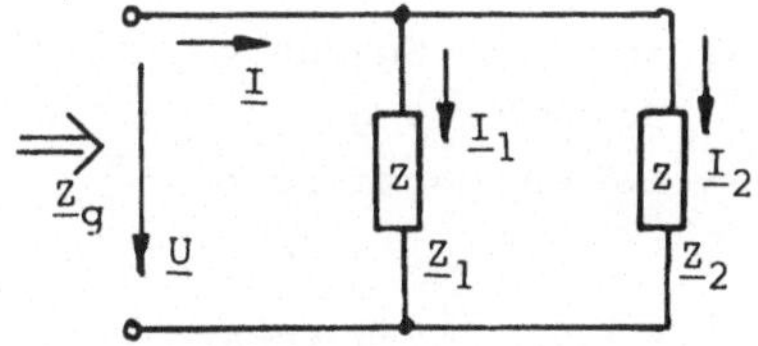

Bild 4.2 Parallelschaltung

Es ist also sinnvoll, eine zugehörige komplexe Operation

$$\underline{C} = \frac{1}{\frac{1}{\underline{A}} + \frac{1}{\underline{B}}} \tag{4.14}$$

vorzusehen.

Spannungs- und Stromteiler. Für die Teilspannung $\underline{U}_1$ der Schaltung in Bild 4.1 gilt nach /14/ und /50/ und analog zu Gl. (2.72)

$$\underline{U}_1 = \frac{\underline{Z}_1\ \underline{U}}{\underline{Z}_1 + \underline{Z}_2} = \frac{\underline{U}}{1 + (\underline{Z}_2/\underline{Z}_1)} \qquad (4.15)$$

sowie für den Teilstrom $\underline{I}_1$ der Schaltung in Bild 4.2

$$\underline{I}_1 = \frac{\underline{Z}_2\ \underline{I}}{\underline{Z}_1 + \underline{Z}_2} = \frac{\underline{I}}{1 + (\underline{Z}_1/\underline{Z}_2)} \qquad (4.16)$$

Es wird daher für diese Teiler eine weitere komplexe Operation

$$\underline{D} = \frac{\underline{C}}{1 + (\underline{A}/\underline{B})} \qquad (4.17)$$

eingesetzt.

Mit den Beispielen wird gezeigt, daß man mit dieser komplexen Arithmetik auch zusammengesetzte Schaltungen behandeln kann. Weitere Beispiele enthält ferner /29/ und /30/.

4.2 Programmbeschreibung

Das auf der nächsten Seite stehende Programm 3.17 ermöglicht eine numerische Berechnung von Gl. (4.3), (4.5), (4.7), (4.9), (4.11), (4.14) und (4.17), wobei jeweils Eingabe und Anzeige nach Gl. (4.1) oder (4.2) möglich sind. Das Programm fordert hierfür die Eingaben und die Ausgabeart mit den folgenden Kurzzeichen an:

+	komplexe Addition	R	Rückholen aus Speicher
-	komplexe Subtraktion	K	Komponentenform (Eingabe)
*	komplexe Multiplikation	E	Exponentialform (Eingabe)
/	komplexe Division	W	Wiederholen des Werts
I	komplexe Inversion	B	Betrag
P	komplexe Parallelschaltung	<	Phasenwinkel
T	komplexe Spannungs- oder	RE	Realteil
	Stromteilung	IM	Imaginärteil
S	Zwischenspeichern	EX	Exponentialform (Ausgabe)
		KO	Komponentenform (Ausgabe)

Nach dem Programmstart über DEF C (Zeile 1010) erscheinen im Anschluß an die Programmüberschrift KOMPLEX RECHNEN die ersten 8 Zeichen + - * / I P T S? und fordern den Benutzer auf, eine komplexe Rechenoperation oder das Zwischenspeichern (S) des angezeigten Wertes durch Eintasten des zugehörigen Zeichens einzuleiten. Aufgrund des eingetasteten Zeichens verzweigt das Programm zur zugehörigen Marke. Anschließend (Unterprogramm ab Zeile 1140) erscheinen die nächsten 4 Zeichen E K W R?.Durch Eintasten von K oder E wird fest-

Programm 3.17

```
  10:IF Y=0 AND Z=0
     RETURN
  20:Y=POL (Y,Z):RETURN
  30:IF Y=0 AND Z=0
     RETURN
  40:X=SQU Y+SQU Z:Y=Y/X:
     Z=-Z/X:RETURN
  50:GOSUB 40
  60:X=Y:Y=X*V-Z*W:Z=X*W+
     Z*V:RETURN
  70:Y=Y+V:Z=Z+W:RETURN
  80:"W"V=Y:W=Z:RETURN
  90:X=Y
 100:IF X=0 THEN 120
 110:X=(5*TEN INT (LOG (
     ABS X)-4)+ABS X)*SGN
     X
 120:USING "##.###^":
     RETURN
 130:X=Z
 140:W=1E8+ABS X:X=(W-1E8
     )*SGN X:RETURN
 150:"KO" GOSUB 90:V=X:X=
     Z:GOSUB 100:PRINT "R
     E=";V:PRINT "IM=";X:
     RETURN
 160:"EX" DEGREE :GOSUB 1
     0:GOSUB 90
 170:V=X:GOSUB 130:PRINT
     "B=";V:USING :PRINT
     "<=";X
 180:Y=REC (Y,Z):RETURN
 190:"Z" AREAD X:GOSUB 10
     0:PRINT X:END
1010:"C" PAUSE "KOMPLEX
     RECHNEN":CLEAR
1020:INPUT "+ - * / I P
     T S?",A$:GOTO A$
1030:"+" GOSUB 1140
1040:GOSUB 70
1050:INPUT "EX KO?",C$:
     GOSUB C$:GOTO 1020
1060:"-" GOSUB 1140:Y=-
     Y:Z=-Z:GOTO 1040
1070:"*" GOSUB 1140
1080:GOSUB 60:GOTO 1050
1090:"/" GOSUB 1200:
     GOTO 1050
1100:"I" GOSUB 1210:
     GOTO 1050
1110:"P" GOSUB 1210:
     GOSUB 1210:GOSUB 7
     0:GOSUB 40:GOTO 10
     50
1120:"T" GOSUB 1200:Y=Y
     +1:GOSUB 40:GOSUB
     1150:GOTO 1080
1130:"S"T=Y:S=Z:GOTO 10
     20
1140:GOSUB 1160
1150:GOSUB 80
1160:INPUT "E K W R?",B
     $:GOTO B$
1170:"E" INPUT "B?",Y,"
     <?",Z:GOTO 180
1180:"K" INPUT "RE?",Y,
     "IM?",Z:RETURN
1190:"R"Y=T:Z=S:RETURN
1200:GOSUB 1160:GOSUB 1
     210:GOTO 60
1210:GOSUB 1150:GOTO 40
```

gelegt, ob der nächste Wert in Komponenten- oder Exponentialform einzugeben ist. Durch Eintasten von W wird der gespeicherte letzte komplexe Wert - z.B. aus einer vorhergegangenen Berechnung - als neue Eingabe vermerkt. Hiermit kann z.B. auch das komplexe Quadrat $\underline{A}^2$ gebildet werden. Über R kann ein zwischengespeicherter Wert in den Rechengang zurückgeholt werden. Alle Zahlenwerte und Anweisungen sind nach dem Eintasten mit der Befehl ENTER in den Rechengang einzuführen.

Die Unterprogramme von Zeile 1030 bis 1210 sind mehrfach ineinander geschachtelt, um Programmzeilen zu sparen; sie befolgen die in Abschn. 4.1 beschriebenen Algorithmen.

Die komplexen Ergebnisse werden im gerundeten vierziffrigen Exponentialformat - der Phasenwinkel mit einer Nachkommastelle - ausgegeben, so daß beide Werte (Betrag und Winkel oder Real- und Imaginärteil) nacheinander in der Anzeige erscheinen. Vor der Ausgabe fordert die Anzeige mit EX KO? dazu auf, für sie die Exponentialform (EX) oder die Komponentenform (KO) zu wählen. (Man braucht wegen der eingesetzten Marken für Ein- und Ausgabe unterschiedliche Abfragen.)

Das Programm rechnet und speichert in der Komponentenform und wandelt sie nur nach der Eingabe oder für die Ausgabe, wenn dies gewünscht wird, in die Exponentialform um, bringt aber das Ergebnis anschließend für Folgerechnungen wieder in die Komponentenform.

Datenregister. A$, B$, C$: Dialogvariable, T, U: Zwischenspeicher, V, W: Rechenspeicher, X: Rundungsvariable, Y, Z: Arbeitsspeicher für komplexe Größen.

4.3 Anwendungen

Die folgenden Anwendungsbeispiele sollen exemplarisch zeigen, wie man die Programmsegmente sinnvoll praktisch einsetzen kann. Sie können auch als Testbeispiele benutzt werden. Es wird empfohlen, weitere Beispiele aus Abschn. 2 oder /14/ mit diesem Programm zu rechnen.

Beispiel 4.1. Ein Verbraucher nimmt an der Spannung $\underline{U}$ = 220 V $\underline{/20^{\circ}}$ den Strom $\underline{I}$ = 2,5 A $\underline{/-45^{\circ}}$ auf. Es soll die umgesetzte Leistung bestimmt werden.

Nach /14/ gilt für die komplexe Leistung $\underline{S} = \underline{U}\,\underline{I}^{*} = P + j\,Q$. Daher erhält man mit $\underline{I} = I\,\underline{/\varphi}$ und $\underline{I}^{*} = I\,\underline{/-\varphi}$ den Rechengang

Eingaben	Anzeige	Eingaben	Anzeige
DEF C	KOMPLEX RECHNEN	E ENTER	B?
ENTER	+ - * / I P T S?	220 ENTER	<?
* ENTER	E K W R?	20 ENTER	E K W R?

Eingaben	Anzeige
E ENTER	B?
2.5 ENTER	<?
45 ENTER	EX KO?

Eingaben	Anzeige
KO ENTER	RE= 2.324E 02
ENTER	IM= 4.985E 02

Es tritt also die Wirkleistung P = 232,4 W und die Blindleistung Q = 498,5 var auf.

Beispiel 4.2. Die Widerstände R = 1 kΩ und X = - 2 kΩ seien a) parallel und b) in Reihe geschaltet. Sie sollen in die jeweils andere Ersatzschaltung nach Bild 4.3 umgerechnet werden.

Bild 4.3 Parallel- (a) und Reihen-Ersatzschaltung (b)

Zu a): Man braucht nur mit dem folgenden Rechengang den komplexen Gesamtwiderstand der Parallelschaltung zu bestimmen:

Eingaben	Anzeige
DEF C	KOMPLEX RECHNEN
ENTER	+ - * / I P T S?
P ENTER	E K W R?
K ENTER	RE?
1000 ENTER	IM?
0 ENTER	E K W R?

Eingaben	Anzeige
K ENTER	RE?
0 ENTER	IM?
-2000 ENTER	EX KO?
KO ENTER	RE= 8.000E 02
ENTER	IM=-4.000E 02

Die äquivalente Reihenschaltung enthält also den Wirkwiderstand R_r = 800 Ω und den Blindwiderstand X_r = - 400 Ω.

Zu b): Wir bilden zunächst für den komplexen Widerstand $\underline{Z}_r$ = 1 kΩ - j 2 kΩ durch Inversion den Leitwert $\underline{Y}_p = 1/\underline{Z}_r = G_p + j\,B_p$ mit dem Rechengang

Eingaben	Anzeige
ENTER	+ - * / I P T S?
I ENTER	E K W R?
K ENTER	RE?
1000 ENTER	IM?
-2000 ENTER	EX KO?

Eingaben	Anzeige
KO ENTER	RE= 2.000E-04
1/x	4998.750312
ENTER	IM= 4.000E-04
1/x	2499.687539
Z ENTER 1/x	2500.
Y ENTER 1/x	5000.

Die letzten Berechnungen zeigen, daß ein Weiterrechnen mit den gerundeten Ergebnissen zu Fehlanzeigen führen kann. Wenn man jedoch für die hier gewünschte Kehrwertbildung die ursprünglichen Werte in den Datenregistern Y und Z heranzieht, erhält man die tatsächlichen Parallel-Ersatzwiderstände R_p = 5 kΩ und X_p = - 2,5 kΩ.

Beispiel 4.3. Die Schaltung von Bild 4.4 besteht aus den Widerständen R = 1 kΩ, X_L = 500 Ω und X_C = - 1,5 kΩ und liegt an der Spannung U = 75 V. Es ist der komplexe Strom $\underline{I}$ zu bestimmen.

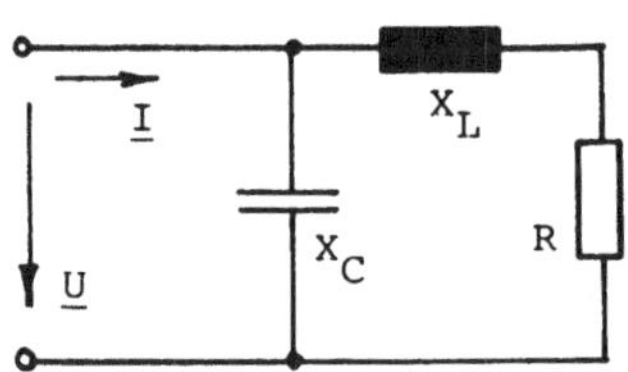

Bild 4.4 Netzwerk

Wir berechnen zunächst den Gesamtwiderstand

$$\underline{Z} = \frac{1}{\frac{1}{j\,X_C} + \frac{1}{R + j\,X_L}} \tag{4.18}$$

speichern ihn zwischen und bilden dann den Quotienten $\underline{I} = \underline{U}/\underline{Z}$. Daher sind die Eingaben

DEF C	0		E	und Anzeigen
ENTER	-1500		75	
P	EX	B= 1.186E 03	0	
K	ENTER	<=-18.4	R	
1000	ENTER		EX	B= 6.325E-02
500	S		ENTER	<=18.4
K	/			

Es fließt also der Strom $\underline{I}$ = 63,25 mA $\angle 18{,}4^{\circ}$.

Beispiel 4.4. Die Schaltung in Bild 4.5 soll mit dem komplexen Widerstand $\underline{Z}_1$ = 2 kΩ $\angle 26^{\circ}$ den komplexen Eingangswiderstand $\underline{Z}_e$ = 1,5 kΩ $\angle 35^{\circ}$ bilden. Wie groß muß dann der Widerstand $\underline{Z}_2$ sein?

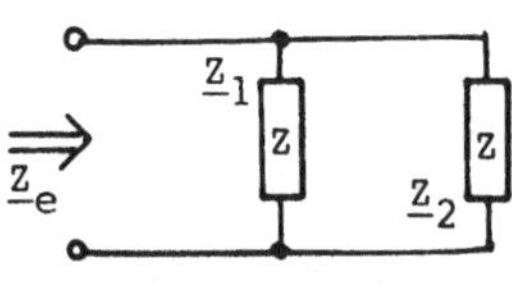

Bild 4.5 Parallelschaltung

Nach /14/ und /49/ gilt für den gesuchten komplexen Widerstand

$$\underline{Z}_2 = \frac{1}{\frac{1}{\underline{Z}_e} - \frac{1}{\underline{Z}_1}} \tag{4.19}$$

Wir bilden zunächst die komplexen Leitwerte $1/\underline{Z}_e$ und $1/\underline{Z}_1$, anschließend ihre Differenz und dann die Inversion. Somit erhält man die

Eingaben

DEF C	E		ENTER	und Anzeigen
ENTER	RCP 2000		I	
-	-26		W	
E	EX	B= 1.897E-04	EX	B= 5.272E 03
RCP 1500	ENTER	<=-59.4	ENTER	<=59.4
-35				

und das Ergebnis $\underline{Z}_2$ = 5,272 kΩ $\underline{/59,4^{\circ}}$, das mit dem von Beispiel 2.50 übereinstimmt.

Beispiel 4.5. Die Schaltung in Bild 4.6 enthält die Wirkwiderstände R_1 = 10 Ω und R_2 = 40 Ω sowie die Kapazität C = 1,1 µF und die Induktivität L = 2,54 mH. Sie liegt an der Sinusspannung U_e = 22 V bei der Frequenz f = 5 kHz. Es soll die komplexe Ausgangsspannung $\underline{U}_a$ bestimmt werden.

Wir haben die beiden komplexen Widerstände

$$\underline{Z}_1 = R_1 - j\,\frac{1}{2\,\pi\,f\,C} \qquad (4.20)$$

und

$$\underline{Z}_2 = R_2 + j\,2\,\pi\,f\,L \qquad (4.21)$$

Mit der Spannungsteilerregel gilt

$$\underline{U}_a = \frac{\underline{Z}_2\,\underline{U}_e}{\underline{Z}_1 + \underline{Z}_2} = \frac{\underline{U}_e}{1 + (\underline{Z}_1/\underline{Z}_2)} \qquad (4.22)$$

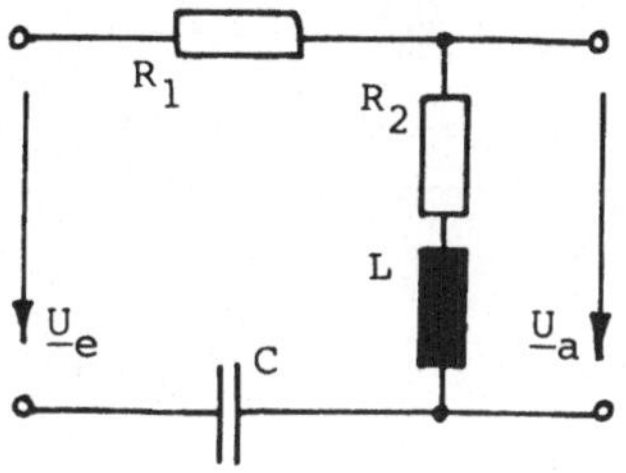

Bild 4.6 Spannungsteiler

Es ist Gl. (4.15) anzuwenden, und somit sind die Eingaben

DEF C	-1 / 2 / π / 5E3 / 1.1E-6	22	und Anzeigen
ENTER	K	0	
T	40	EX	B= 2.753E 01
K	2 * π * 5E3 * 2.54E-3	ENTER	<=17.9
10	E		

Es herrscht daher die Ausgangsspannung $\underline{U}_a$ = 27,53 V $\underline{/17,9^{\circ}}$.

Beispiel 4.6. Die Schaltung von Bild 4.7 besteht aus den komplexen Widerständen $\underline{Z}_1$ = 10 Ω + j 5 Ω, $\underline{Z}_2$ = 20 Ω - j 10 Ω und $\underline{Z}_3$ = 30 Ω + j 20Ω, und es fließt der komplexe Strom $\underline{I}$ = (2 + j 3) A. Es sollen a) der komplexe Strom $\underline{I}_2$ und b) die umgesetzte komplexe Leistung $\underline{S}$ bestimmt werden.

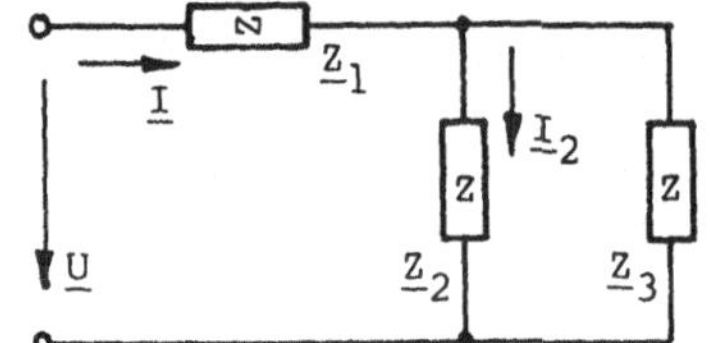

Bild 4.7 Netzwerk

Zu a): Für den Strom

$$\underline{I}_2 = \frac{\underline{I}}{1 + (\underline{Z}_2/\underline{Z}_3)} \tag{4.23}$$

ist Gl. (4.16) anzuwenden. Sie erfordert die Eingaben

DEF C	20	30	2	und ergibt die Anzeigen
T	-10	20	3	EX B= 2.550E 00
K	K	K		ENTER <=78.7

Es fließt also der Strom $\underline{I}_2$ = 2,55 A $\underline{/78,7^\circ}$.

Zu b): Für die komplexe Leistung gilt nach /14/ mit $\underline{U} = \underline{Z}\ \underline{I}$

$$\underline{S} = P + j\ Q = \underline{U}\ \underline{I}^* = \underline{Z}\ \underline{I}\ \underline{I}^* = \underline{Z}\ I^2 \tag{4.24}$$

Man muß also den komplexen Gesamtwiderstand

$$\underline{Z} = \underline{Z}_1 + \frac{1}{\frac{1}{\underline{Z}_2} + \frac{1}{\underline{Z}_3}} \tag{4.25}$$

bestimmen. Mit $\underline{I}$ = (2 + j 3) A = 3,61 A $\underline{/56,3^\circ}$ sind die weiteren Eingaben

ENTER		ENTER	IM=-1.154E 00		und Anzeigen
P		ENTER		ENTER	
K		+		*	
20		W		W	
-10		K		E	
K		10		SQU 3.61	
30		5		0	
20		KO	RE= 2.577E 01	KO	RE= 3.358E 02
KO	RE= 1.577E 01	ENTER	IM= 3.846E 00	ENTER	IM= 5.012E 01

Es wird somit die komplexe Leistung $\underline{S}$ = 335,8 W + j 50,12 var aufgenommen.

Beispiel 4.7. In der Schaltung von Bild 4.8 mit den Widerständen R_2 = 1 kΩ und X_3 = 3 kΩ soll der Strom $\underline{I}$ = 4 mA $\underline{/30^\circ}$ fließen. Welche Teilwiderstände muß der komplexe Widerstand $\underline{Z}_1$ aufweisen, wenn die Schaltung an der Sinusspannung $\underline{U}$ = 10 V liegt?

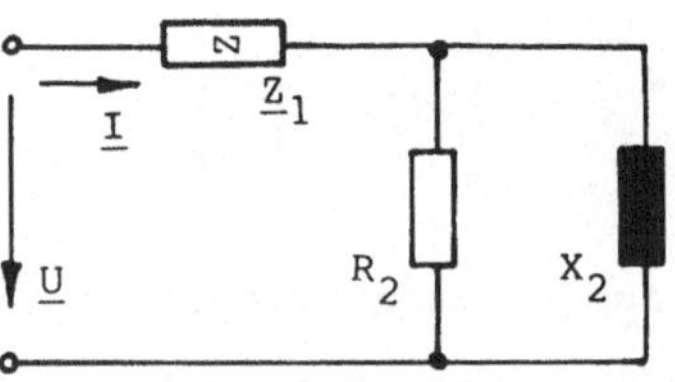

Bild 4.8 Netzwerk

Wir bestimmen zunächst den erforderlichen Gesamtwiderstand

$$\underline{Z}_g = \underline{U}/\underline{I} = 10\ \text{V}/(4\ \text{mA}\ \underline{/30^\circ}) = 2{,}5\ \text{k}\Omega\ \underline{/-30^\circ}$$

und finden dann den gesuchten komplexen Widerstand /14/

$$\underline{Z}_1 = \underline{Z}_g - \underline{Z}_2 = \underline{Z}_g - \frac{1}{\dfrac{1}{R_2} + \dfrac{1}{j\,X_2}} \tag{4.26}$$

über die Eingaben

					und Anzeigen
DEF C	K		ENTER		
P	0		S	-30	
K	3E3		-	R	
1E3	KO	RE= 9.000E 02	E	KO	RE= 1.265E 03
0	ENTER	IM= 3.000E 02	2500	ENTER	IM=-1.550E 03

Daher sind die Widerstände R_1 = 1,265 kΩ und X_2 = - 1,55 kΩ (also eine Kapazität) erforderlich.

Beispiel 4.8. Die Schaltung in Bild 4.9a besteht aus Wirkwiderstand R = 5 kΩ und den Blindwiderständen X_L = 10 kΩ und X_C = - 20 kΩ. Es fließt der Strom $\underline{I}_q$ = 10 mA. Für die Klemmen a und b sollen komplexer Ersatz-Quellenstrom $\underline{I}_{qE}$ und komplexer Ersatz-Innenwiderstand $\underline{Z}_{iE}$ der Ersatzstromquelle nach Bild 4.9 b bestimmt werden.

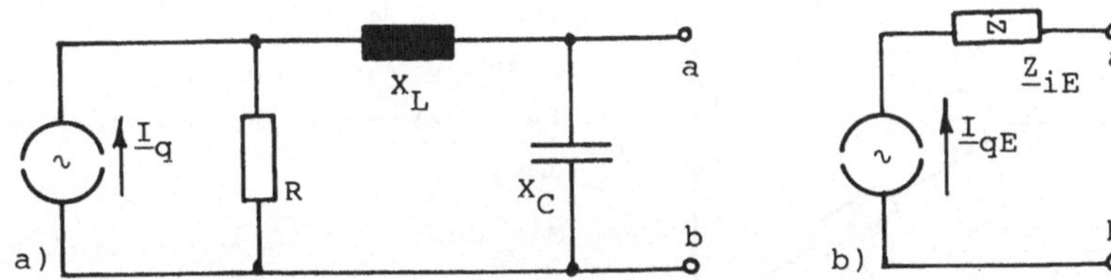

Bild 4.9 Netzwerk (a) mit Ersatzstromquelle (b)

Nach /14/ und /49/ ist der Ersatz-Quellenstrom $\underline{I}_{qE}$ identisch mit dem Kurzschlußstrom $\underline{I}_{abk}$ zwischen den Klemmen a und b. Es gilt also

$$\underline{I}_{qE} = \underline{I}_{abk} = \frac{\underline{I}_q}{1 + (j\,X_L/R)} \tag{4.27}$$

und man erhält mit den Eingaben

DEF C	0	5E3	1E2		über die Anzeigen
T	1E4	0	0	EX	B= 4.472E+03
K	K	K		ENTER	<=-63.4

den Ersatzquellenstrom $\underline{I}_{qE}$ = 4,472 mA $\underline{/-\ 63{,}4^{\circ}}$.

Der innere Ersatzwiderstand

$$R_{iE} = \frac{1}{\frac{1}{j\ X_C} + \frac{1}{R + j\ X_L}} \tag{4.28}$$

ist gleich dem Widerstand zwischen den Klemmen a und b, wobei der Widerstand der idealen Stromquelle nach /14/ und /46/ als unendlich groß anzusehen ist. Somit sind die Eingaben

ENTER	1E4	EX	B= 2.000 E 04		und Anzeigen
P	K	ENTER	<=36.9	GOTO "KO"	RE= 1.600E 04
K	0	ENTER		ENTER	IM= 1.200E 04
5E3	-2E4	BRK			

Es beträgt also der Ersatz-Innenwiderstand $\underline{Z}_{iE}$ = 20 kΩ $\underline{/36{,}9^{\circ}}$ = (16 + j 12) kΩ.

Beispiel 4.9. Ein Dreiphasenverbraucher ist nach Bild 4.10 in Dreieck geschaltet /14/, /47/. Er besteht aus den komplexen Widerständen $\underline{Z}_{12}$ = 50 Ω $\underline{/60^{\circ}}$, $\underline{Z}_{23}$ = 25 Ω $\underline{/30^{\circ}}$ und $\underline{Z}_{31}$ = 40 Ω $\underline{/-\ 30^{\circ}}$ und liegt an einem Dreileiternetz mit den Außenleiterspannungen U_{12} = 380 V $\underline{/-\ 60^{\circ}}$, $\underline{U}_{23}$ = - 380 V und $\underline{U}_{31}$ = 380 V $\underline{/60^{\circ}}$. Der komplexe Außenleiterstrom $\underline{I}_1$ soll berechnet werden.

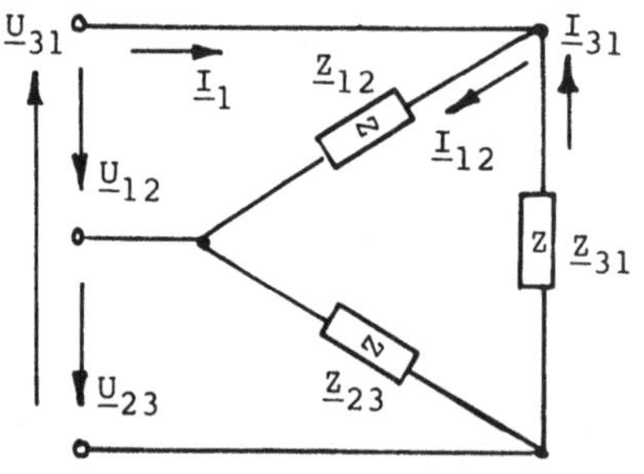

Bild 4.10 Dreiphasenverbraucher

Mit den Strömen $\underline{I}_{12} = \underline{U}_{12}/\underline{Z}_{12}$ und $\underline{I}_{31} = \underline{U}_{31}/\underline{Z}_{31}$ ist nach Bild 4.10 der gesuchte Strom $\underline{I}_1 = \underline{I}_{12} - \underline{I}_{31}$. Daher erhält man die Eingaben

DEF C	40		/	60	
/	-30		E	EX	B= 7.600E 00
E	EX	B= 9.500E 00	380	ENTER	<=-120.
380	ENTER	<=90.	-60	ENTER	
60	ENTER		E	-	
E	S		50	W	

R	und Anzeigen	Mit den Dreieckströmen $\underline{I}_{12}$ = 7,6 A $\underline{/-120^{\circ}}$
EX	B= 1.652E 01	und $\underline{I}_{31}$ = 9,5 A $\underline{/90^{\circ}}$ fließt also der Außen-
ENTER	<=-103.3	leiterstrom $\underline{I}_1$ = 16,52 A $\underline{/-103,3^{\circ}}$.

Beispiel 4.10. Die Brückenschaltung in Bild 4.11 besteht aus den Wirkwiderständen R_1 = 100 Ω und R_2 = 80 Ω sowie aus den Blindwiderständen X_L = 200 Ω und X_C = - 120 Ω und liegt an der Spannung $\underline{U}$ = 150 V. Es soll die komplexe Ausgangsspannung $\underline{U}_a$ berechnet werden.

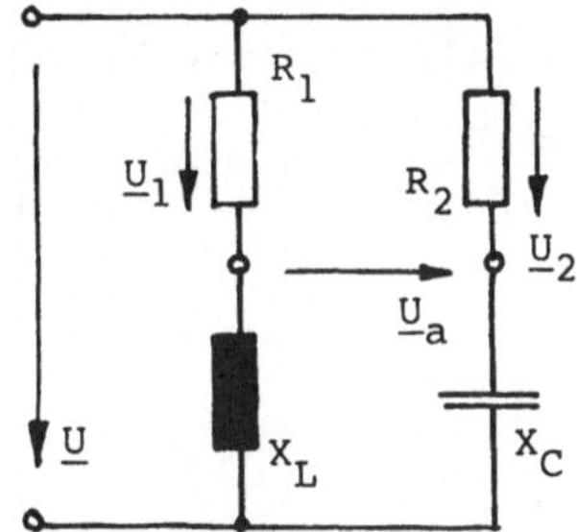

Bild 4.11 Brückenschaltung

Mit Maschen- und Spannungsteilerregel gilt nach /14/ und /46/

$$\underline{U}_a = \underline{U}_2 - \underline{U}_1 = \left(\frac{R_2}{R_2 + jX_C} - \frac{R_1}{R_1 + jX_L}\right)\underline{U}$$

Somit sind die Eingaben

DEF C		ENTER		und Anzeigen	
/		S		ENTER	IM= 4.615E-01
K		/		ENTER	
100		K		-	
0		80		W	
K		0		R	
100		K		EX	B= 8.682E-01
200		80		ENTER	<=82.9
KO	RE= 2.000E-01	-120		Y * 150	
ENTER	IM=-4.000E-01	KO	RE= 3.077E-01	DEF Z	1.302E 02

Daher beträgt die gesuchte Spannung $\underline{U}_a$ = 130,2 V $\underline{/82,9^{\circ}}$.

Beispiel 4.11. Die Schaltung in Bild 4.12 besteht aus den komplexen Widerständen $\underline{Z}_1$ = 6 Ω $\underline{/-30^{\circ}}$, $\underline{Z}_2$ = j 4 Ω, $\underline{Z}_3$ = 17 Ω $\underline{/40^{\circ}}$, $\underline{Z}_4$ = 2 Ω und $\underline{Z}_5$ = 4 Ω $\underline{/35^{\circ}}$. Es soll das komplexe Spannungsverhältnis $\underline{U}_a/\underline{U}_e$ bestimmt werden.

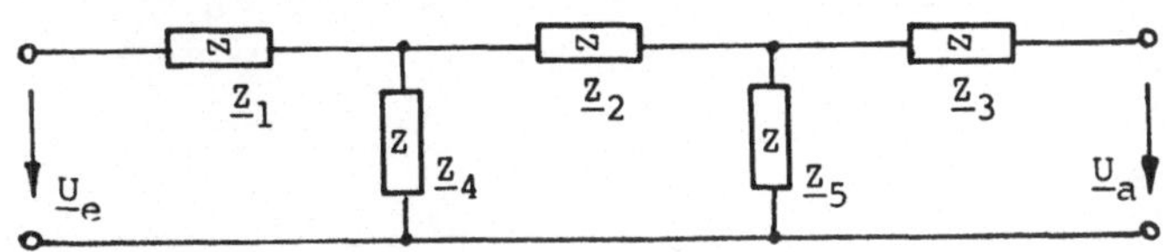

Bild 4.12 Zweitor

Man kann zweimal die Spannungsteilerregel anwenden und findet dann das Spannungsverhältnis

$$\frac{\underline{U}_a}{\underline{U}_e} = \frac{\dfrac{\underline{Z}_4(\underline{Z}_2 + \underline{Z}_5)}{\underline{Z}_2 + \underline{Z}_4 + \underline{Z}_5}}{\underline{Z}_1 + \dfrac{\underline{Z}_4(\underline{Z}_2 + \underline{Z}_5)}{\underline{Z}_2 + \underline{Z}_4 + \underline{Z}_5}} \cdot \frac{\underline{Z}_5}{\underline{Z}_2 + \underline{Z}_5} = \frac{1}{(1 + \dfrac{\underline{Z}_1}{\underline{Z}_4})(1 + \dfrac{\underline{Z}_2}{\underline{Z}_5}) + \dfrac{\underline{Z}_1}{\underline{Z}_5}} \tag{4.29}$$

Es erfordert die Eingaben und liefert die

DEF C		0		und	Anzeigen
/		4		S	
E		E		/	
6		4		E	
-30		35		6	
K		KO	RE= 5.736E-01	-30	
2		ENTER	IM= 8.192E-01	E	
0		ENTER		4	
KO	RE= 2.598E 00	+		35	
ENTER	IM=-1.500E 00	W		KO	RE= 6.339E-01
ENTER		K		ENTER	IM=-1.359E 00
+		1		ENTER	
W		0		+	
K		KO	RE= 1.574E 00	W	
1		ENTER	IM= 8.192E-01	R	
0		ENTER		KO	RE= 7.525E 00
KO	RE= 3.598E 00	*		ENTER	IM=-7.725E-01
ENTER	IM=-1.500E 00	W		ENTER	
ENTER		R		I	
S		KO	RE= 6.891E 00	W	
/		ENTER	IM= 5.870E-01	EX	B= 1.322E-01
K		ENTER		ENTER	<=5.9

Daher beträgt das Spannungsverhältnis $\underline{U}_a/\underline{U}_e = 0{,}1322 \,\underline{/5{,}9^\circ}$.

Beispiel 4.12. Wie groß ist bei der komplexen Amplitude des offenen Kreises $\underline{F}_o = 1{,}2 \,\underline{/153^\circ}$ die komplexe Amplitude $\underline{F}_g$ des geschlossenen Kreises?

Nach /14/ gilt

$$\underline{F}_g = \frac{\underline{F}_o}{1 + \underline{F}_o} \tag{4.30}$$

Somit sind die Eingaben

DEF C	E		ENTER		und Anzeigen
+	1		S	153	
E	0		I	R	
1.2	EX	B= 5.492E-01	E	EX	B= 2.185E 00
153	ENTER	<=97.2	1.2	ENTER	<=55.8

und man findet $\underline{F}_g = 2{,}185\ \underline{/55{,}8^o}$.

<u>Beispiel 4.13</u>. Welcher komplexe <u>Reflexionsfaktor</u> $\underline{r}$ gehört zu dem bezogenen Eingangswiderstand $\underline{Z}_e/\underline{Z}_L = 0{,}76\ \underline{/-\ 33^o}$?

Es gilt nach /13/

$$\underline{r} = \frac{(\underline{Z}_e/\underline{Z}_L) - 1}{(\underline{Z}_e/\underline{Z}_L) + 1} \tag{4.31}$$

Daher findet man mit den Eingaben die Anzeigen

DEF C		ENTER	<=-14.2	0	
+		ENTER		EX	B= 5.503E-01
E		S		ENTER	<=-131.2
.76		-		ENTER	
-33		E		/	
E		.76		W	
1		-33		R	
0		E		EX	B= 3.258E-01
EX	B= 1.689E 00	1		ENTER	<=-117.

und somit $\underline{r} = 0{,}3258\ \underline{/-\ 117^o}$.

5 Kettenschaltungen

Viele Netzwerke der Elektrotechnik sind Kettenschaltungen nach Bild 5.1 oder lassen sich auf diese zurückführen. Es ist daher sinnvoll, für solche Schaltungen ein eigenes Berechnungsprogramm zu entwikkeln, wenn es durchsichtig aufgebaut ist, schnell arbeitet und einfach zu handhaben ist.

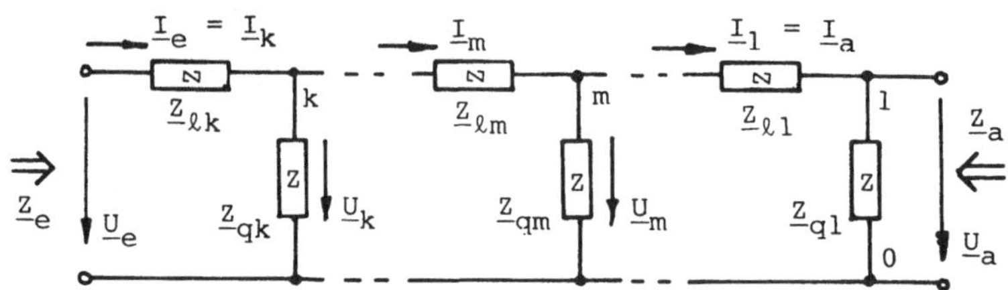

Bild 5.1 Kettenschaltung

Es wird hier nun ein zweckmäßiger Algorithmus dargestellt, der das Berechnen aller wichtigen Zustandsgrößen ermöglicht. Die in Bild 5.1 vorhandenen komplexen Widerstände $\underline{Z}$ dürfen aus gemischten Schaltungen nach Bild 5.3 bestehen, und in den Kettenschaltungen können gesteuerte Quellen nach Bild 5.4 auftreten.

5.1 Grundlagen

Man kann die Eigenschaften eines Netzwerks nach Bild 5.1 bestimmen, indem man eine Ausgangsspannung $\underline{U}_a$ vorgibt und ihre Kenngrößen vom Schaltungsende zum Anfang hin durchrechnet /50/. Es gilt dann in rekursiver Weise für die komplexen Ströme

$$\underline{I}_m = \underline{I}_{m-1} + (\underline{U}_m/\underline{Z}_{qm}) \qquad (5.1)$$

und die komplexen Spannungen

$$\underline{U}_{m+1} = \underline{U}_m + \underline{Z}_{\ell m}\ \underline{I}_m \qquad (5.2)$$

Es lassen sich so die komplexen Verhältnisse von Ausgangsspannung $\underline{U}_a$ zu Eingangsspannung $\underline{U}_e$ (in der Zweitortheorie /13/ ist dies eine Spannungsübersetzung im Leerlauf)

$$\underline{U}_a/\underline{U}_e \qquad (5.4)$$

von Ausgangsspannung $\underline{U}_a$ zu Eingangsstrom $\underline{I}_e$ (in der Zweitortheorie ist dies der primäre Kernwiderstand)

$$\underline{U}_a/\underline{I}_e \qquad (5.4)$$

von Ausgangsstrom $\underline{I}_a$ zu Eingangsspannung $\underline{U}_e$ (in der Zweitortheorie ist dies der primäre Kernleitwert)

$$\underline{I}_a/\underline{U}_e \qquad (5.5)$$

sowie Ausgangsstrom $\underline{I}_a$ zu Eingangsstrom $\underline{I}_e$ (in der Zweitortheorie ist dies eine Stromübersetzung)

$$\underline{I}_a/\underline{I}_e \qquad (5.6)$$

bestimmen. Hiermit erhält man auch unmittelbar den komplexen Eingangswiderstand

$$\underline{Z}_e = \frac{\underline{U}_e}{\underline{I}_e} = \frac{\underline{U}_a}{\underline{I}_e} \cdot \frac{\underline{U}_e}{\underline{U}_a} \qquad (5.7)$$

Wenn der Ausgangswiderstand $\underline{Z}_{ql} = 0$ gesetzt wird, läßt sich noch das komplexe Verhältnis von Kurzschlußstrom $\underline{I}_{ak}$ am Ausgang zur Eingangsspannung $\underline{U}_e$

$$\underline{I}_{ak}/\underline{U}_e \qquad (5.8)$$

berechnen und hieraus in 2 Rechengängen, die die Verhältnisse $(\underline{U}_a/\underline{U}_e)$ und $(\underline{I}_{ak}/\underline{U}_e)$ liefern, der komplexe Ausgangswiderstand

$$\underline{Z}_a = \underline{Z}_{iE} = \left(\frac{\underline{U}_a}{\underline{U}_e}\right)/\left(\frac{\underline{I}_{ak}}{\underline{U}_e}\right) \qquad (5.9)$$

der gleichzeitig der komplexe Innenwiderstand $\underline{Z}_{iE}$ der zugehörigen Ersatzquelle ist. Natürlich kann man den Ausgangswiderstand auch durch Vertauschen von Ausgang und Eingang über Gl. (5.7) finden.

Sind Eingangsspannung $\underline{U}_e$ oder Eingangsstrom $\underline{I}_e$ bekannt, ist ferner die komplexe Ausgangsspannung

$$\underline{U}_a = \underline{U}_e\ (\underline{U}_a/\underline{U}_e) = \underline{I}_e\ (\underline{U}_a/\underline{I}_e) = \underline{U}_{qE} \qquad (5.10)$$

und somit auch die Quellenspannung $\underline{U}_{qE}$ der Ersatzquelle bzw. ihr komplexer Quellenstrom

$$\underline{I}_{qE} = \underline{U}_e\ (\underline{I}_{ak}/\underline{U}_e) = \underline{U}_{qE}/\underline{Z}_{iE} \qquad (5.11)$$

angebbar. Es können sowohl Frequenzgänge (z.B. als Ortskurve oder Bodediagramm oder auch Gruppenlaufzeiten), Resonanzfrequenzen und Sprungantworten als auch die Kennwerte von Ersatzquellen berechnet werden.

5.1.1 Aufbereitung der Netzwerke

Man erhält einen besonders einfachen Algorithmus, wenn in den Kettenschaltungen nach Bild 5.1 stets vollständige L-Glieder auftreten, also Querwiderstand $\underline{Z}_q$ und Längswiderstand $\underline{Z}_\ell$ stets nur paarweise auftreten.

Das Netzwerk von Bild 5.2 a ist in diesem Sinne unvollständig. Zur Bestimmung von $\underline{U}_a/\underline{U}_e$ kann es entsprechend Bild 5.2 b vereinfacht

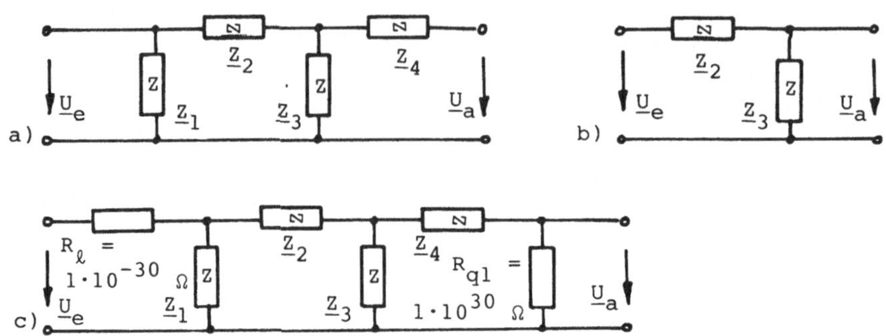

Bild 5.2 Unvollständige (a), vereinfachte (b) und vervollständigte Kettenschaltung (c)

werden, denn die komplexen Widerstände $\underline{Z}_1$ und $\underline{Z}_4$ wirken sich auf dieses Spannungsverhältnis nicht aus. Für alle übrigen Betrachtungen muß es erweitert werden. Es muß z.B. am Eingang durch den Längswiderstand $R_\ell = 1 \cdot 10^{-30}$ Ω vervollständigt werden, was keinen Einfluß auf die Genauigkeit des Ergebnisses hat. Am Ausgang ist der Querwiderstand $R_{ql} = 1 \cdot 10^{30}$ Ω zu ergänzen. Zur Bestimmung von $\underline{U}_a/\underline{I}_e$ und $\underline{Z}_e$ kann man sowohl R_{ql} als auch $\underline{Z}_4$ fortlassen. Die Verhältnisse $\underline{I}_a/\underline{U}_e$ und $\underline{I}_a/\underline{I}_e$ sind ohnehin Null.

Um $\underline{I}_{ak}/\underline{U}_e$ oder $\underline{I}_{ak}/\underline{I}_e$ zu ermitteln, wird der letzte Querwiderstand $R_{ql} = 1 \cdot 10^{-30}$ Ω gesetzt. Diese sehr kleinen bzw. sehr großen Widerstandswerte wirken sich auf die Genauigkeit des Ergebnisses i.allg. nicht aus.

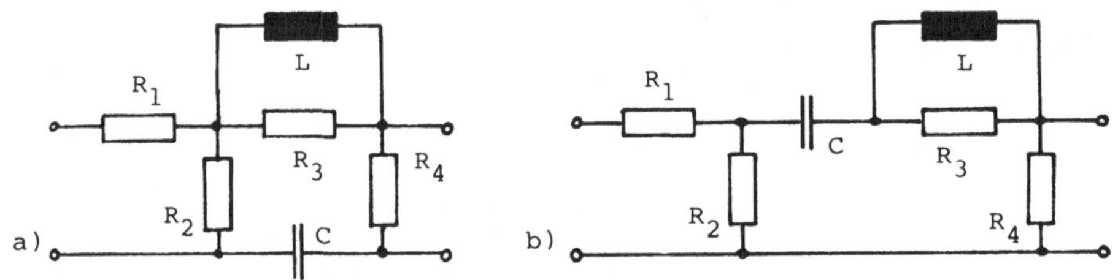

Bild 5.3 Netzwerk (a) und nach Umformung in eine Kettenschaltung (b) aus L-Gliedern

Die Kettenschaltung in Bild 5.3 a scheint auf den ersten Blick nicht mit einem Programm für Kettenschaltungen lösbar zu sein. Da man Widerstände jedoch im Leitungszug verlegen darf, ist die Kettenschaltung von Bild 5.3 b gleichwertig und somit über das Programm 3.18 zu lösen.

Zusammengesetzte Quer- und Längswiderstände. Die komplexen Quer- und Längswiderstände dürfen entsprechend Bild 5.4 gemischte Schaltungen von Wirkwiderstand R, Induktivität L und Kapazität C sein, wenn ihre Kennwerte mit steigender Indexzahlenfolge entsprechend der mit Bild 5.4 festgelegten Reihenfolge eingegeben werden. Auf diese Weise werden zunächst parallel oder in Reihe liegende Widerstände zusammengefaßt, und das nächste Element wird dann in Reihe oder parallel hinzugeschaltet. Diese komplexen Widerstände müssen vom Programm für jeden Frequenzwert neu bestimmt werden.

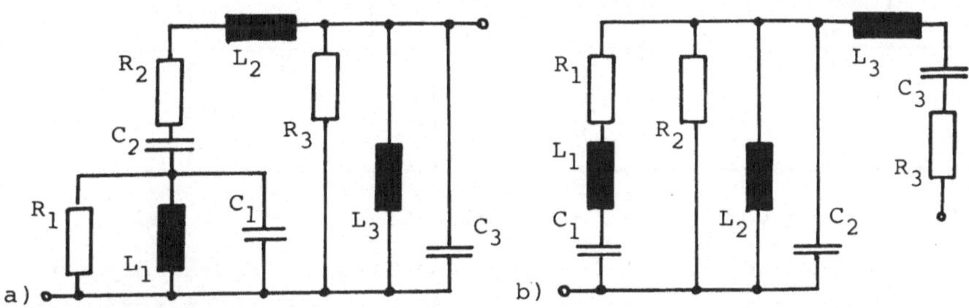

Bild 5.4 Gemischte Schaltungen der Quer- oder Längswiderstände

Stern-Dreieck-Umwandlung. Während eine komplexe Stern-Dreieck-Umrechnung für die hier zu bearbeitenden Aufgaben i.allg. zu umständlich ist, kann man mit ihr in Sonderfällen leicht Vereinfachungen erreichen. Für die Umformung der Sternschaltung von Bild 5.5 a in die äquivalente Dreieckschaltung von Bild 5.5 b gilt beispielsweise nach /14/

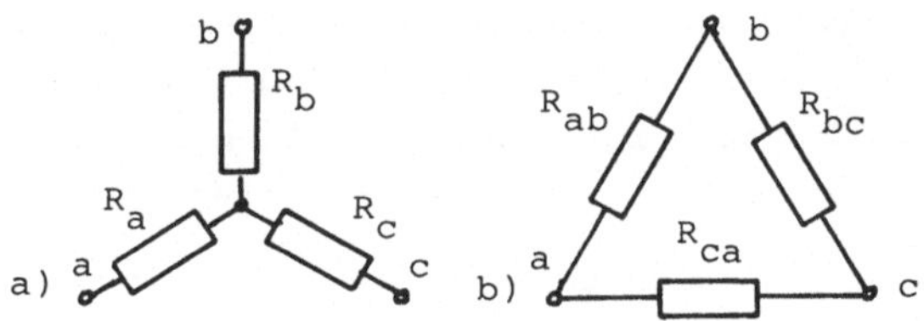

Bild 5.5 Stern- (a) und Dreieckschaltung (b)

$$R_{ab} = R_a + R_b + \frac{R_a\, R_b}{R_c} \tag{5.12}$$

und umgekehrt für die Umrechnung der Dreieckschaltung in die äquivalente Sternschaltung von Bild 5.5 a

$$R_a = \frac{R_{ca}\, R_{ab}}{R_{ab} + R_{bc} + R_{ca}} \tag{5.13}$$

Die weiteren Widerstände findet man durch zyklisches Vertauschen der Indizes. Einsetzen sollte man diese Umrechnung bei Frequenzgängen nur für gleichartige Elemente - also nur, wenn die umzuformenden Schaltungsteile nur Wirkwiderstände R, nur Induktivitäten L, nur Kapazitäten C oder nur komplexe Widerstände $\underline{Z}$ mit dem gleichen Phasenwinkel φ enthalten. Für 3 gleich große Widerstände gilt ferner noch

$$R_{\Delta} = 3\ R_{\curlywedge} \qquad (5.14)$$

Bei den Kapazitäten C müssen Gl. (5.12) bis (5.14) auf die Kehrwerte 1/C angewandt werden.

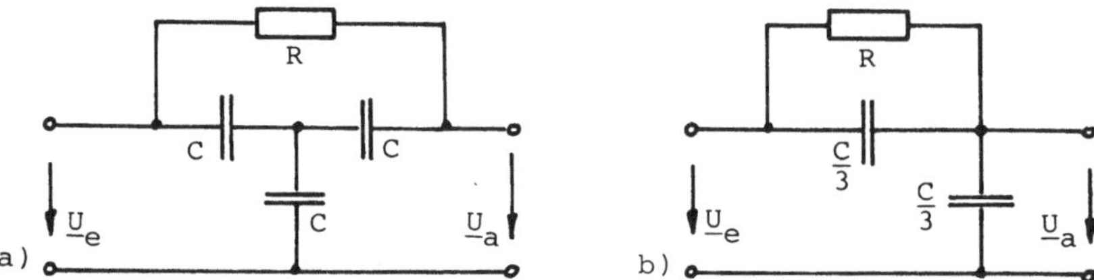

Bild 5.6 Zweitor vor (a) und nach (b) Stern-Dreieck-Umwandlung

Soll beispielsweise für das Netzwerk von Bild 5.6 a das komplexe Spannungsverhältnis $\underline{U}_a/\underline{U}_e$ bestimmt werden, so scheint auf den ersten Blick das Programm 3.18 ungeeignet zu sein, da keine Kettenschaltung vorliegt. Nach einer Stern-Dreieck-Umwandlung der in Stern geschalteten Kapazitäten entsprechend Gl. (5.14) erhält man jedoch die Schaltung von Bild 5.6 b, in der noch die eigentlich am Eingang liegende Kapazität C/3 unberücksichtigt bleiben darf. So ergibt sich nun eine sehr einfache Kettenschaltung.

5.1.2 Gesteuerte Quellen

Außer Wirkwiderstand R, Induktivität L und Kapazität C sowie idealen Spannungs- und Stromquellen werden in den Netzwerken auch gesteuerte Quellen, insbesondere als Ersatz für entsprechende Verstärker /14/, /19/, eingesetzt. Man unterscheidet entsprechend Bild 5.7 spannungs- und stromgesteuerte Spannungs- und Stromquellen. Bei den spannungsgesteuerten Quellen ist der Eingangswiderstand unendlich groß (der Eingangsstrom also $\underline{I}_e = 0$) - bei den stromgesteuerten dagegen verschwindend klein. Der Ausgangswiderstand wird jeweils als vernachlässigbar klein angenommen. Wenn eine reale Schaltung andere Eigenschaften zeigt, kann man dies durch entsprechende Beschaltungen berücksichtigen.

Die Steuerung wird durch Verstärkungsfaktoren V mit Indizes berücksichtigt - z.B.

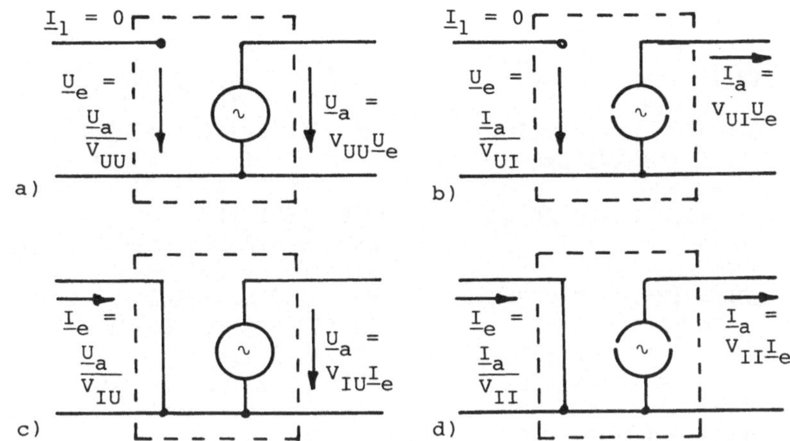

Bild 5.7 Spannungs- (a, b) und stromgesteuerte (c, d) Spannungs- (a, c) und Stromquellen (b, d)

Verstärkungsfaktor der spannungsgesteuerten Spannungsquelle

$$V_{UU} = \underline{U}_a/\underline{U}_e \qquad (5.15)$$

Verstärkungsfaktor der spannungsgesteuerten Stromquelle

$$V_{UI} = \underline{I}_a/\underline{U}_e \qquad (5.16)$$

Verstärkungsfaktor der stromgesteuerten Spannungsquelle

$$V_{IU} = \underline{U}_a/\underline{I}_e \qquad (5.17)$$

Verstärkungsfaktor der stromgesteuerten Stromquelle

$$V_{II} = \underline{I}_a/\underline{I}_e \qquad (5.18)$$

Es wird vorausgesetzt, daß hierbei keine Phasenverschiebung auftritt, die Verstärkungsfaktoren also reell sind.

5.2 Programmbeschreibung

Das auf den folgenden Seiten stehende Programm 3.18 nutzt das volle Unterprogramm 3.14, könnte aber auch die Unterprogramme 3.15 und 3.16 anwenden. Es besteht außerdem aus dem Eingabeteil in den Zeilen 2010 bis 2090 und dem Berechnungsprogramm in den Zeilen 2500 bis 2890.

Der Start in Zeile 2010 bringt nicht nur den Programmnamen KETTENSCHALTUNG zur Anzeige, sondern fordert mit N? auch sofort die Anzahl der eingesetzten Schaltungselemente an, so daß das Datenfeld für ihre Speicherung dimensioniert werden kann. Zur Datenaufnahme werden als Abkürzungen eingesetzt:

Programm 3.18

```
 10:IF Y=0 AND Z=0
    RETURN
 20:Y=POL (Y,Z):RETURN
 30:IF Y=0 AND Z=0
    RETURN
 40:X=SQU Y+SQU Z:Y=Y/X:
    Z=-Z/X:RETURN
 50:GOSUB 40
 60:X=Y:Y=X*V-Z*W:Z=X*W+
    Z*V:RETURN
 70:Y=Y+V:Z=Z+W:RETURN
 80:"W"V=Y:W=Z:RETURN
 90:X=Y
100:IF X=0 THEN 120
110:X=(5*TEN INT (LOG (
    ABS X)-4)+ABS X)*SGN
    X
120:USING "##.###^":
    RETURN
130:X=Z
140:W=1E8+ABS X:X=(W-1E8
    )*SGN X:RETURN
150:"KO" GOSUB 90:V=X:X=
    Z:GOSUB 100:PRINT "R
    E=";V:PRINT "IM=";X:
    RETURN
160:"EX" DEGREE :GOSUB 1
    0:GOSUB 90:IF U$="PL
    " THEN 670
170:V=X:GOSUB 130:PRINT
    "B=";V:USING :PRINT
    "<=";X
180:Y=REC (Y,Z):RETURN
190:"Z" AREAD X:GOSUB 10
    0:PRINT X:END
200:"F" INPUT "FG RF SA?
    ",R$,"F W?",M$:GOSUB
    600:GOTO R$
210:"FG" INPUT "A?",P,"I
    ?",Q:IF Q<>1 INPUT "
    S?",N,"* +?",S$
220:IF S$="+" LET N=-N
230:INPUT "OK BD GL?",S$
    :GOTO S$
240:"OK" INPUT "KO EX?",
    T$
250:"BD" IF U$="PL"
    INPUT "B <?",H$
260:FOR L=1 TO Q:GOSUB O
    :GOSUB 760:IF S$="BD
    " LET T$="B"
270:GOSUB T$
280:IF N>0 LET P=P*N
290:IF N<0 LET P=P-N
300:NEXT L:DEGREE
310:IF U$="PL" GOSUB 620
320:GOTO 210
330:"B" GOSUB 20:X=20*
    LOG Y:IF U$="PL"
    THEN 670
340:GOSUB 140:V=X:GOSUB
    130:USING :PRINT V;"
     DB ";X:RETURN
350:"GL" RADIAN :FOR L=1
    TO Q
360:B0=P:P=1.01*B0:GOSUB
    O:GOSUB 20:H=Z:P=.99
    *B0:GOSUB O:GOSUB 20
    :P=B0
370:GOSUB 760:W=P:IF M$=
    "F" LET W=2*π*P
380:X=(H-Z)*50/W:IF U$="
    PL" GOSUB 680:GOTO 2
    80
390:GOSUB 100:T=X:X=(H+Z
    )/2/W:GOSUB 100:
    PRINT "PH=";X:PRINT
    "GL=";T:GOTO 280
410:"RF" INPUT "UG?",J,"
    <U?",N,"OG?",K
420:FOR Q=1 TO 99:P=(J+K
    )/2:GOSUB O:GOSUB 20
    :IF ABS Z<.1 THEN 48
    0
430:IF Z/N<0 THEN 460
440:N=Z:J=P
450:NEXT Q:PRINT "I>99":
    END
460:K=P:IF (K-J)>.001*(K
    +J) THEN 450
```

```
480:X=P:GOSUB 100:PRINT
    M$;"=";X; USING ;" I
    =";Q:GOTO 410
490:"SA" INPUT "TE?",H,"
    V?",T:DIM D(T/2,1):P
    =1E-9:GOSUB O:R=Y/2:
    M$="W"
500:FOR N=0 TO T/2:
    RADIAN :S=2*N+1:P=π*
    S/H:GOSUB O:GOSUB 20
    :D(N,0)=Y/S:D(N,1)=Z
    :NEXT N
510:P=0:N=0:Q=20
520:FOR L=0 TO Q:X=0
530:FOR S=0 TO T/2:X=D(S
    ,0)*SIN ((2*S+1)*N+D
    (S,1))+X:NEXT S
540:X=2*X/π+R:IF U$="PL"
    GOSUB 680:GOTO 590
550:IF U$="DR" PRINT =
    LPRINT
570:BEEP 1:GOSUB 100:
    PRINT "T=";P:PRINT "
    Y=";X
590:N=N+π/20:P=P+H/20:
    NEXT L:DEGREE :END
600:INPUT "AZ DR PL?",U$
    :IF U$<>"PL" RETURN
610:DIM P$(1)*24:INPUT "
    LI LG?",G$
620:INPUT "YMAX?",K,"YMI
    N?",J
630:P$(0)="
                 ":USING :
    LPRINT J,K:K=K-J
640:LPRINT "------------
    ------------"
650:X=-J/K*20+1.5:IF X<1
    OR X>23 RETURN
660:F$=":":P$(0)=LEFT$ (
    P$(0),X)+F$+RIGHT$ (
    P$(0),24-X):RETURN
670:IF H$="<" LET X=Z
680:X=(X-J)/K*20+1.5:F$=
    "*":I$="-":IF G$="LG
    " LET I= INT LOG P:I
    $=STR$ I
700:IF X<1 LET X=.5:F$="
    <"
710:IF X>22 LET X=22:F$=
    ">"
720:P$(1)=I$+LEFT$ (P$(0
    ),X)+F$+RIGHT$ (P$(0
    ),24-X):LPRINT P$(1)
    :IF L<>Q RETURN
730:LPRINT P:RETURN
760:IF U$="DR" PRINT =
    LPRINT
770:IF U$="PL" RETURN
780:X=P:GOSUB 100:PRINT
    M$;"=";X:RETURN
2010:"KS" CLEAR :WAIT 5
     0:PRINT "KETTENSCH
     ALTUNG":INPUT "N?"
     ,A(30):B=A(30)-1:
     DIM B$(B),C(B)
2020:FOR L=0 TO A(30):
     PRINT "RR RP CR CP
      LR":PRINT "LP UU
     UI":INPUT "IU II E
     Q EL E?",C$:IF C$=
     "E" THEN 2080
2030:IF C$="EQ" OR C$="
     EL" LET L=L-1:B$(L
     )=B$(L)+C$:GOTO 20
     50
2040:PRINT C$:INPUT Q:C
     (L)=Q:B$(L)=C$
2050:NEXT L
2080:PRINT "U/U":INPUT
     "U/I I/U I/I ZE?",
     C$:WAIT
2090:O=2500:GOTO 200
2500:D=1:E=0:GOSUB 2830
     :A(30)=0:A(27)=P:
     GOSUB 2880:IF M$="
     F" LET A(27)=2*π*P
2520:FOR A=0 TO B:GOSUB
     LEFT$ (B$(A),2):IF
     RIGHT$ (B$(A),2)="
     EQ" THEN 2570
2540:IF RIGHT$ (B$(A),2
     )="EL" THEN 2600
2550:NEXT A:GOTO C$
```

```
2570:GOSUB 2620:IF A(30
     )=0 LET A(30)=1:A(
     28)=Y:A(29)=Z
2580:F=F+Y:I=I+Z
2590:GOSUB 2880:GOTO 25
     50
2600:V=F:W=I:GOSUB 60:D
     =D+Y:E=E+Z:GOTO 25
     90
2610:"ZE" GOSUB 2690
2620:V=D:W=E:GOTO 50
2640:"U/U" GOSUB 2890:
     GOTO 40
2650:"U/I" GOSUB 2690:
     GOTO 40
2660:"I/U" GOSUB 2890
2670:V=A(28):W=A(29):
     GOTO 50
2680:"I/I" GOSUB 2690:
     GOTO 2670
2690:Y=F:Z=I:RETURN
2700:"RR"Y=C(A)+Y:
     RETURN
2710:"RP" GOSUB 30:Y=Y+
     1/C(A):GOTO 40
2720:"LR"Z=A(27)*C(A)+Z
     :RETURN
2730:"LP" GOSUB 30:
     GOSUB 2750:GOTO 40
2750:"CR"Z=Z-1/A(27)/C(
     A):RETURN
2760:"CP" GOSUB 30:
     GOSUB 2720:GOTO 40
2820:"UU"D=D/C(A):E=E/C
     (A)
2830:F=0:I=0:RETURN
2840:"UI"D=F/C(A):E=I/C
     (A):GOTO 2830
2850:"IU"F=D/C(A):I=E/C
     (A)
2860:D=0:E=0:RETURN
2870:"II"F=F/C(A):I=I/C
     (A):GOTO 2860
2880:Y=0:Z=0:RETURN
2890:Y=D:Z=E:RETURN
2900:"D" INPUT C(L)
2910:"L" FOR L=0 TO B:
     PRINT B$(L);"=";C(
     L):NEXT L:END
```

RR	Wirkwiderstand in Reihe
RP	Wirkwiderstand parallel
CR	Kapazität in Reihe
CP	Kapazität parallel
LR	Induktivität in Reihe
LP	Induktivität parallel
UU	Verstärkungsfaktor der spannungsgesteuerten Spannungsquelle
UI	Verstärkungsfaktor der spannungsgesteuerten Stromquelle
IU	Verstärkungsfaktor der stromgesteuerten Spannungsquelle
II	Verstärkungsfaktor der stromgesteuerten Stromquelle
EQ	Ende des Querwiderstands
EL	Ende des Längswiderstands
E	Ende der Dateneingabe der Bauelemente

Diese Abkürzungen erscheinen zeitweilig kurz in der Anzeige. Es ist dann das entsprechende Kürzel zu wählen, das anschließend nochmals kurz (Zeile 2040) angezeigt wird, und schließlich der zugehörige Wert einzugeben. Es muß aber jeweils das Fragezeichen (?) im Display abgewartet werden.

Wenn die Daten in der durch Bild 5.4 festgelegten und in den Beispielen vorgeführten Reihenfolge für einen Zweig eingegeben sind, muß das Ende eines Querzweigs durch Eingeben von EQ, das Ende eines Längszweigs durch EL und das Ende der Dateneingabe für alle Schaltungselemente durch Eintasten von E gekennzeichnet werden.

Auf diese Weise wird die gesamte Schaltungskonfiguration festgehalten, und man könnte die Schaltung anhand einer Datenliste rekonstruieren. Über ein Listprogramm in Zeile 2910 und den Befehl DEF L kann man diese Datenliste aufrufen, die dann alle Schaltungselementdaten vom Schaltungsende her aufführt. Die 1. Anzeige RR=5. bedeutet beispielsweise, daß der 1. Querwiderstand ein Reihenwiderstand von 5 Ω ist. Mit CPEQ=0.000002 liegt die Kapazität C = 2 μF am Ende des Querzweigs. Mit Zeile 2900 und dem Befehl DEF D kann jeder angezeigte Zahlenwert durch den nächsten neu eingetasteten überschrieben und somit korrigiert werden.

In Zeile 2080 ist die Ausgabegröße festzulegen. Man kann wählen zwischen

U/U komplexes Spannungsverhältnis $\underline{U}_a/\underline{U}_e$

U/I komplexes Verhältnis (primärer Kernwiderstand) $\underline{U}_a/\underline{I}_e$

I/U komplexes Verhältnis (primärer Kernleitwert) $\underline{I}_a/\underline{U}_e$

I/I komplexes Stromverhältnis $\underline{I}_a/\underline{I}_e$ und

ZE komplexer Eingangswiderstand $\underline{Z}_e$.

Ab Programmzeile 2500 wird die Berechnung vorbereitet, indem die Ausgangsspannung U_a = 1 V vorgegeben wird und die Datenregister, in denen aufsummiert werden soll, Null gesetzt werden. In Zeile 2520 beginnt das Aufsummieren der Teilwiderstände anhand der Unterprogramme in den Zeilen 2700 bis 2760 bzw. die Berücksichtigung der gesteuerten Quellen mit den Unterprogrammen von Zeile 2820 bis 2870.

Die Unterprogramme setzen voraus, daß jeweils ein komplexer Widerstand vorliegt, zu dem Reihenwiderstände unmittelbar, Parallelwiderstände jedoch erst nach einer Inversion hinzuaddiert werden können. Im Anschluß an die Berechnung eines Querwiderstands wird ab Zeile 2570 Gl. (5.1) und nach der Bestimmung des nächsten Längswiderstands ab Zeile 2600 Gl. (5.2) berechnet. Hierbei werden als Aufsummierspeicher eingesetzt

D für U_{mw}, U_{eb} E für U_{mb}, U_{eb} F für I_{mw}, I_{ew}
I für I_{mb}, I_{eb} A(28) für I_{aw} A(29) für I_{ab}.

Es können dann schließlich ab Zeile 2640 die gewählten Größen aufgerufen oder berechnet werden.

Weitere Datenregister. A: Zähler, B: n - 1, C$: Dialogvariable, A(27): ω, A(30): n, G bis Z: wie in Tafel 1.8

Datenfelder. B$(..): Schaltungskürzel, C(..): zugehörige Schaltungsdaten.

5.3 Anwendungen

Aus Umfangsgründen können hier nur einige Anwendungsmöglichkeiten exemplarisch vorgeführt werden. Nur Beispiel 5.1 zeigt den vollständigen Rechengang; bei den übrigen beschränken wir uns auf die Eingaben und die relevanten Ausgaben. Alle Beispiele eignen sich auch zum Testen bestimmter Programmsegmente.

Beispiel 5.1. Für das Netzwerk in Bild 5.8 soll das komplexe Spannungsverhältnis $\underline{U}_a/\underline{U}_e$ bestimmt werden.

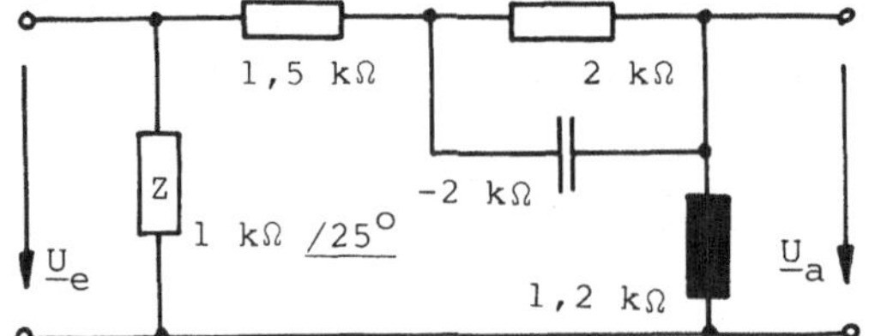

Bild 5.8 Netzwerk

Der komplexe Widerstand $\underline{Z}$ = 1 kΩ $/25^\circ$ und die Zehnerpotenzen wirken sich auf das Ergebnis nicht aus. Daher ist der Rechengang

Eingaben	Anzeige
RUN "KS" ENTER	KETTENSCHALTUNG N?
4 ENTER	RR RP CR CP LR
	LP UU UI
	IU II EQ EL E?
LR ENTER	LR ?
1.2 ENTER	IU II EQ EL E?
EQ ENTER	IU II EQ EL E?
RP ENTER	RP ?
2 ENTER	IU II EQ EL E?
LP ENTER	LP ?
-2 ENTER	IU II EQ EL E?
RR ENTER	RR ?
1.5 ENTER	IU II EQ EL E?

Eingaben	Anzeige
EL ENTER	IU II EQ EL E?
E ENTER	U/U U/I I/U I/I ZE?
U/U ENTER	FG RF SA?
FG ENTER	F W?
W ENTER	AZ DR PL?
AZ ENTER	A?
1 ENTER	I?
1 ENTER	OK BD GL?
OK ENTER	KO EX?
EX ENTER	W= 1.000E 00
ENTER	B= 4.785E-01
ENTER	<=85.4

Es ist also $\underline{U}_a/\underline{U}_e$ = 0,4785 /85,4°.

Beispiel 5.2. Für die Schaltung in Bild 5.9 soll der Strom $\underline{I}$ berechnet werden.

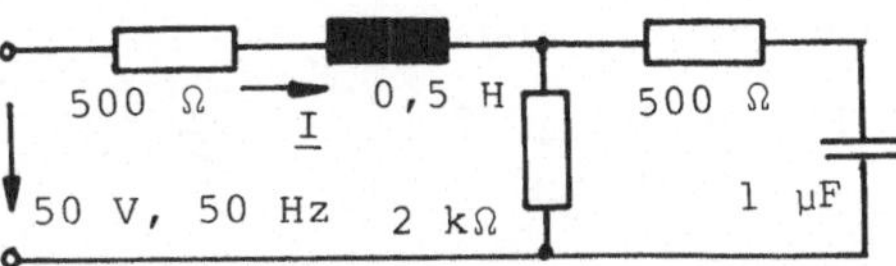

Bild 5.9 Netzwerk

Es braucht nur ein L-Glied berücksichtigt zu werden, so daß zunächst der Eingangswiderstand $\underline{Z}_e$ bestimmt werden kann. Dann ist $\underline{I} = \underline{U}/\underline{Z}_e$, und man erhält die Eingaben und Anzeigen

RUN "KS"	RR	EQ	500	FG	1	EX	F= 5.000E 01
5	500	LR	EL	F	OK	ENTER	B= 1.989E 03
CR	RP	.5	E	AZ		ENTER	<=-18.2
1E-6	2000	RR	ZE	50		50/Y DEF Z	2.514E-02

Es fließt somit der Strom $\underline{I}$ = 25,14 mA /18,2°.

Beispiel 5.3. Welchen komplexen Strom $\underline{I}$ nimmt die Schaltung in Bild 5.10 auf?

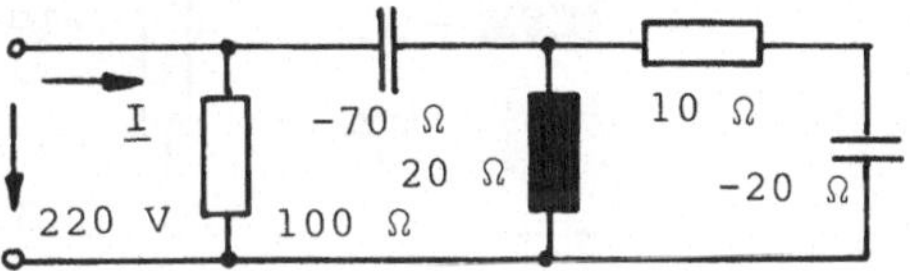

Bild 5.10 Netzwerk

Hier braucht auch nur ein L-Glied angesetzt zu werden. Außerdem ist am Eingang der Längswiderstand $R_\ell = 1 \cdot 10^{-30}$ Ω zu ergänzen. Somit sind die Eingaben

RUN "KS"	RR	LR	EQ	E	AZ	EX	W= 1.000E 00
6	10	-70	RR	ZE	1	ENTER	B= 4.307E 01
LR	LP	RP	1E-30	FG	1	ENTER	<=-31.7
-20	20	100	EL	W	OK	220/Y DEF Z	5.108E 00

Daher ist der komplexe Strom $\underline{I}$ = 5,108 A /31,7°.

Beispiel 5.4. Für die Schaltung in Bild 5.11 soll das komplexe Spannungsverhältnis $\underline{U}_a/\underline{U}_e$ bestimmt werden.

Der komplexe Längswiderstand $\underline{Z}_1$ = 17 Ω /40° am Ausgang ist nicht belastet und wirkt sich somit nicht aus. Die komplexen Widerstände

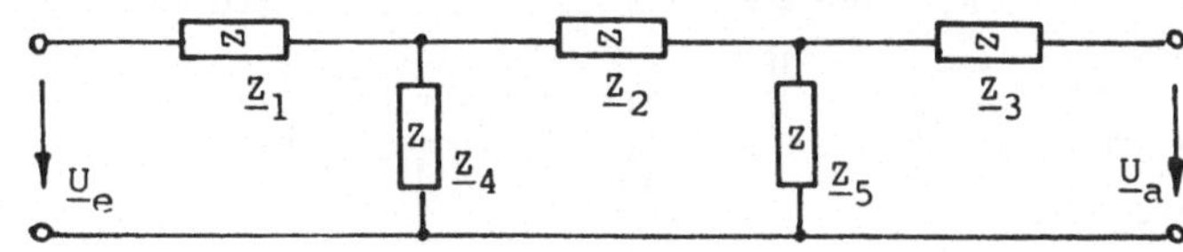

Bild 5.11 Zweitor

kann man nur in der Komponentenform eingeben. Daher rechnet man vorher im CAL-Modus

	Anzeige		Anzeige
SHIFT TAB 3 6 ↕ 30 +/- SHIFT →xy	5.196	↕	-3.000
4 ↕ 35 SHIFT →xy	3.277	↕	2.294

Dann sind die weiteren Eingaben und Anzeigen

RUN "KS"	2.294	RR	LR	FG	OK	
6	EQ	2	-3	W	EX	W= 1.000E 00
RR	LR	EQ	EL	AZ	ENTER	B= 1.322E-01
3.277	4	RR	E	1	ENTER	<=5.9
LR	EL	5.196	U/U	1		

Analog zu Beispiel 4.11 ist das Ergebnis $\underline{U}_a/\underline{U}_e$ = 0,1322 $\underline{/5,9^o}$.

Beispiel 5.5. Wie groß muß die komplexe Spannung $\underline{U}$ an der Schaltung von Bild 5.12 sein?

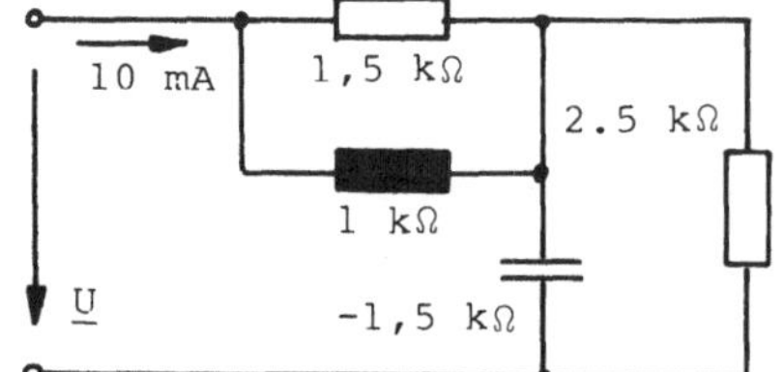

Wir bestimmen zunächst den Eingangswiderstand $\underline{Z}_e$ und anschließend die Spannung $\underline{U} = \underline{I}\ \underline{Z}_e$ über die Eingaben

Bild 5.12 Netzwerk

RUN "KS"	LP	1.5	E	AZ	und die Anzeigen	
4	-1.5	LP	ZE	1	EX	W= 1.000E 00
RP	EQ	1	FG	1	ENTER	B= 1.196E 00
2.5	RP	EL	W	OK	ENTER	<=-20.1

Es ist somit $\underline{U}$ = 11,96 V $\underline{/-\ 20,1^o}$. (Für das Rechnen mit den Zehnerpotenzen benötigt man in diesem Fall nicht die Hilfe des Computers.)

Beispiel 5.6 Die Schaltung in Bild 5.13 liegt bei der Kreisfrequenz $\omega = 2,5\cdot10^3\ sec^{-1}$ an der Quellenspannung $\underline{U}_q$ = 24 V. Es sollen für die Klemmen a und b die Kennwerte einer Ersatzquelle bestimmt werden.

Die Ersatzquelle hat nach /14/ die Quellenspannung $\underline{U}_{qE} = \underline{U}_{ab}$. Wir finden sie, wenn wir für die Schaltung in Bild 5.13 das komplexe

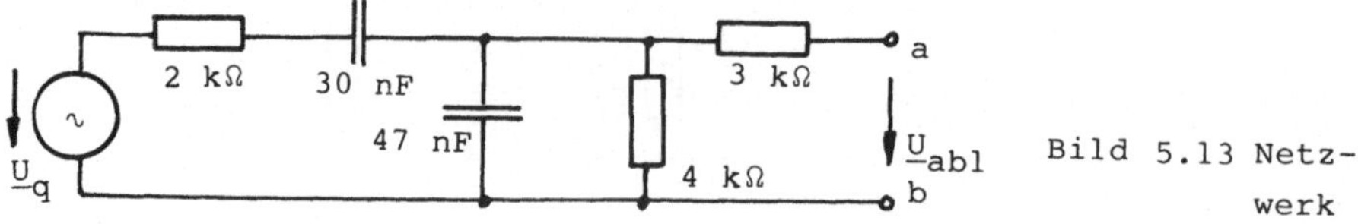

Bild 5.13 Netzwerk

Spannungsverhältnis $\underline{U}_a/\underline{U}_e$ bilden. Wir fügen rechts am Ende den Querwiderstand $R = 1 \cdot 10^{30}\ \Omega$ ein, um ihn anschließend für den Kurzschlußfall durch $R = 1 \cdot 10^{-30}\ \Omega$ ersetzen zu können. Dann sind die Eingaben

RUN "KS"	3000	EQ	E	1	
6	EL	CR	U/U	OK	und die Anzeigen
RR	RP	30E-9	FG	EX	W= 2.500E 03
1E30	4000	RR	W	ENTER	B= 2.294E-01
EQ	CP	2000	AZ	ENTER	<=45.3
RR	47E-9	EL	2.5E3	24*Y DEF Z	5.505E 00

Wir ändern jetzt den letzten Querwiderstand in $R = 1 \cdot 10^{-30}\ \Omega$ und überprüfen die Netzwerkdaten mit den

Eingaben	Anzeigen	Eingaben	Anzeigen
C(0)=1E-30 ENTER	1.E-30	ENTER	CPEQ=4.700E-08
DEF L	RREQ=1.000E-30	ENTER	CR=3.000E-08
ENTER	RREL=3.000E 03	ENTER	RREL=2.000E 03
ENTER	RP=4.000E 03	ENTER	<

Nun bestimmen wir den Quellenstrom mit den Eingaben

GOTO 2080	W	OK		und Anzeigen
ENTER	AZ	EX W= 2.500E 03	ENTER	B= 3.961E-05
I/U	2.5E3		ENTER	<=63.7
FG	1		24*Y DEF Z	9.506E-04

Somit sind die Quellenspannung $\underline{U}_{qE} = 5{,}505\ \text{V}\ \underline{/45{,}3^\circ}$ und der Quellenstrom $\underline{I}_{qE} = 0{,}9506\ \text{mA}\ \underline{/63{,}7^\circ}$ sowie der komplexe Innenwiderstand

$$\underline{Z}_{iE} = \frac{\underline{U}_{qE}}{\underline{I}_{qE}} = \frac{5{,}505\ \text{V}}{0{,}9506\ \text{mA}}\ \underline{/45{,}3^\circ - 63{,}7^\circ} = 5{,}791\ \text{k}\Omega\ \underline{/-18{,}4^\circ}$$

Man kann ihn auch unmittelbar anhand der Schaltung in Bild 5.14 ermitteln über die Eingaben

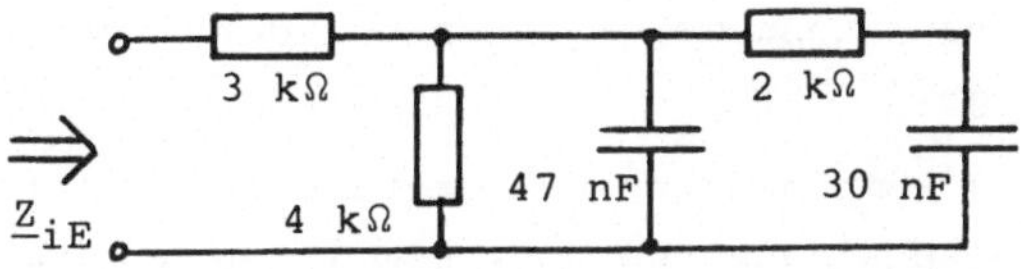

Bild 5.14 Innenwiderstand der Ersatzquelle

RUN "KS"	RP	FG		
5	4000	W		
CR	EQ	AZ	und die Anzeigen	
30E-9	RR	2.5E3	EX	W= 2.500E 03
RR	3000	1	ENTER	B= 5.792E 03
2000	EL	OK	ENTER	<=-18.4
CP	E			
47E-9	ZE			

Die Ergebnisse stimmen also überein.

Beispiel 5.7. Die Schaltung in Bild 5.15 a enthält drei gleiche komplexe Widerstände $\underline{Z}$ = 1 kΩ /45°. Wie groß sollte der äußere komplexe Widerstand $\underline{Z}_a$ für Leistungsanpassung sein? Welche verfügbare Leistung wird auf ihn übertragen?

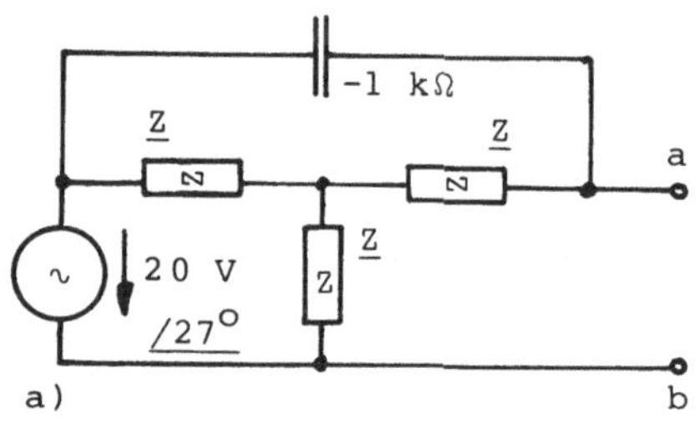

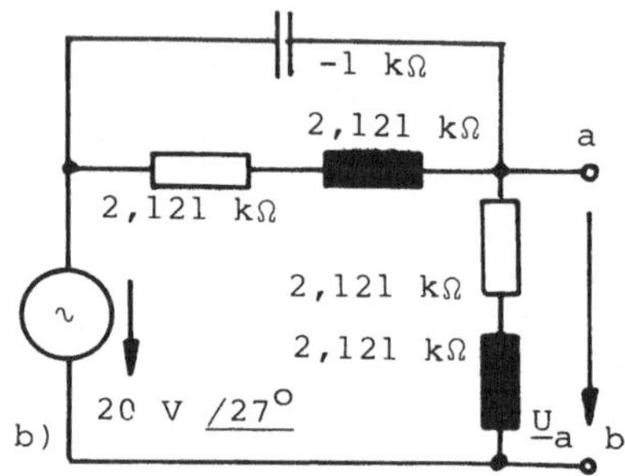

Bild 5.15 Netzwerk vor (a) und nach (b) Umformung der Stern- in eine Dreieckschaltung

Die Schaltung von Bild 5.15 ist zunächst in eine Ersatzquelle umzuwandeln. Für Leistungsanpassung ist nach /14/ einzuhalten

$$\underline{Z}_a = \underline{Z}_{iE}^* \qquad (5.19)$$

und für die verfügbare Leistung gilt

$$P_{amax} = U_{qE}^2/(4\ R_{iE}) \qquad (5.20)$$

Man rechnet zweckmäßig die Sternschaltung aus den drei gleichen Widerständen $\underline{Z}$ in eine gleichwertige Dreieckschaltung um. In dieser treten nach Gl. (5.14) die drei Dreieckwiderstände $\underline{Z}_\Delta = 3\ \underline{Z}_\curlywedge$ = 3*1 kΩ /45° = (2,121 + j 2,121) kΩ auf, wobei noch der zur Spannungsquelle parallel liegende Widerstand unberücksichtigt bleiben darf. Somit ist jetzt die Schaltung von Bild 5.15 b zu untersuchen. Die Zehnerpotenzen der Widerstände und der Phasenwinkel der Quellenspannung werden erst bei der Angabe des Ergebnisses berücksichtigt.

Der komplexe Innenwiderstand $\underline{Z}_{iE}$ stellt nach Bild 5.15 b die Parallelschaltung von zwei komplexen Widerständen $\underline{Z}$ = 3,1 kΩ /45°, also von 1,55 kΩ /45° mit dem Blindwiderstand X = - 1 kΩ dar und kann damit am einfachsten über das Programm 3.17 bestimmt werden. Hier sind die Eingaben und Anzeigen

DEF C	E	45	0	KO	RE= 9.397E-01
P	1.5	K	-1	ENTER	IM=-1.054E 00

Ferner sind die Eingaben zum Bestimmen des Spannungsverhältnisses

RUN "KS"	RR	2.121	-1	FG	1	und Anzeigen
5	2.121	RR	EL	W	OK	
LR	EQ	2.121	E	AZ	EX	W= 1.000E 00
2.121	LR	LP	U/U	1	ENTER	B= 1.129E 00
					ENTER	<=24.6

Man findet somit die Ersatz-Quellenspannung $U_{qE} = 2 \cdot 11,29$ V = 22,58 V und den komplexen Ersatz-Innenwiderstand $\underline{Z}_{iE} = (0,9397 - j\ 1,054)$ kΩ. Daher wird auf einen äußeren Widerstand $\underline{Z}_a = (0,9397 + j\ 1,054)$ kΩ die verfügbare Leistung

$$P_{amax} = \frac{U_{qE}^2}{4\ R_{iE}} = \frac{22,58^2\ V^2}{4 \cdot 939,7} = 135,6 \text{ mW}$$

übertragen.

Beispiel 5.8. Wie groß ist in der Schaltung von Bild 5.16 der komplexe Strom $\underline{I}$ bei der Kreisfrequenz $\omega = 30 \cdot 10^3\ s^{-1}$?

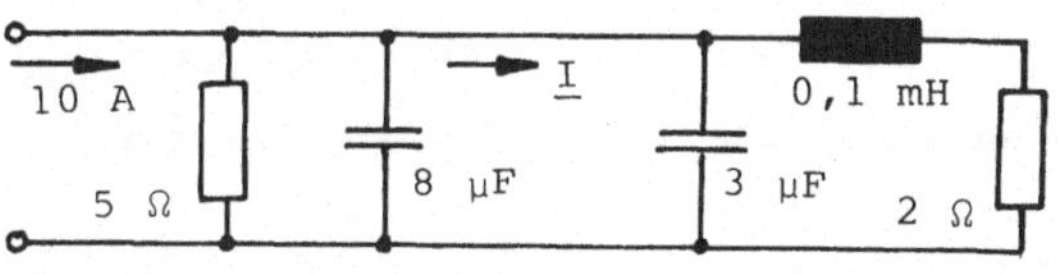

Bild 5.16 Netzwerk

Wir betrachten die rechts vom Strom $\underline{I}$ liegenden Widerstände als ersten Querwiderstand und müssen noch einen 1. und 2. Längswiderstand $R_{1\ell} = R_{2\ell} = 1 \cdot 10^{-30}$ Ω vorsehen. Dann sind die Eingaben

RUN "KS"	.1E-3	1E-30	5	E	30E3	und Anzeigen
7	CP	EL	EQ	I/I	1	
RR	3E-6	CP	RR	FG	OK	
2	EQ	8E-6	1E-30	W	EX	W= 3.000E 04
LR	RR	RP	EL	AZ	ENTER	B= 5.674E-01
					ENTER	<=-58.1

Es fließt daher der Strom $\underline{I} = 5,674$ A $\underline{/- 58,1^{\circ}}$.

Beispiel 5.9. Für das Netzwerk von Bild 5.17 sollen die Kenndaten einer Ersatzquelle bezüglich der Klemmen a und b angegeben werden.

Eine Ersatzquelle ist nach /14/ schon durch zwei der drei Bestimmungsgrößen Quellenspannung $\underline{U}_{qE}$, Qellenstrom $\underline{I}_{qE}$ und Innenwiderstand $\underline{Z}_{iE} = 1/\underline{Y}_{iE}$ festgelegt. Man kann den Lösungsgang erheblich verkürzen, wenn man zunächst die beiden RC-Glieder in der Mitte des Netzwerks zu einem komplexen Widerstand zusammenfaßt. Man erhält seinen Wert am schnellsten mit einer komplexen Arithmetik, also z.B. dem Programm 3.17. Wenn dieses nicht zur Verfügung steht,

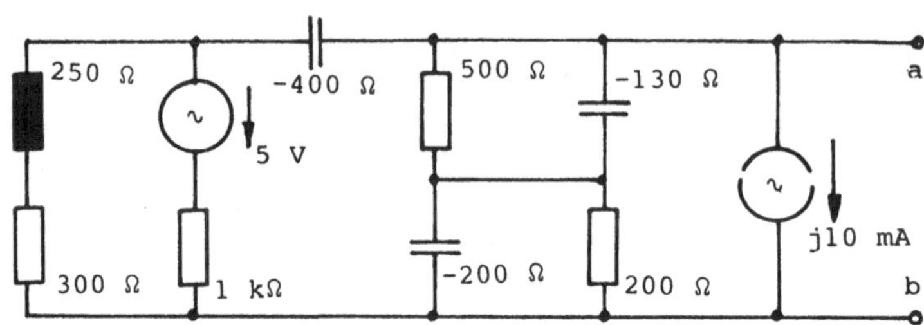

Bild 5.17 Netzwerk

findet man ihn auch z.B. über den Rechengang im CAL-Modus

Eingaben	Anzeige
SHIFT TAB 3 500 1/x ↕ 130 1/x SHIFT →rθ 1/x ↕	
SHIFT →xy x → M	31.660
↕	121.768
200 1/x ↕ 200 1/x SHIFT →rθ 1/x ↕ SHIFT →xy M+	100.000
↕ + 121.768 =	221.768
RM	131.660

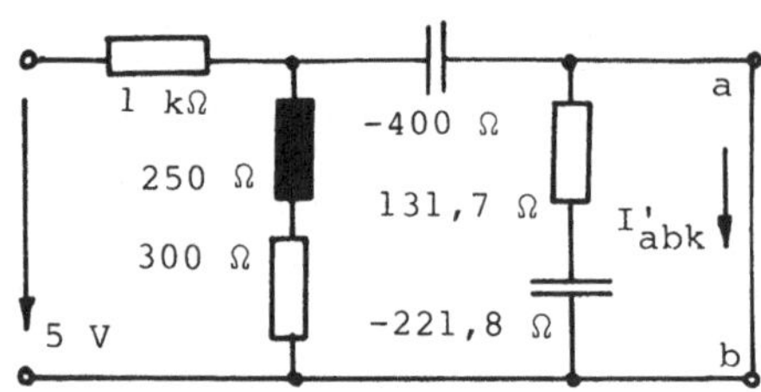

Bild 5.18 Umgeformtes Netzwerk

Seine Werte sind in Bild 5.18 eingetragen.

Der Quellenstrom $\underline{I}_{qE}$ ist identisch mit dem Kurzschlußstrom $\underline{I}_{abk}$, der sich durch Überlagerung einfach berechnen läßt; denn der Quellenstrom j 10 mA wird bei Kurzschluß der Klemmen a und b nur hier fließen. Daneben ist in dem Netzwerk von Bild 5.18 der Strom $\underline{I}'_{abk}$ zu bestimmen. Durch den Kurzschluß werden die beiden Widerstände am Ausgang überbrückt. Wir ersetzen sie durch $R_{ql} = 1 \cdot 10^{-30}$ Ω und erhalten die Eingaben und Anzeigen

RUN "KS"	-400	EQ	FG	KO	W= 1.000E 00
5	EL	RR	W	ENTER	RE= 2.254E-04
RR	RR	1E3	AZ	ENTER	IM= 7.772E-04
1E-30	300	EL	1	5*Y DEF Z	1.127E-03
EQ	LR	E	1	5*Z DEF Z	3.886E-03
LR	250	I/U	OK		

Somit ist $\underline{I}'_{abk}$ = (1,127 + j 3,886) mA. Für die Überlagerung rechnen wir im CAL-Modus

Eingaben	Anzeige	Anzeige
SHIFT TAB 3 3.886 - 10 = ↕ 1.127 ↕ SHIFT →rΘ	6.217 ↕	-79.556

Daher ist der Quellenstrom der Ersatzquelle $\underline{I}_{qE}$ = 6,217 mA $\underline{/- 79,6^{\circ}}$.

Zum Bestimmen des inneren Widerstands $\underline{Z}_{iE}$ der Ersatzquelle betrachten wir die Schaltung vom Eingang a und b aus, geben ein

RUN "KS"	250	-400	-221.8	E	1	
7	RP	EL	EQ	ZE	1	
RR	1E3	RR	RR	FG	OK	und finden
300	EQ	131.7	1E-30	W	EX	W= 1.000E 00
LR	LR	LR	EL	AZ	ENTER	B= 1.522E 02
					ENTER	<=-53.3

Daher betragen der komplexe innere Widerstand der Ersatzquelle $\underline{Z}_{iE}$ = 152,2 Ω $\underline{/- 53,3^{\circ}}$ und ihre Quellenspannung $\underline{U}_{qE} = \underline{Z}_{iE} \, \underline{I}_{qE}$ = 152,2 Ω·6,217 mA $\underline{/- 53,3^{\circ} - 79,6^{\circ}}$ = 0,9464 V $\underline{/- 132,9^{\circ}}$.

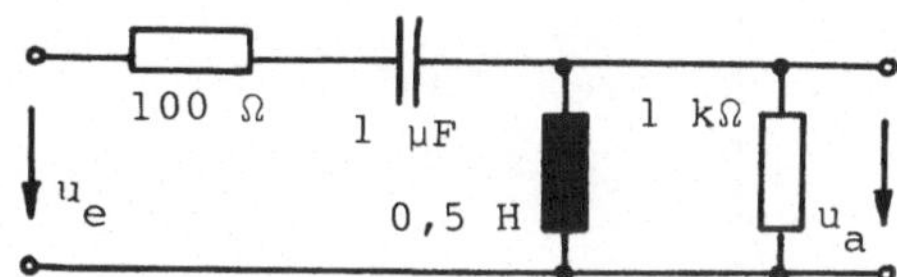

Bild 5.19 Kettenschaltung

Beispiel 5.10. Die Schaltung in Bild 5.19 liegt bei der Grundfrequenz f = 50 Hz an der Wechselspannung

$$u_a = 120 \text{ V} \cos(\omega t) + 30 \text{ V} \sin(3\omega t) - 40 \text{ V} \cos(3\omega t) + 10 \text{ V} \sin(5\omega t - 37^{\circ})$$

Es soll der Effektivwert U_a der Ausgangsspannung bestimmt werden.

Für den Effektivwert gilt Gl. (2.53). Wir berechnen daher für die drei Frequenzen 50 Hz, 150 Hz und 250 Hz die zugehörigen Spannungskomponenten über die Eingaben und Anzeigen

RUN "KS"	RR	3	EX	F= 5.000E 01
4	100	100	ENTER	B= 5.117E-02
RP	EL	+	ENTER	<=168.7
1000	E	OK	ENTER	F= 1.500E 02
LP	U/U		ENTER	B= 5.825E-01
.5	FG		ENTER	<=132.1
EQ	F		ENTER	F=2.500E 02
CR	AZ		ENTER	B= 1.224E 00
1E-6	50		ENTER	<=69.3

Somit ist nach einer einfachen Rechnung im CAL-Modus der Effektivwert

$$U_a = \sqrt{(120\cdot 0,05117)^2 + (30\cdot 0,5825)^2 + (40\cdot 0,5825)^2 + (10\cdot 1,224)^2}\ \text{V} = 32,18\ \text{V}.$$

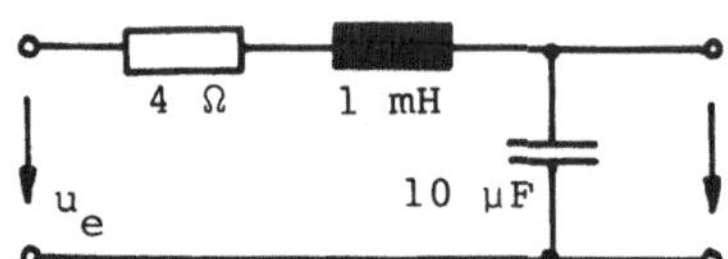

Bild 5.20 Schwingkreis

Beispiel 5.11. Für die Schaltung in Bild 5.20 soll die Übergangsfunktion h(t) für den Zeitbereich $0 \leq t \leq 1$ ms geplottet werden.

Hier sind die Eingaben

RUN "KS"	10E-6	1E-3	EL	SA	LI	1E-3
3	EQ	RR	E	W	1.6	15
CR	LR	4	U/U	PL	-.1	

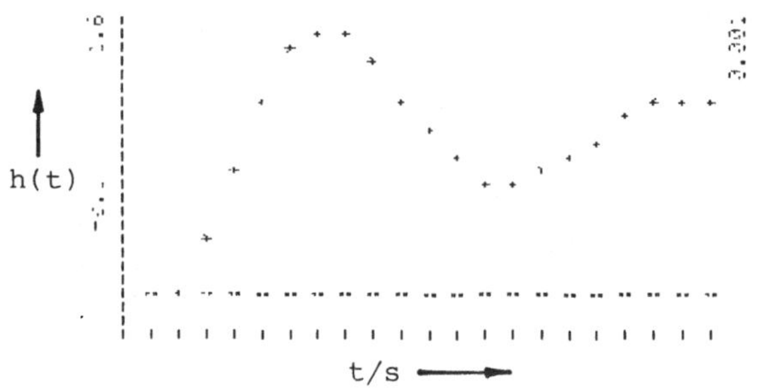

Bild 5.21 Übergangsfunktion h(t) für Beispiel 5.11

Das so gefundene Diagramm in Bild 5.21 zeigt zwar die für einen Schwingkreis typische Übergangsfunktion; wir wollen aber die Ergebnisse noch mit den wahren Werten vergleichen.

Nach /14/ hat die Schaltung in Bild 5.20 die Übergangsfunktion

$$h(t) = 1 - \frac{\omega_o}{\omega_d}\, e^{-\delta t} \cos(\omega_d\, t - \Theta) \tag{5.21}$$

mit den Kenngrößen

Kennkreisfrequenz

$$\omega_o = 1/\sqrt{L\,C} = 1/\sqrt{1\ \text{mH}\cdot 10\ \mu\text{F}} = 10\,000\ \text{sec}^{-1} \tag{5.22}$$

Dämpfungsgrad

$$\vartheta = (R/2)\sqrt{C/L} = (4\ \Omega/2)\sqrt{10\ \mu\text{F}/1\ \text{mH}} = 0,2 \tag{5.23}$$

Abklingkonstante

$$\delta = \vartheta\, \omega_o = 0,2\cdot 10\,000\ \text{sec}^{-1} = 2000\ \text{sec}^{-1} \tag{5.24}$$

Eigenkreisfrequenz

$$\omega_d = \omega_o\sqrt{1 - \vartheta^2} = 10\,000\ \text{sec}^{-1}\sqrt{1 - 0,2^2} = 9797\ \text{sec}^{-1} \tag{5.25}$$

Dämpfungswinkel

$\Theta = \text{Arcsin}\ \vartheta = \text{Arcsin}\ 0{,}2 = 11{,}54^{\circ}$ (5.26)

Die Übergangsfunktion

$$h(t) = 1 - \frac{10\ 000\ \text{sec}^{-1}}{9797\ \text{sec}^{-1}}\ e^{-2000\ \text{sec}^{-1}\ t} \cos(9797\ \text{sec}^{-1}\ t - 11.54^{\circ})$$

kann daher auch mit dem Programm 3.22 exakt berechnet werden. Ein Vergleich dieser wahren mit den Näherungswerten, die dem Diagramm in Bild 5.21 zugrundeliegen, enthält Tafel 5.22 Für kleinere Werte ist der Fehler zunächst groß; er verringert sich dann aber auf ein erträgliches Maß. Mit größerer Ordnungszahl ν könnte er weiter verkleinert werden.

Tafel 5.22 Vergleich der Ergebnisse von Programm 3.22 und 3.18

Zeit t in ms	Funktionswerte h(t) nach Programm 3.22	3.18	Fehler Δh
0	$-8{,}7\cdot10^{-5}$	-0,1534	-0,1533
0,05	0,1146	0,006186	-0,1084
0,1	0,4049	0,3590	-0,0459
0,15	0,7746	0,7905	0,0159
0,2	1,127	1,188	0,061
0,25	1,388	1,475	0,087
0,3	1,515	1,601	0,086
0,35	1,505	1,573	0,068

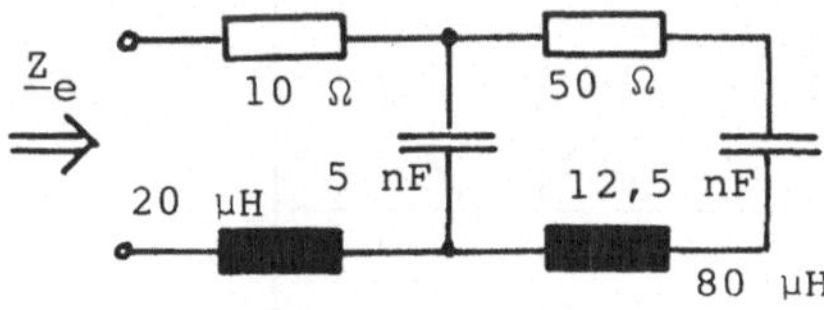

Bild 5.23 Netzwerk

Beispiel 5.12. Für das Netzwerk in Bild 5.23 soll die Ortskurve des Frequenzgangs des Eingangswiderstands Z_e im Kreisfrequenzbereich $4\cdot10^6\ \text{sec}^{-1} \leq \omega \leq 50\cdot10^6\ \text{sec}^{-1}$ berechnet werden.

Hier sollen die Widerstandswerte in der Komponentenform bei dem Frequenzfaktor $k_\omega = 10^{0,05}$ gedruckt werden, so daß anschließend die Ortskurve in Bild 5.25 gezeichnet werden kann. Dann sind die Eingaben

RUN "KS"	CR	CP	10	E	DR	*
6	12.5E-9	5E-9	LR	ZE	4E5	OK
RR	LR	EQ	20E-6	FG	23	KO
50	80E-6	RR	EL	W	TEN .05	

Die Ergebnisse sind in Tafel 5.24 zusammengestellt und in Bild 5.25 dargestellt. Es sind also drei Resonanzfrequenzen bei etwa $\omega_\rho = 1\cdot10^6\ s^{-1}$, $1{,}7\cdot10^6\ s^{-1}$ und $3{,}4\cdot10^6\ s^{-1}$ zu erwarten.

Tafel 5.24 Ergebnisse für Beispiel 5.12

W= 4.000E 05	W= 6.340E 05	W= 1.005E 06	W= 1.592E 06	W= 2.524E 06	W= 4.000E 06
RE= 3.786E 01	RE= 4.203E 01	RE= 5.737E 01	RE= 1.727E 02	RE= 3.914E 01	RE= 1.192E 01
IM=-1.198E 02	IM=-5.232E 01	IM= 8.912E 00	IM= 6.391E 01	IM=-8.179E 01	IM= 2.038E 01
W= 4.488E 05	W= 7.113E 05	W= 1.127E 06	W= 1.787E 06	W= 2.832E 06	W= 4.488E 06
RE= 3.851E 01	RE= 4.411E 01	RE= 6.718E 01	RE= 2.429E 02	RE= 2.327E 01	RE= 1.110E 01
IM=-1.013E 02	IM=-3.723E 01	IM= 2.604E 01	IM=-1.205E 01	IM=-4.787E 01	IM= 3.869E 01
W= 5.036E 05	W= 7.981E 05	W= 1.265E 06	W= 2.005E 06	W= 3.177E 06	W= 5.036E 06
RE= 3.938E 01	RE= 4.700E 01	RE= 8.379E 01	RE= 1.799E 02	RE= 1.659E 01	RE= 1.064E 01
IM=-8.409E 01	IM=-2.226E 01	IM= 4.453E 01	IM=-1.300E 02	IM=-2.128E 01	IM= 5.655E 01
W= 5.650E 05	W= 8.955E 05	W= 1.419E 06	W= 2.249E 06	W= 3.565E 06	
RE= 4.051E 01	RE= 5.116E 01	RE= 1.144E 02	RE= 8.088E 01	RE= 1.348E 01	
IM=-6.795E 01	IM=-7.026E 00	IM= 6.228E 01	IM=-1.226E 02	IM= 8.118E-01	

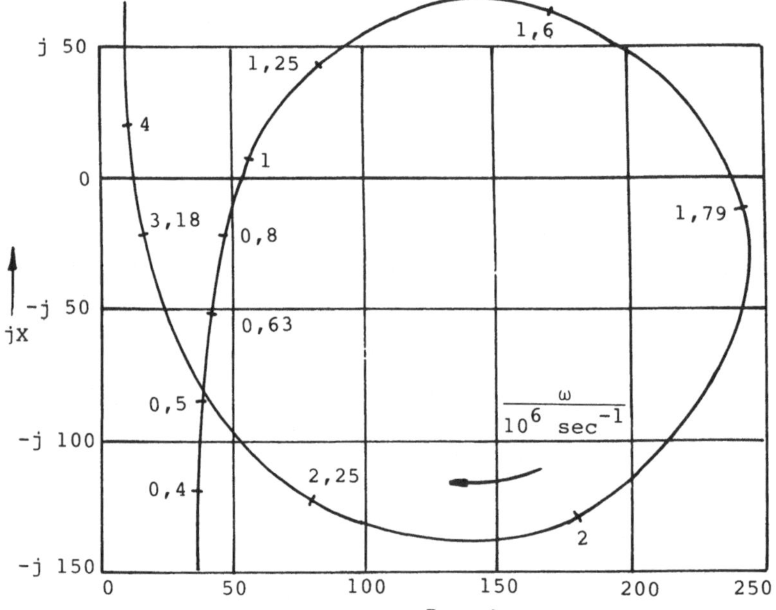

Bild 5.25 Ortskurve für Beispiel 5.12

Beispiel 5.13. Für die Schaltung in Bild 5.26 sollen die Resonanzkreisfrequenzen bestimmt werden. Es ist bekannt, daß sie im Bereich $67 \cdot 10^6\ s^{-1} \leq \omega \leq 71 \cdot 10^6\ s^{-1}$ liegen.

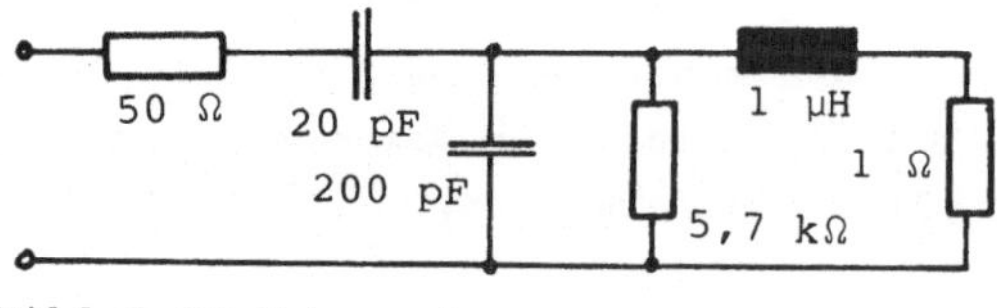

Bild 5.26 Netzwerk

Das Netzwerk enthält nur einen echten oberen Knotenpunkt. Wir wollen zunächst überprüfen, daß die Resonanzkreisfrequenzen im angegebenen Bereich liegen, und machen dies mit den Eingaben   Ausgedruckt wird dann

RUN "KS"	RP	20E-12	FG	+
6	5700	RR	W	OK
RR	CP	50	DR	EX
1	200E-12	EL	67E6	
LR	EQ	E	3	
1E-6	CR	ZE	2E6	

```
W= 6.700E 07
B= 2.484E 02
\=-31.9
W= 6.900E 07
B= 7.681E 02
\=29.7
W= 7.100E 07
B= 2.886E 03
\=-30.7
```

und wir schließen an den Rechengang

Eingaben		Anzeige
BRK	-30	
C-CE PRINT = PRINT	6.9E7	W= 6.772E 07 I=6
DEF F	ENTER	
RF	6.9E7	
W	30	
AZ	7.1E7	W= 7.044E 07 I=5
6.7E7		

Die beiden Resonanzfrequenzen $\omega_{\rho 1} = 67{,}72\cdot 10^6\ s^{-1}$ und $\omega_{\rho 2} = 70{,}44\cdot$ $\cdot 10^6\ s^{-1}$ werden nach 6 bzw. 5 Iterationen gefunden.

Beispiel 5.14. In welchem Bereich ändert sich die Stromaufnahme der Schaltung von Bild 5.27 a, wenn Eingangsspannung U_e und Frequenz f_e = 5 kHz um ± 10 % schwanken?

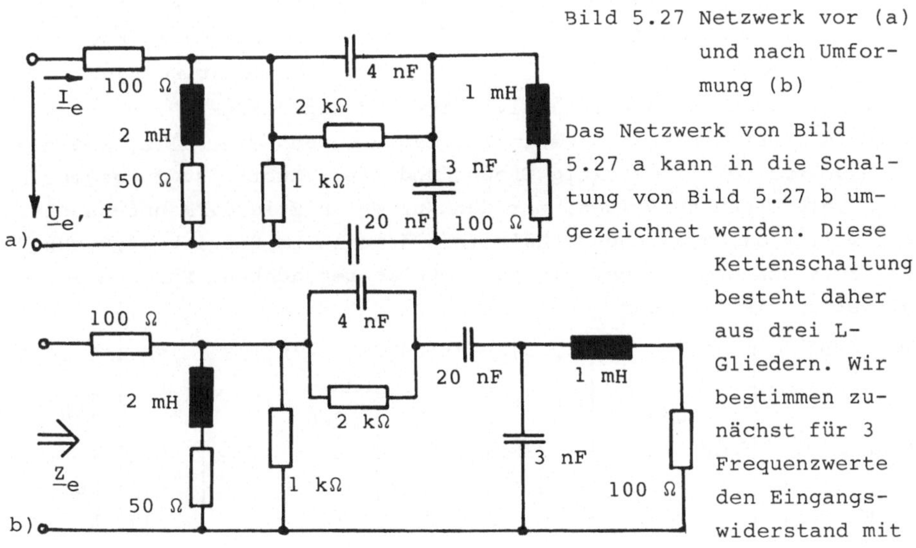

Bild 5.27 Netzwerk vor (a) und nach Umformung (b)

Das Netzwerk von Bild 5.27 a kann in die Schaltung von Bild 5.27 b umgezeichnet werden. Diese Kettenschaltung besteht daher aus drei L-Gliedern. Wir bestimmen zunächst für 3 Frequenzwerte den Eingangswiderstand mit den Eingaben

RUN "KS"	1E-3	2000	EL	RP	EL	AZ	OK
10	CP	CP	RR	1000	E	4.5E3	EX
RR	3E-9	4E-9	50	EQ	ZE	3	
100	EQ	CR	LR	RR	FG	500	
LR	RP	20E-9	2E-3	100	F	+	

Man findet bei $f = 4{,}5$ kHz $\underline{Z}_e = 159{,}7\ \Omega\ \underline{/18{,}2^\circ}$

$f = 5$ kHz $\underline{Z}_e = 162{,}4\ \Omega\ \underline{/20^\circ}$

$f = 5{,}5$ kHz $\underline{Z}_e = 165{,}3\ \Omega\ \underline{/21{,}7^\circ}$

Daher schwankt der Strom im Bereich

$$0{,}9\ \frac{162{,}4\ \Omega}{165{,}3\ \Omega} = 0{,}8842 \le \frac{I_e}{I_{eN}} \le 1{,}1\ \frac{162{,}4\ \Omega}{159{,}7\ \Omega} = 1{,}119$$

Beispiel 5.15. Das Multiplexfilter von Bild 5.28 wird in Dolby-Schaltungen zum Aussieben der Pilotfrequenz f = 19 kHz eingesetzt.

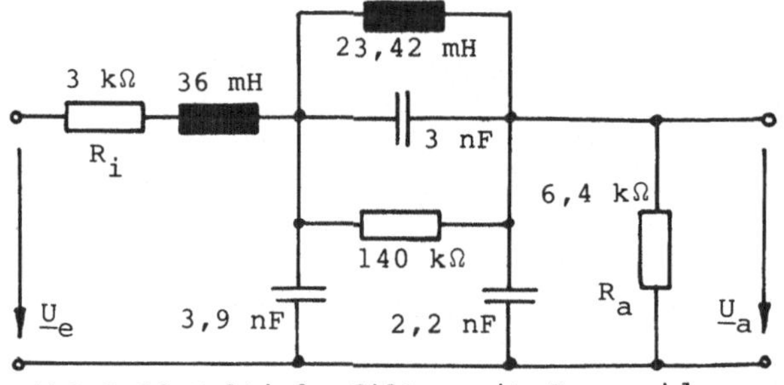

Bild 5.28 Multiplexfilter mit Innenwiderstand der Quelle R_i und Ausgangswiderstand R_a

Die benötigten Bauelemente stehen mit der Toleranz ± 5 % zur Verfügung. Es soll der Verlauf des Spannungsverhältnisses U_a/U_e im Frequenzbereich 17,6 kHz bis 20,5 kHz für einige Toleranzwerte untersucht werden.

Es ist anzunehmen, daß Induktivitäten und Kapazitäten sich stark auf die Siebfrequenz f_S auswirken. Daher werden die Fälle, daß diese Bauelemente gleichzeitig Größt- und Kleinstwerte sowie gegensinnige Toleranzen aufweisen, mit den Kurven in Bild 5.29 untersucht. Wir wollen die Spannungsverhältnisse jeweils im Bereich 17,6 kHz $\le f \le$ 20,5 kHz plotten und sie für 3 Fälle betrachten. Für den Fall a) gelten die Eingaben

RUN "KS"	EQ	23.42E-3*1.05	36E-3*1.05	FG	17.6E3
8	RP	EL	RR	F	30
RP	140000	CR	3000	PL	100
6400	CP	3.9E-9*1.05	EL	LI	+
CP	3E-9*1.05	EQ	E	-30	BD
2.2E-9*1.05	LP	LR	U/U	-40	B

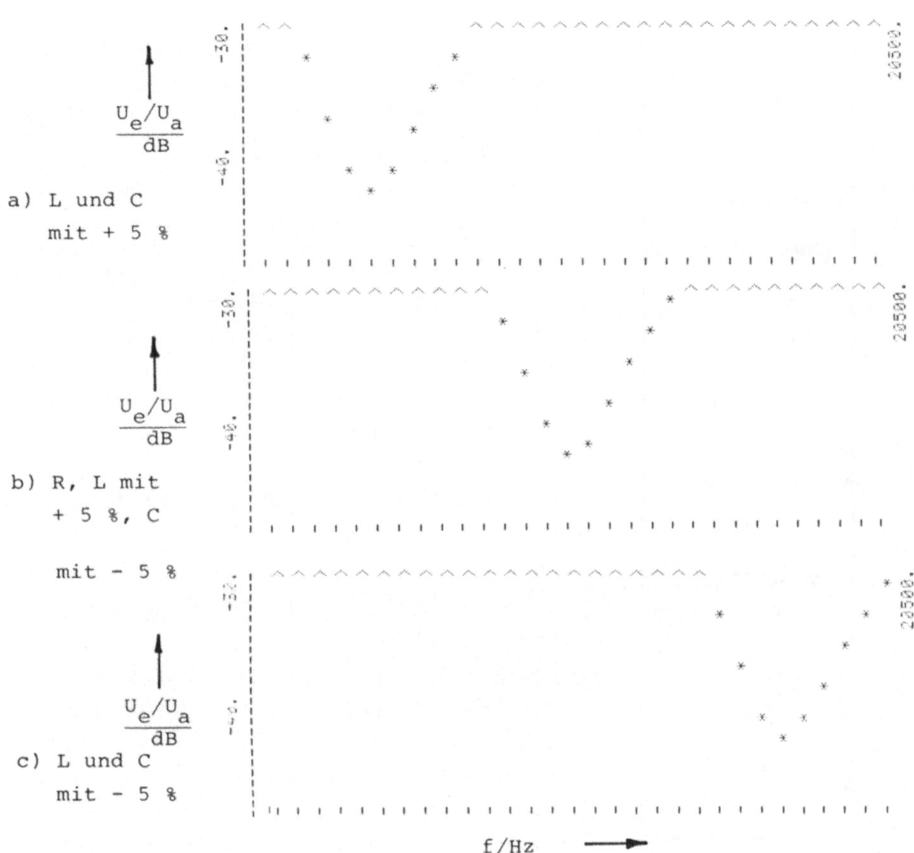

Bild 5.29 Amplitudengänge $U_a/U_e = f(f)$ für Beispiel 5.15

Aus Bild 5.29 ergibt sich, daß die Sperrfrequenz infolge der Toleranzen im Fall a) auf f_{Sa} = 18,1 kHz bzw. im Fall c) auf f_{Sc} = 20 kHz verschoben wird, während für den Fall b) die Sollfrequenz praktisch eingehalten bleibt.

Beispiel 5.16 Ein Tschebyscheff-Bandpaß soll laut Entwurfsrechnung die in Bild 5.30 angegebenen Bauelemente mit den in Klammern stehenden Werten enthalten; er wird durch die Wirkwiderstände $R_i = R_a$ = 50 Ω abgeschlossen. Für den Aufbau des Filters stehen Bauelemente mit den ohne Klammern angegebenen Werten zur Verfügung. Es sollen daher a) für die ideale Auslegung und b) für die mögliche Realisie-

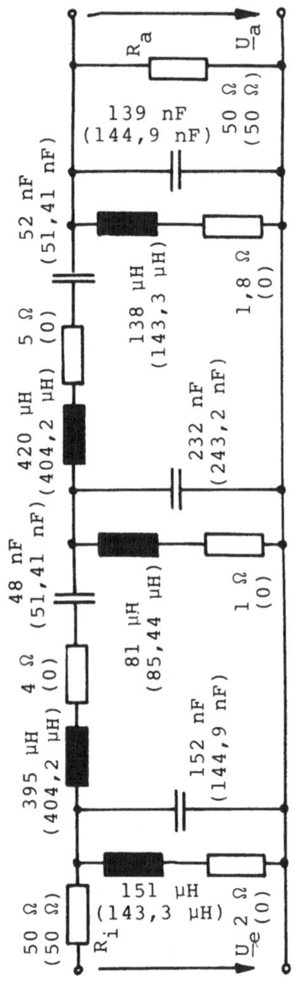

Bild 5.30 Tschebyscheff-Bandpaß

rung der Amplitudengang $U_a/U_e = f(\omega)$ im Bereich $100 \cdot 10^3\ \text{sec}^{-1} \leq \omega \leq 350 \cdot 10^3\ \text{sec}^{-1}$ geplottet werden.

Wir wählen den Frequenzfaktor $k_\omega = 10^{0,025}$ und benötigen 19 Diagrammpunkte. Fall a) erfordert daher die Eingaben

RUN "KS"	404.2E-6	CP	PL
12	EL	144.9E-9	LG
RP	CP	LP	-5
50	243.2E-9	143.3E-6	-20
CP	LP	EQ	1.25E5
144.9E-9	85.44E-6	RR	19
LP	EQ	50	TEN .025
143.3E-6	CR	EL	*
EQ	51.41E-9	E	BD
CR	LR	U/U	B
51.41E-9	404.2E-6	FG	
LR	EL	W	

Für den Fall b) wird mit Tafel 5.31 nur die über die Befehle BRK P. = LP. DEF L erhaltene ausgedruckte Liste der Schaltungskonfiguration mitgeteilt; sie gibt die gegenüber der ersten Eingabe erforlichen Änderungen wieder. Die Amplitudengänge sind in Bild 5.32 zusammengefaßt; sie zeigen die erheblichen Abweichungen gegenüber dem anzustrebenden idealen Fall.

Tafel 5.31 Datenfeld für Fall b) von Beispiel 5.16

```
RR=1.8              CPEQ=0.000000232
LR=0.000138         CR=0.000000048
CP=0.000000139      RR=4.
RPEQ=50.            LREL=0.000395
CR=0.000000052      RR=2.
RR=5.               LR=0.000151
LREL=0.00042        CPEQ=0.000000152
RR=1.               RREL=50.
LR=0.000081
```

<u>Beispiel 5.17</u>. Es ist für das <u>Zweitor</u> von Bild 5.33 der Amplitudengang $F = |\underline{U}_a/\underline{U}_e|$ in dB für den Frequenzbereich 1 kHZ $\leq f \leq$ 10 kHz zu plotten.

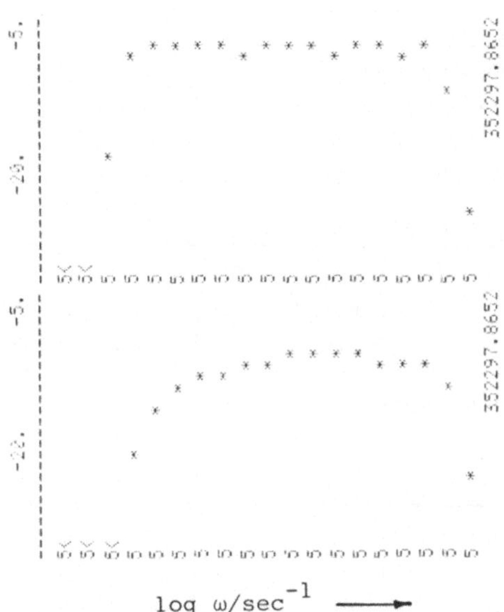

Bild 5.32 Idealer (a) und realisierter Amplitudengang (b) für Beispiel 5.16

Bild 5.33 ist als Kettenschaltung von zwei L-Gliedern mit zwischengeschalteter spannungsgesteuerter Stromquelle aufzufassen. Das rechte L-Glied ist allerdings unvollständig und muß daher durch den Längswiderstand $R_\ell = 1 \cdot 10^{-30}$ ergänzt werden. Somit sind die Eingaben

RUN "KS"	-.05	PL
6	RR	LI
RP	2000	33
5000	EQ	13
CP	CR	1000
160E-9	160E-9	10
EQ	EL	1000
RR	E	+
1E-30	U/U	BD
EL	FG	B
UI	F	

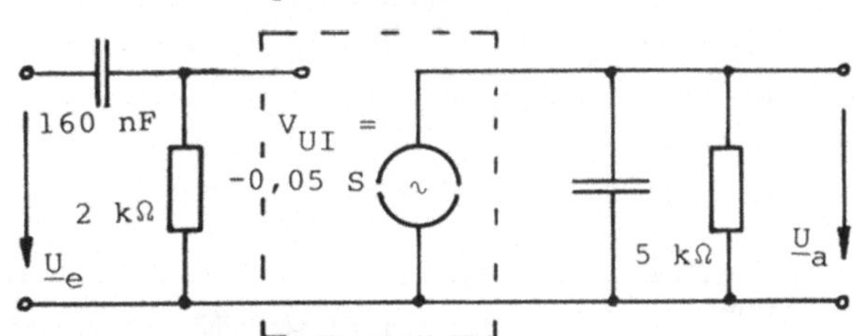

Bild 5.33 Netzwerk mit spannungsgesteuerter Stromquelle

Bild 5.34 zeigt den gesuchten Amplitudengang.

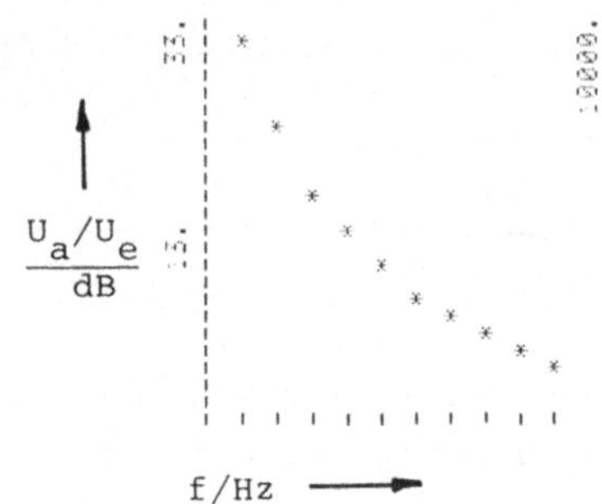

Bild 5.34 Amplitudengang für Beispiel 5.17

Beispiel 5.18. Während Beispiel 5.16 das Vorgehen zeigt, wenn die Kettenschaltung gesteuerte Quellen enthält,und dies an einer spannungsgesteuerten Quelle vorführt, sollen hier noch kurze Testbeispiele für die übrigen gesteuerten Quellen mitgeteilt werden. Die Ergebnisse lassen sich leicht anhand von Bild 5.7 überprüfen.

Eingaben					Anzeige
RUN "KS"	20	FG	1	EX	F= 1.000E 00
1	E	F	1	ENTER	B= 2.000E 01
UU	U/U	AZ	OK	ENTER	<=0.
RUN "KS"	15	FG	1	EX	F= 1.000E 00
1	E	F	1	ENTER	B= 1.500E 01
IU	U/I	AZ	OK	ENTER	<=0.
RUN "KS"	EQ	II	FG	1	
3	RR	4	F	OK	
RR	1	E	AZ	EX	F= 1.000E 00
1	EL	I/I	1	ENTER	B= 4.000E 00

Beispiel 5.19. Ein induktiv gekoppeltes Bandfilter soll nach /49/ für die Grenzfrequenzen f_{c1} = 0,99 MHz und f_{c2} = 1,01 MHz sowie die Bandbreite b = 20 kHz die Daten von Bild 5.34 a aufweisen. Für einen praktischen Fall läßt sich aber nur die Ersatzschaltung von Bild 5.34 b verwirklichen. (Der Übertrager von Bild 5.34 a ist durch eine T-Schaltung berücksichtigt /14/.) Hierfür soll das Verhältnis U_a/I_e geplottet und es soll geprüft werden, ob diese Anordnung ausreicht.

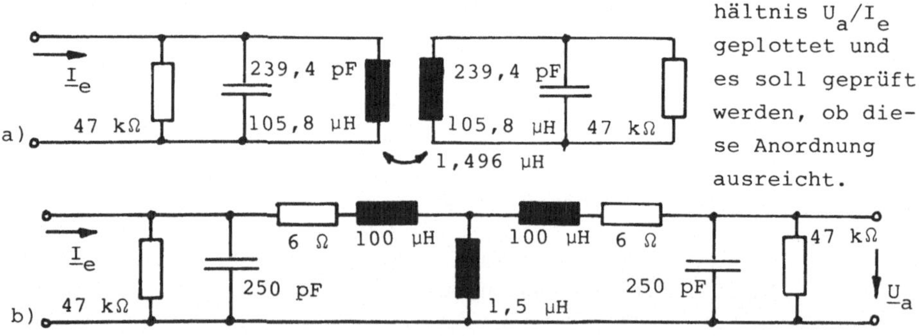

Bild 5.34 Induktiv gekoppeltes Bandfilter (a) mit Ersatzschaltung (b)

Man findet für eine Darstellung des Amplitudengangs im Bereich 0,96 MHz $\leq$ f $\leq$ 1,04 MHz bei dem Frequenzschritt Δf = 5 kHz und 17 Diagrammpunkten die Eingaben

RUN "KS"	EQ	LR	6	EQ	FG	.96E6	B
10	RR	1.5E-6	EL	RR	F	17	
RP	6	EQ	CP	1E-30	PL	5E3	
47E3	LR	LR	250E-12	EL	LI	+	
CP	100E-6	100E-6	RP	E	1.3E4	OK	
250E-12	EL	RR	47E3	U/I	0	EX	

Während das Frequenzverhalten grundsätzlich den angestrebten Verlauf zeigt, sind jedoch die Amplituden gegenüber den in /49/ dargestellten idealen Verhältnissen erheblich (und meist unzulässig) verändert.

U_a/I_e / Ω

f/Hz

Bild 5.35 Amplitudengang für Beispiel 5.19

Beispiel 5.20. Für das Netzwerk von Bild 5.36 soll die Übergangsfunktion bestimmt werden.

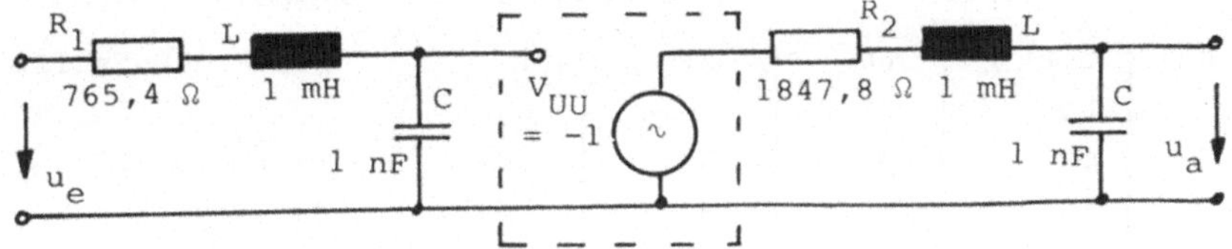

Bild 5.36 Butterworth-Tiefpaß

Für den Zeitbereich $0 \leq t \leq 1 \cdot 10^{-5}$s sind die Eingaben

RUN "KS"	LR	UU	LR	E	LI
7	1E-3	1	1E-3	U/U	1.1
CR	RR	CR	RR	SA	0
1E-9	1847.8	1E-9	765.4	W	1E-5
EQ	EL	EQ	EL	PL	15

Das Ergebnis ist in Bild 5.37 wiedergegeben.

h(t)

t/sec

Bild 5.37 Übergangsfunktion h(t) für Beispiel 5.20

Beispiel 5.21. Die Brückenschaltung von Bild 5.38 arbeitet mit der Kreisfrequenz $\omega = 1000\ s^{-1}$ und ist nach /46/ mit den eingetragenen Daten abgeglichen. Welchen Innenwiderstand R_a sollte das Nullgerät aufweisen, damit es möglichst empfinglich ist?

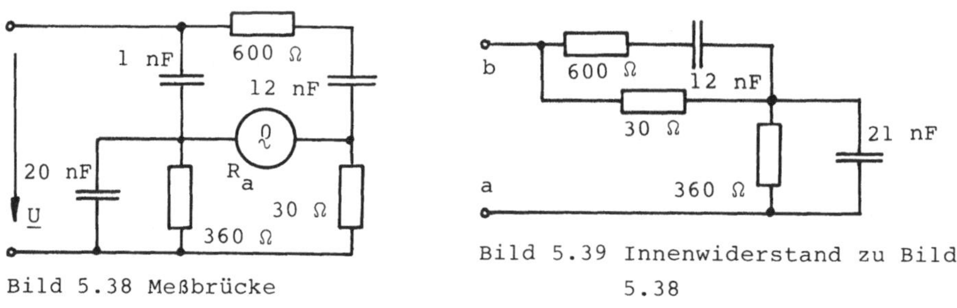

Bild 5.38 Meßbrücke

Bild 5.39 Innenwiderstand zu Bild 5.38

Das Nullgerät reagiert am empfindlichsten, wenn es eine optimale Leistung aufnimmt, wenn also Leistungsanpassung vorliegt. Wir müssen daher den Innenwiderstand einer Ersatzquelle bestimmen. Man kann sofort entsprechend der Schaltung in Bild 5.39 den Widerstand zwischen den Klemmen a und b berechnen mit den Eingaben

RUN "KS"	21E-9	600	ZE	1	Das Ergebnis ist
5	EQ	RP	FG	OK	
RR	CR	30	W	KO	W= 1.000E 03
360	12E-9	EL	AZ	ENTER	RE= 3.900E 02
CP	RR	E	1000	ENTER	IM=-2.732E 00

Das Nullgerät sollte also den Wirkwiderstand $R_a = 390\ \Omega$ aufweisen. Der ebenfalls erwünschte induktive Blindwiderstand $X_a = 2{,}732\ \Omega$ ist demgegenüber vernachlässigbar klein.

Beispiel 5.22 Die Siebschaltung von Bild 5.40 soll nach /14/ aus einer Wechselspannung u_e mit der Grundkreisfrequenz $\omega_1 = 5000\ sec^{-1}$ die 3. Teilschwingung aussieben. Wie groß ist am äußeren Widerstand R_a das Verhältnis der Teilspannungen $\hat{u}_{a1}/\hat{u}_{a3}$, wenn beide Teilschingungen in der Eingangsspannung u_e gleich groß enthalten sind?

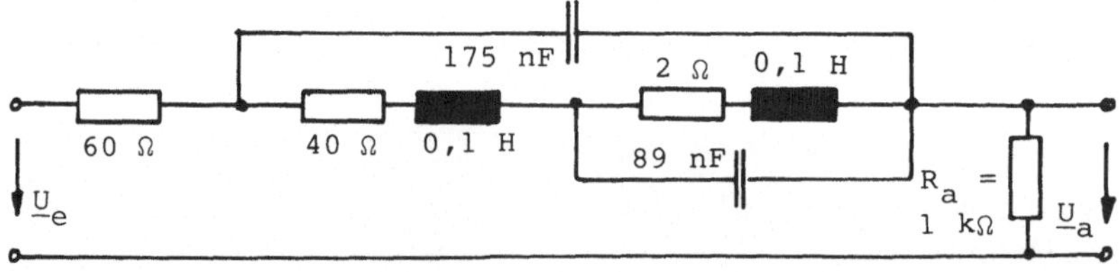

Bild 5.40 Siebschaltung

Für die beiden Kreisfrequenzen ω_1 = 5000 s^{-1} und ω_3 = 3·5000 s^{-1} sind die Eingaben und die Anzeigen

RUN "KS"	RR	89E-9	CP	E	5000	EX	W= 5.000E 03
8	2	LR	175E-9	U/U	2	ENTER	B= 3.201E-02
RR	LR	.1	RR	FG	3	ENTER	<=2.4
1000	.1	RR	60	W	*	ENTER	W= 1.500E 04
EQ	CP	40	EL	AZ	OK	ENTER	B= 9.072E-01
						ENTER	<=0.

Somit beträgt das Verhältnis der Teilspannungen $\hat{u}_{a1}/\hat{u}_{a3}$ = 0,03201/ 0,9072 = 0,03528.

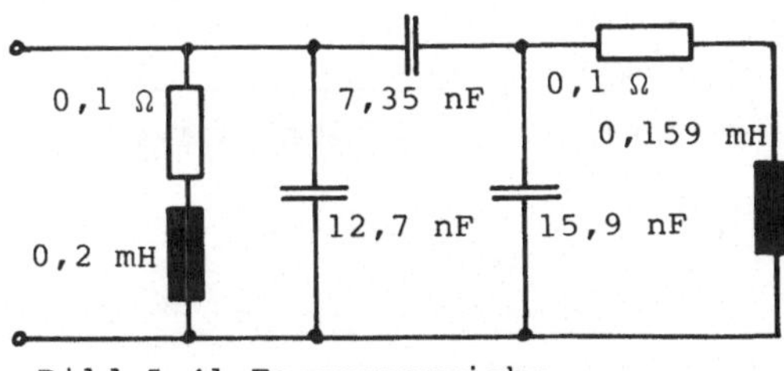

Bild 5.41 Frequenzweiche

Beispiel 5.23. Eine Frequenzweiche hat nach /14/ die in Bild 5.41 eingetragenen Daten. Es sollen der Durchgangswiderstand für die Netzfrequenz f_N = 50 Hz und die Resonanzfrequenzen sowie die zugehörigen Eingangswiderstände bestimmt werden.

Die Schaltung in Bild 5.41 stellt eine Kettenschaltung dar. Wir wolwollen zunächst den komplexen Widerstand für 50 Hz berechnen. Dies erfordert die Eingaben

					mit den Anzeigen
RUN "KS"	15.9E-9	LR	EL	1	
8	EQ	.2E-3	E	OK	
RR	CR	CP	ZE	EX	F= 5.000E 01
.1	7.35E-9	12.7E-9	FG	ENTER	B= 1.181E-01
LR	EL	EQ	F	ENTER	<=32.1
.159E-3	RR	RR	AZ		
CP	.1	1E-30	50		

Bei 50 Hz ist somit der komplexe Widerstand $\underline{Z}$ = 0,1181 Ω $\underline{/32,1^\circ}$.

Wir wissen, daß die Resonanzfrequenzen im Bereich 65 kHz $\leq$ f $\leq$ 105 kHz liegen und wollen die Bereiche jetzt einengen durch die Eingaben

BRK	F	90	21	OK	die den in Bild 5.42 dar-
DEF F	PL	-90	2E3	EX	gestellten Phasengang lie-
FG	LI	65E3	+	<	fern.

Bild 5.42 zeigt, zwischen welchen Frequenzwerten das Vorzeichen des Phasenwinkels wechselt und zwischen denen daher die Resonanzfrequenzen liegen müssen. Wir verarbeiten diese Zwischenergebnisse mit den Eingaben

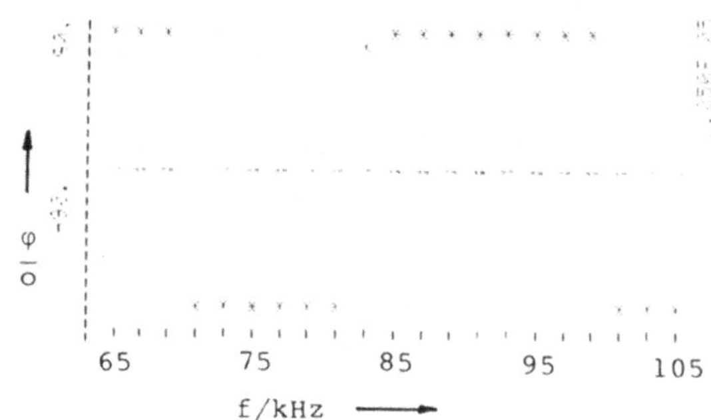

Bild 5.42 Phasengang für Beispiel 5.23

Eingaben	und den Anzeigen
BRK	
DEF F	
RF	
F	
AZ	
6.9E4	
10	
7.1E4	F= 6.998E 04 I=7
BRK	
Y	37658.43991
CONT	
8.1E4	
-10	

sowie

Eingaben	Anzeigen
8.3 E4	F= 8.288E 04 I=4
BRK	
Y	2.196005357
CONT	
9.9E4	
10	
10.1E4	F= 1.000E 05 I=9
Y DEF Z	6.072E 04

Es treten auf die Resonanzfrequenzen mit den Widerständen

$f_{\rho 1} = 69{,}98$ kHz $\qquad R_{\rho 1} = 37{,}66$ kΩ

$f_{\rho 2} = 82{,}88$ kHz $\qquad R_{\rho 2} = 2{,}197$ Ω

$f_{\rho 3} = 100$ kHz $\qquad R_{\rho 3} = 60{,}72$ kΩ

Die größere Anzahl der Iterationen ergibt sich wegen der steilen Änderungen des Phasenwinkels an den Nullstellen (s. Bild 5.42).

Beispiel 5.24 Eine Breitband-Transformationsschaltung, die nach /50/ den äußeren Widerstand $R_a = 50$ Ω im Frequenzbereich 3,25 MHz $\leq f \leq$ 4,5 MHz an den inneren Widerstand $R_i = 2$ kΩ anpassen soll, kann nur mit den Werten von Bild 5.43 verwirklicht werden. Es soll der Amplitudengang U_a/U_e im Frequenzbereich 2 MHz $\leq f \leq$ 6 MHz geplottet und außerdem untersucht werden, wie sich die Verschlechterung der Güte der Längsdrossel (mit R = 20 Ω) auswirkt.

Wir wählen den Frequenzschritt Δf = 0,2 MHz und benötigen dann bei einer linearen Frequenzskala 21 Diagrammpunkte sowie die Eingaben

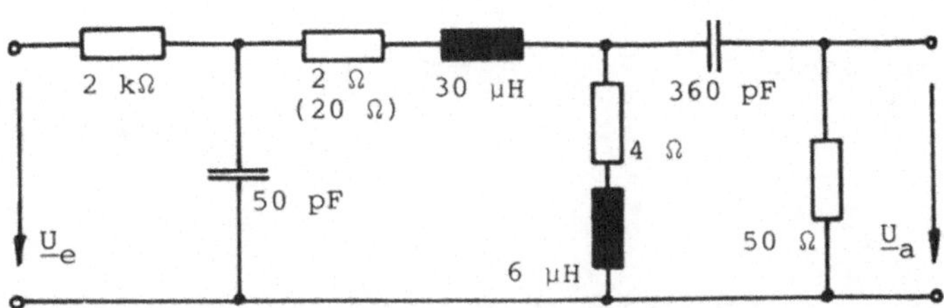

Bild 5.43 Breitband-Transformationsschaltung

RUN "KS"	CR	LR	LR	EQ	U/U	-22	+
8	360E-12	6E-6	30E-6	RR	FG	-36	BD
RR	EL	EQ	EL	2000	F	2E6	B
50	RR	RR	CR	EL	PL	21	
EQ	4	2	50E-12	E	LI	2E5	

Die Vergrößerung des Längswiderstands auf das Zehnfache bewirkt nur eine Absenkung der Amplitude um durchweg 0,1 dB bis 0,3 dB (in der Mitte des dargestellten Frequenzbereichs), was man durch Auflisten der Ergebnisse leicht feststellen kann. Für diese Rechnung ist der 15. Eingabewert auf 20 zu ändern.

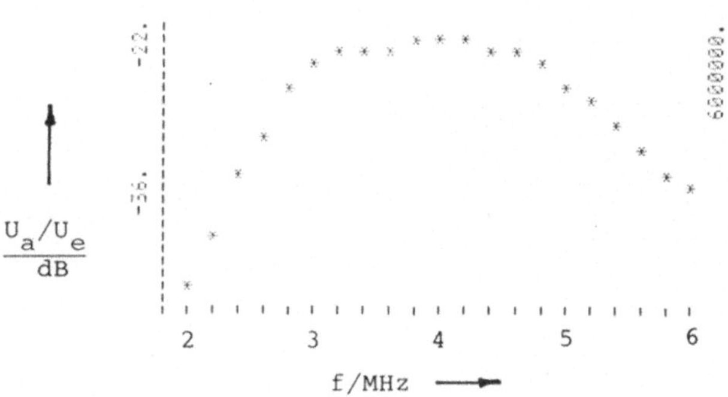

Bild 5.44 Amplitudengang für Beispiel 5.24

<u>Beispiel 5.25</u>. Für die Schaltung in Bild 5.45 soll im Frequenzbereich 0,5 kHz $\leq f \leq$ 1,4 kHz die Gruppenlaufzeit t_g des komplexen Spannungsverhältnisses $\underline{U}_a/\underline{U}_e$ geplottet werden.

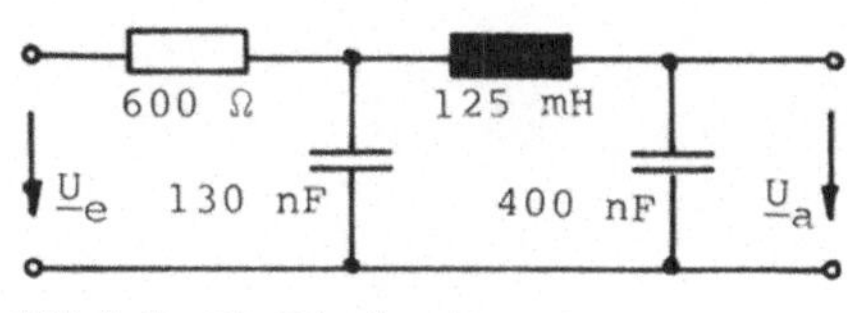

Bild 5.45 Tiefpaß

Mit den Eingaben

RUN "KS"	EQ	CR	600	FG	-2E-4	TEN .05
4	LR	130E-9	EL	F	-4.3E-4	*
CR	125E-3	EQ	E	PL	500	GL
400E-9	EL	RR	U/U	LG	10	

findet man das in Bild 5.46 dargestellte Ergebnis.

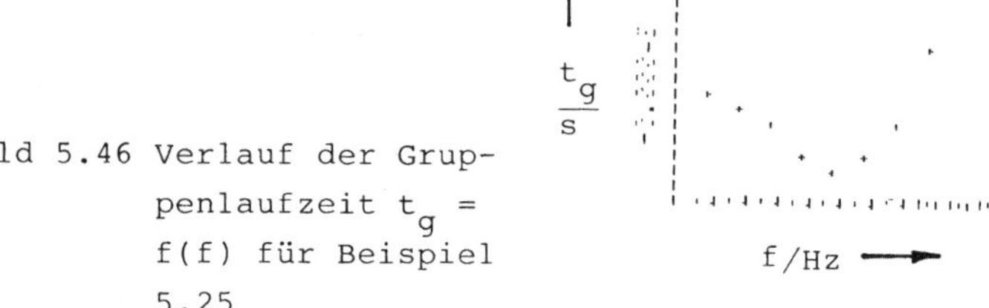

Bild 5.46 Verlauf der Gruppenlaufzeit $t_g = f(f)$ für Beispiel 5.25

6 Komplexe Gleichungssysteme

Viele technischen Zusammenhänge lassen sich mit Gleichungssystemen besonders einfach und durchsichtig beschreiben. In der Elektrotechnik führt z.B. das Anwenden der Kirchhoffschen Gesetze /14/ auf umfangreiche Netzwerke zu linearen Gleichungssystemen. Auch für Regressionsanalysen mit Polynomen /50/ oder zur numerischen Partialbruchzerlegung kann man Gleichungssysteme einsetzen. Für Sinusstromnetzwerke sind sie i.allg. komplex, und beim Anwenden von Knotenpunktpotential- oder Maschenstromverfahren ist ihre Koeffizientenmatrix symmetrisch. Auf solche Gleichungssysteme wollen wir uns hier beschränken.

Die numerische Mathematik kennt zum Lösen von Gleichungssystemen viele Verfahren /3/, /5/, /7/, /22/, /40/, /44/. Wir wenden hier die Gauß-Elimination /3/, /5/ an, da sie gut zu durchschauen ist, einfache Programme ermöglicht /22/ und für die zu betrachtenden Aufgaben voll ausreicht. Es kann daher auch auf eine Pivotsuche /5/ verzichtet werden.

6.1 Grundlagen

Lineare, komplexe Gleichungssysteme der Form

$$\begin{bmatrix} \underline{A}_{11} & \underline{A}_{12} & \cdots & \underline{A}_{1m} \\ \underline{A}_{21} & \underline{A}_{22} & \cdots & \underline{A}_{2m} \\ \vdots & \vdots & & \vdots \\ \underline{A}_{m1} & \underline{A}_{m2} & \cdots & \underline{A}_{mm} \end{bmatrix} \cdot \begin{bmatrix} \underline{X}_1 \\ \underline{X}_2 \\ \vdots \\ \underline{X}_m \end{bmatrix} = \begin{bmatrix} \underline{A}_{1,m+1} \\ \underline{A}_{2,m+1} \\ \vdots \\ \underline{A}_{m,m+1} \end{bmatrix} \quad (6.1)$$

kann man nach /7/ mit dem Eliminationsverfahren nach Gauß lösen, indem man Gl. (6.1) in das Gleichungssystem

$$\begin{bmatrix} \underline{B}_{11} & \underline{B}_{12} & \cdots & \underline{B}_{1m} \\ 0 & \underline{B}_{22} & \cdots & \underline{B}_{2m} \\ \vdots & \vdots & & \vdots \\ 0 & 0 & \cdots & \underline{B}_{mm} \end{bmatrix} \cdot \begin{bmatrix} \underline{X}_1 \\ \underline{X}_2 \\ \vdots \\ \underline{X}_m \end{bmatrix} = \begin{bmatrix} \underline{B}_{1,m+1} \\ \underline{B}_{2,m+1} \\ \vdots \\ \underline{B}_{m,m+1} \end{bmatrix} \quad (6.2)$$

überführt und die m komplexen Unbekannten $\underline{X}_i = \mathrm{Re}\,\underline{X}_i + j\,\mathrm{Im}\,\underline{X}_i$ mit der letzten Gleichung beginnend durch Rückwärtseinsetzen bestimmt. Das Gleichungssystem wird auf diese Weise jeweils auf Systeme mit (m - 1), (m - 2) usw. Unbekannten reduziert. Hierbei sind die komplexen Koeffizienten $\underline{A}_{ij} = \mathrm{Re}\,\underline{A}_{ij} + j\,\mathrm{Im}\,\underline{A}_{ij}$ und $\underline{B}_{ij} = \mathrm{Re}\,\underline{B}_{ij} +$

j IM $\underline{B}_{ij}$ in rekursiver Weise mit dem Algorithmus

$$\begin{aligned} \underline{B}_{22} &= \underline{A}_{22} - \frac{\underline{A}_{21}}{\underline{A}_{11}} \underline{A}_{12} \\ \vdots \quad & \quad \vdots \qquad\quad \vdots \\ \underline{B}_{m,m+1} &= \underline{B}'_{m,m+1} - \frac{\underline{A}'_{m-1,m}}{\underline{A}'_{m-1,m-1}} \underline{B}'_{m-1,m+1} \end{aligned} \tag{6.3}$$

umzurechnen. Die 1. Zeile in Gl. (6.1) bleibt also unverändert. Dieses Verfahren ist nur auf Systeme von Gleichungen, die voneinander unabhängig sind, anzuwenden. Die Koeffizienten-Determinante muß also verschieden von Null sein. Dieses Verfahren versagt, wenn irgendwann einer der komplexen Koeffizienten $\underline{A}'_{ii}$ bzw. $\underline{B}'_{ii}$ Null wird; dann müßte man eine Pivotsuche /5/ einschieben, auf die hier aber verzichtet wird.

Beim Anwenden der Maschenstrom- oder Knotenpunktpotential-Verfahren (s. Abschn. 7) in der Elektrotechnik für die Netzwerkanalyse /14/, /30/ sowie der Bestimmung symmetrischer Komponenten /47/ ist außerdem die Koeffizienten-Matrix wegen

$$\underline{A}_{ij} = \underline{A}_{ji} \tag{6.4}$$

symmetrisch, so daß die Rechnung erheblich vereinfacht und der Bedarf an Datenregistern entscheidend verringert werden kann.

6.2 Programmbeschreibung

Der Gauß-Algorithmus ermöglicht ein schnelles und einfaches Programm, wenn es gelingt, den Aufruf der Daten durch eine indirekte Adressierung so zu organisieren, daß die Adressen nicht immer neu berechnet werden müssen, sondern sich durch Zähler ergeben. Dies kann man durch Aufruf eines Datenfeldes günstig erreichen, wenn man mit dem Befehl

DIM M(M,M)

stets ein zweidimensionales Datenfeld M(0,0) bis M(M,M) vorschreibt, und es entsprechend Tafel 6.1 belegt. Die Diagonale M(0,0) bis M(M,M) bleibt hierbei frei.

Die reellen Koeffizienten befinden sich im rechten oberen Dreieck und die imaginären im linken unteren. Nach Tafel 6.1 sind also die Koeffizienten

Re $\underline{A}_{i,j}$ in M(i-1,j) und Im $\underline{A}_{i,j}$ in M(j,i-1)

gespeichert und somit leicht aufzufinden bzw. aufzurufen.

Tafel 6.1 Datenfeld für komplexe Gauß-Elimination bei m = 4

 0,0	11 0,1	12 0,2	13 0,3	14 0,4	15 0,5	← Koeffizienten-Index
11 1,0		22	23 Re	24 1,4	25 1,5	← Datenfeld-Index
12 2,0	22		33	34 2,4	35 2,5	
13 3,0	23 Im	33		44	45 3,5	
14 4,0	24	34	44		4,5	
15 5,0	25 5,1	35 5,2	45 5,3	5,4	5,5	

Ein Gleichungssystem der Ordnung m beansprucht dann zusätzlich aus dem Hauptspeicher

$$[6 + 8(m + 2)^2] \quad \text{Bytes}$$

bzw. Programmspeicherplätze, so daß man sich anhand der noch freien Programmspeicherplätze ausrechnen kann, welche Gleichungssysteme noch zu lösen sind. Man kann z.B. mit dem PC-1401 komplexe Gleichungssysteme mit symmetrischer Koeffizienten-Matrix und bis zu m = 15 unbekannten komplexen Größen berechnen. In Tafel 6.1 sind die bei m = 4 belegten Speicherplätze eingetragen.

Das auf der nächsten Seite stehende Programm 3.19 beginnt nach dem Befehl RUN "GS" in Zeile 3310, und in der Anzeige erscheint zunächst kurzzeitig der Programmname GLEICHUNGSSYSTEM. Über R C? fordert der Rechner dann die Entscheidung, ob nur reelle (R) oder auch komplexe (C) Größen eingegeben werden sollen; dies vereinfacht u.U. die Eingabe, jedoch nicht die Berechnung, die stets komplex vorgenommen wird. Anschließend ist nach M? der Grad des Gleichungssystems, also die Anzahl m der Unbekannten, einzugeben. Nach der Abfrage KO EX? ist vorzuschreiben, ob die Ergebnisse in der Komponentenform (KO) oder in der Exponentialform (EX) ausgegeben werden sollen.

Die Koeffizienten sind zeilenweise in der Komponentenform einzugeben; sie werden hierfür unmißverständlich (z.B. über eine kurzzei-

Programm 3.19

```
 10:IF Y=0 AND Z=0
    RETURN
 20:Y=POL (Y,Z):RETURN
 30:IF Y=0 AND Z=0
    RETURN
 60:X=Y:Y=X*V-Z*W:Z=X*W+
    Z*V:RETURN
 80:"W"V=Y:W=Z:RETURN
 90:X=Y
100:IF X=0 THEN 120
110:X=(5*TEN INT (LOG (
    ABS X)-4)+ABS X)*SGN
    X
120:USING "##.###^":
    RETURN
130:X=Z
140:W=1E8+ABS X:X=(W-1E8
    )*SGN X:RETURN
150:"KO" GOSUB 90:V=X:X=
    Z:GOSUB 100:PRINT "R
    E=";V:PRINT "IM=";X:
    RETURN
160:"EX" DEGREE :GOSUB 1
    0:GOSUB 90
170:V=X:GOSUB 130:PRINT
    "B=";V:USING :PRINT
    "<=";X
180:Y=REC (Y,Z):RETURN
190:"Z" AREAD X:GOSUB 10
    0:PRINT X:END
3130:FOR D=I-2 TO 0
     STEP -1:F=D:C=I-1:
     E=D+1:GOSUB 3640:
     GOSUB 3630:GOSUB 6
     0:GOSUB 80
3140:M(F,E)=V:M(E,F)=W:
     IF D=0 THEN 3170
3150:FOR F=D-1 TO 0
     STEP -1:E=D+1:
     GOSUB 3630:GOSUB 6
     0:C=F:E=I:GOSUB 36
     60:NEXT F:NEXT D
3170:BEEP 1:O$="X":IF A
     $(30)="MS" LET O$=
     "I"
3180:IF A$(30)="KP" LET
     O$="U"
3190:GOSUB 3710:IF O$="
     X" END
3310:"GS" CLEAR :WAIT 5
     0:PRINT "GLEICHUNG
     SSYSTEM":INPUT "R
     C?",U$,"M?",B,"KO
     EX?",T$
3320:I=B+1:DIM M(I,I):
     FOR A=1 TO B
3330:FOR C=A TO I:P$=
     STR$ A+STR$ C:
     PRINT "RE"+P$+"?":
     INPUT M(A-1,C)
3340:IF U$="C" PRINT "I
     M"+P$+"?":INPUT M(
     C,A-1)
3350:NEXT C:NEXT A
3360:WAIT :Q=1:GOTO 354
     0
3540:FOR F=0 TO I-3
3550:FOR C=F+1 TO I-2:E
     =F+1:GOSUB 3600:
     GOSUB 80
3560:FOR E=C+1 TO I:
     GOSUB 3610:GOSUB 3
     660:NEXT E:NEXT C:
     NEXT F:IF Q=1 THEN
     3130
3600:GOSUB 3640
3610:GOSUB 3630:GOTO 60
3630:Y=M(F,E):Z=M(E,F):
     RETURN
3640:GOSUB 3630:X=SQU Y
     +SQU Z:V=Y/X:W=-Z/
     X:E=C+1:RETURN
3660:M(E,C)=M(E,C)-Z
3670:Y=-Y
3680:M(C,E)=M(C,E)+Y:
     RETURN
3690:D=10*(F- INT F):F=
     INT F:RETURN
3700:R$=O$+STR$ C+"=":
     PRINT R$:GOTO T$
3710:FOR C=1 TO I-1:F=C
     -1:GOSUB 3630:
     GOSUB 3700:NEXT C:
     RETURN
```

tige Anzeige RE11 oder IM23) aufgerufen - allerdings nicht die im linken unteren Dreieck von Gl. (6.1) stehenden Koeffizienten. Komplexe Größen, die in der Polarform vorliegen, können noch während der Eingabe mit Gl. (2.39) einfach in die Komponentenform umgerechnet werden.

Nach der Dateneingabe wird das Gleichungssystem (6.1) in die Form von Gl. (6.2) umgerechnet, wobei die eingesetzen Datenregister überschrieben werden. Anschließend wird jede Unbekannte durch Rückwärtseinsetzen berechnet; ihre Komponenten stehen dann in den Datenregistern von Tafel 6.2.

Tafel 6.2 Datenregister für Ergebnisse

Unbekannte	Realteil	Imaginärteil
$\underline{X}_i$	M(i-1,m+1)	M(m+1,i-1)

In Zeile 3320 wird das zweidimensionale Datenfeld für die Matrix dimensioniert und in Zeile 3330 mit dem Einlesen der Koeffizienten begonnen. Ab Zeile 3540 wird das Gleichungssystem auf eine komplexe Dreiecksmatrix reduziert, und im Unterprogramm ab Zeile 3130 setzt der Rückwärts-Algorithmus ein. Mit dem Unterprogramm ab Zeile 3710 werden die gesuchten Unbekannten $\underline{X}_i$ angezeigt.

Nach dem Abschluß der u.U. länger dauernden Berechnung erklingt ein Piepton. Die Ergebnisse werden in einem gerundeten, vierziffrigen Exponentialformat angezeigt - der Winkel allerdings im Normalformat mit einer Nachkommastelle. Im Anschluß an X1= usw. kommen nach den Befehlen ENTER entweder Realteil (mit RE=) und Imaginärteil (mit IM=) oder Betrag (B=) und Winkel (<=).

Die Zeilen 3170 bis 3190 sowie 3360, 3560 und 3700 können noch, wenn sie nicht zusammen mit den Programmen 3.20 und 3.21 verwendet werden sollen, vereinfacht werden.

6.3 Anwendungen

Für lineare Gleichungssysteme gibt es in der Elektrotechnik viele Anwendungen /49/. Knotenpunktpotential- und Maschenstrom-Verfahren brauchen hier allerdings nicht ausführlich behandelt zu werden, da Abschn. 7 ein besseres Programm für sie bringt.

Gezeigt wird hier das Bestimmen der symmetrischen Komponenten /47/, so daß sich ein eigenes Programm für sie erübrigt. Spannungen und Ströme in Verteilungsnetzen kann man zwar gut mit dem Knotenpunktpotential-Verfahren bestimmen (s. Beispiel 7.9), hier soll aber noch eine vereinfachte Berechnung behandelt werden.

In Beispiel 6.4 wird das Finden allgemeiner Bestimmungsgleichungen gezeigt sowie in Beispiel 6.5 das Vereinfachen von Matrizengleichungen. Beispiel 6.6 betrachtet schließlich noch eine Schaltung mit einer gesteuerten Stromquelle.

Beispiel 6.1. Man bestimme für das unsymmetrische Dreiphasen-Stromsystem $\underline{I}_1 = 3$ A, $\underline{I}_2 = \underline{I}_3 = 0$ die symmetrischen Komponenten. Nach /47/ gilt mit $\underline{a} = \underline{/120^o} = -0{,}5 + j \sin 60^o$ und $\underline{a}^2 = \underline{/-120^o} = -0{,}5 - j \sin 60^o$ die Matrizengleichung

$$\begin{bmatrix} 1 & 1 & 1 \\ 1 & \underline{a}^2 & \underline{a} \\ 1 & \underline{a} & \underline{a}^2 \end{bmatrix} \cdot \begin{bmatrix} \underline{I}_o \\ \underline{I}_m \\ \underline{I}_g \end{bmatrix} = \begin{bmatrix} \underline{I}_1 \\ \underline{I}_2 \\ \underline{I}_3 \end{bmatrix} \qquad (6.5)$$

Sie verlangt den Rechengang

Eingaben	Anzeige		Eingaben	Anzeige	
RUN "GS" ENTER	GLEICHUNGSSYSTEM		SIN 60 ENTER	RE24	?
	R C?		0 ENTER	IM24	?
C ENTER	M?		0 ENTER	RE33	?
3 ENTER	KO EX?		-.5 ENTER	IM33	?
EX ENTER	RE11	?	-SIN 60 ENTER	RE34	?
1 ENTER	IM11	?	0 ENTER	IM34	?
0 ENTER	RE12	?	0 ENTER	X1=	
1 ENTER	IM12	?	ENTER	B= 1.000E 00	
0 ENTER	RE13	?	ENTER	<=0.	
1 ENTER	IM13	?	ENTER	X2=	
0 ENTER	RE14	?	ENTER	B= 1.000E 00	
3 ENTER	IM14	?	ENTER	<=0.	
0 ENTER	RE22	?	ENTER	X3=	
-.5 ENTER	IM22	?	ENTER	B= 1.000E 00	
-SIN 60 ENTER	RE23	?	ENTER	<=0.	
-.5 ENTER	IM23	?			

Man findet also wie erwartet /47/ die symmetrischen Stromkomponenten $\underline{I}_o = \underline{I}_m = \underline{I}_g = 1$ A.

Beispiel 6.2. Ein Vierleiternetz führt die Ströme $\underline{I}_1 = -j\,5$ A, $\underline{I}_2 = (-4 + j\,9)$ A und $\underline{I}_3 = 4{,}47$ A $\underline{/26{,}6^o}$. Es sollen die symmetrischen Komponenten $\underline{I}_o$, $\underline{I}_m$ und $\underline{I}_g$ bestimmt werden.

Analog zu Beispiel 6.1 und Gl. (6.5) erhält man mit den Eingaben

RUN "GS"	0	4.47 * COS 26.6	
C	-5	4.47 * SIN 26.6	die Anzeigen
3	-.5	ENTER	X1=
EX	- SIN 60	ENTER	B= 2.000E 00
1	-.5	ENTER	<=90.
0	SIN 60	ENTER	X2=
1	-4	ENTER	B= 6.150E 00
0	9	ENTER	<=-109.2
1	-.5	ENTER	X3=
0	- SIN 60	ENTER	B= 2.346E 00
		ENTER	<=-30.5

Es sind somit die symmetrischen Komponenten $\underline{I}_o$ = 2,0 A $\underline{/90^o}$, $\underline{I}_m$ = 6,15 A $\underline{/- 109,2^o}$ und $\underline{I}_g$ = 2,346 A $\underline{/- 30,5^o}$.

Beispiel 6.3. Ein Niederspannungsnetz besteht aus Kabeln NAVY 4x 120 mm^2 mit dem Widerstandsbelag R' = 0,255 Ω/km bei Längen nach Bild 6.2, hat die Eingangsspannung U_Δ = 400 V und soll die in Bild 6.2 ebenfalls eingetragenen Belastungen bei dem Leistungsfaktor cos φ = 1 aufweisen. Es soll die Stromverteilung berechnet werden.

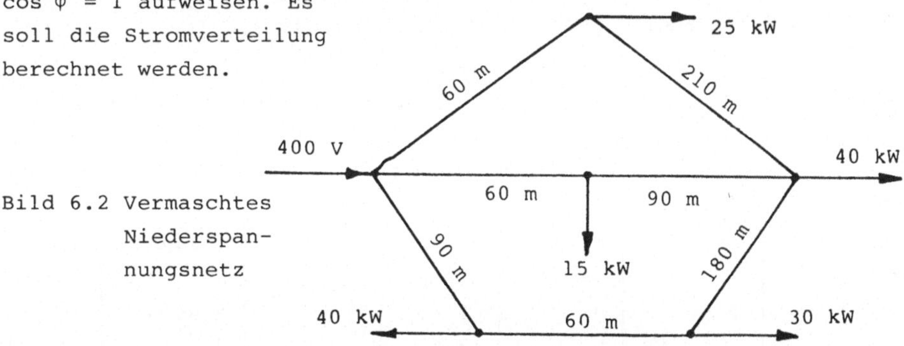

Bild 6.2 Vermaschtes Niederspannungsnetz

Wir wollen diese Aufgabe mit dem Maschenstromverfahren lösen, können aber hierfür nicht das Programm 3.20 anwenden, da sich hier Leitungen kreuzen, das Netzwerk also dreidimensional ist.

Wir setzen voraus, daß hier eine reelle Berechnung und eine Näherungslösung ausreichen. Die Widerstände der Leitungen

$$R_i = \ell_i\ R' = \ell_i \cdot 0{,}255\ \Omega/\text{km}$$

kann man aus Kabellänge ℓ_i und Widerstandsbelag R' bestimmen. Für die Lastwiderstände setzen wir voraus, daß am Verbraucher die

Sternspannung $U_\curlywedge$ = 220 V wirksam ist. Bei der Wirkleistung P_i = 3 $U_\curlywedge$ I_i cos φ fließt daher der Laststrom $I_i = P_i/(3\ U_\curlywedge \cos\varphi)$, und es gilt für den Lastwiderstand

$$R_i = \frac{U_\curlywedge}{I_i} = \frac{3\ U_\curlywedge^2 \cos\varphi}{P_i} = \frac{3\cdot 220^2\ V^2\cdot 1}{P_i}$$

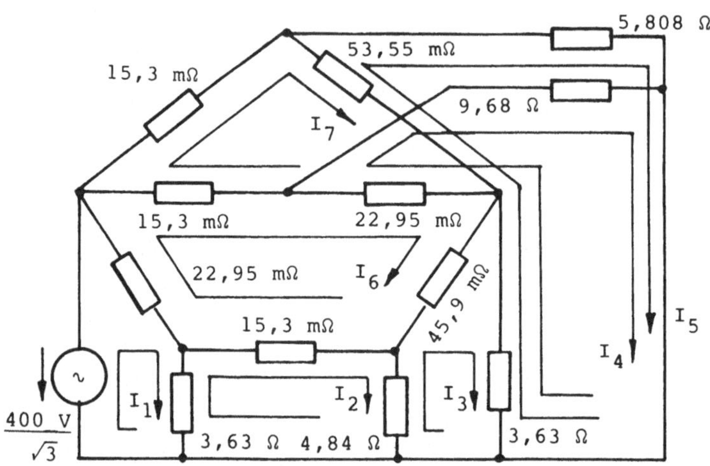

Bild 6.3 Einsträngige Ersatzschaltung für Bild 6.2

Die so gefundenen Widerstände sind in die einsträngige Ersatzschaltung von Bild 6.3 eingetragen. Anhand der gewählten Stromzählpfeile kann man nach /14/ und Abschn. 7.1.2 die auf S. 175 folgende Matrizengleichung für die Zahlenwerte aufstellen und sie lösen mit den Eingaben

RUN "GS"	0	8.485	0	0	9.492	0
R	0	-4.84	8.516	13.33	0	.1071
7	0	0	-3.63	3.63	-.05355	0
KO	-.02295	0	-3.63	-.02295	0	
3.653	0	-.0153	-.0459	.02295	.1224	
-3.63	230.9	0	0	0	-.03825	

und den Anzeigen

X1=	X3=	X5=	X7=
RE= 2.364E 02	RE= 1.263E 02	RE= 3.959E 01	RE= 6.393E 01
X2=	X4=	X6=	
RE= 1.735E 02	RE= 2.375E 01	RE= 1.378E 02	

Zwischendurch wird IM= 0.000E 00 angezeigt.

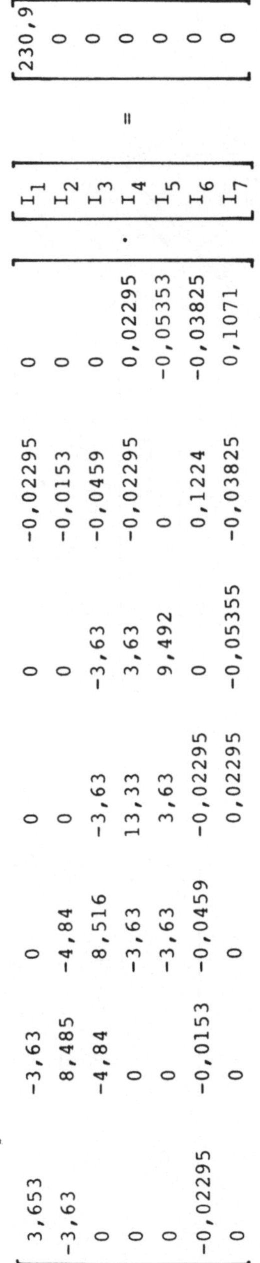

$$\begin{bmatrix} 3{,}653 & -3{,}63 & 0 & 0 & 0 & -0{,}02295 & 0 \\ -3{,}63 & 8{,}485 & -4{,}84 & 0 & 0 & -0{,}0153 & 0 \\ 0 & -4{,}84 & 8{,}516 & -3{,}63 & -3{,}63 & -0{,}0459 & 0 \\ 0 & 0 & -3{,}63 & 13{,}33 & 3{,}63 & -0{,}02295 & 0{,}02295 \\ 0 & 0 & -3{,}63 & 3{,}63 & 9{,}492 & 0 & -0{,}05353 \\ -0{,}02295 & -0{,}0153 & -0{,}0459 & -0{,}02295 & 0 & 0{,}1224 & -0{,}03825 \\ 0 & 0 & 0 & 0{,}02295 & -0{,}05355 & -0{,}03825 & 0{,}1071 \end{bmatrix} \cdot \begin{bmatrix} I_1 \\ I_2 \\ I_3 \\ I_4 \\ I_5 \\ I_6 \\ I_7 \end{bmatrix} = \begin{bmatrix} 230{,}9 \\ 0 \\ 0 \\ 0 \\ 0 \\ 0 \\ 0 \end{bmatrix}$$

Man findet so die in Bild 6.4 eingetragenen Ströme.

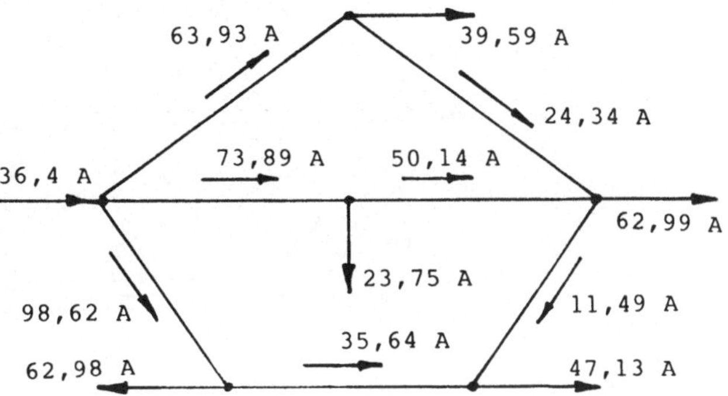

Bild 6.4 Stromverteilung für Bild 6.2

Beispiel 6.4. Es soll jetzt Beispiel 6.3 unter vereinfachender Anwendung des Knotenpunktpotential-Verfahrens gelöst werden.

Wir bestimmen zunächst mit der Sternspannung $U_{\curlywedge} = 220$ V die Lastströme

$$I_i = \frac{P_i}{3\, U_{\curlywedge} \cos\varphi} = \frac{P_i}{3 \cdot 220\ \text{V} \cdot 1} \qquad (6.6)$$

und tragen sie in Bild 6.5 ein. (Sie können wegen der geänderten Voraussetzungen natürlich nicht mit den in Beispiel 6.3 bestimmten übereinstimmen.)

Wir setzen voraus, daß alle Ströme die gleiche Phasenlage haben, die Scheinwiderstände der Kabelstrecken den Kabellängen ℓ_i proportional und ihre Phasenwinkel ebenfalls gleich sind. Es genügt dann, als Leitwerte $G'_{ij} = 1/\ell_{ij}$ die reziproken Längen ℓ_{ij} zwischen den Knotenpunkten i und j einzusetzen, mit ihnen fiktive Spannungen U'_{ij} und schließlich die Ströme $I_{ij} = U'_{ij}\ \ell_{ij}$ zu berechnen.

Für die in Bild 6.5 eingetragenen Teilspannungen gilt dann nach Abschn. 7.1.1 die Matrizengleichung

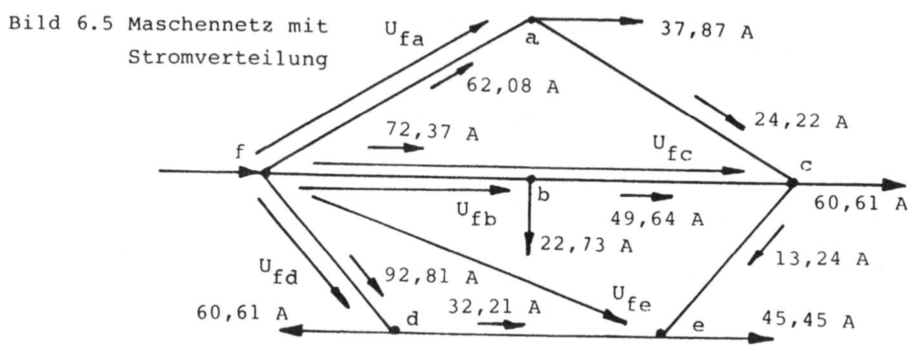

Bild 6.5 Maschennetz mit Stromverteilung

$$
\begin{bmatrix}
(\frac{1}{60}+\frac{1}{210}) & 0 & -\frac{1}{210} & 0 & 0 \\
0 & (\frac{1}{60}+\frac{1}{90}) & -\frac{1}{90} & 0 & 0 \\
-\frac{1}{210} & -\frac{1}{90} & (\frac{1}{210}+\frac{1}{90}+\frac{1}{180}) & 0 & -\frac{1}{180} \\
0 & 0 & 0 & (\frac{1}{90}+\frac{1}{60}) & -\frac{1}{60} \\
0 & 0 & -\frac{1}{180} & -\frac{1}{60} & (\frac{1}{60}+\frac{1}{180})
\end{bmatrix}
\cdot
\begin{bmatrix} U'_{fa} \\ U'_{fb} \\ U'_{fc} \\ U'_{fd} \\ U'_{fe} \end{bmatrix}
=
\begin{bmatrix} 37{,}87 \\ 22{,}73 \\ 60{,}61 \\ 45{,}45 \\ 60{,}61 \end{bmatrix}
$$

Daher sind die Eingaben und die Anzeigen

```
RUN "GS"
R
5
EX
RCP 60 + RCP 210
0
- RCP 210
0
0
37.87
RCP 60 + RCP 90
- RCP 90
0
0
22.73
```

```
RCP 210 + RCP 90 + RCP 180
0
- RCP 180
60.61
RCP 90 + RCP 60
- RCP 60
45.45
RCP 60 + RCP 180
60.61
```

```
X1=
B= 3.725E 03
<=0.
X2=
B= 4.342E 03
<=0.
X3=
B= 8.810E 03
<=0.
X4=
B= 8.353E 03
<=0.
X5=
B= 1.119E 04
<=0.
```

Die Zweigströme findet man schließlich durch Anwenden der Knotenregel /14/ über

Eingaben	Anzeige	Größe
3725/60 DEF Z	6.208E 01	I_{fa}
-37.87 DEF Z	2.422E 01	I_{ac}
4342/60 DEF Z	7.237E 01	I_{fb}
-22.73 DEF Z	4.964E 01	I_{bc}
8353/90 DEF Z	9.281E 01	I_{fd}
-60.61 DEF Z	3.221E 01	I_{de}
-45.45 DEF Z	-1.324E 01	I_{ec}

Die Ergebnisse sind in Bild 6.5 eingetragen. Sie weichen natürlich von denen in Bild 6.4 ab, sind aber wegen der jeweils getroffenen Annahmen ebenso gut zu vertreten und reichen somit für eine Kontrolle der Bemessung aus, denn der thermisch zulässige Nennstrom $\underline{I}_N$ = 242 A wird in keiner Kabelstrecke überschritten.

Das Vorgehen in diesem Beispiel 6.4 ist einfacher als in Beispiel 6.3, da statt der 7 unbekannten Ströme in Beispiel 6.3 hier zunächst nur 5 unbekannte Teilspannungen zu berechnen sind. Es genügt für viele Aufgaben. So kann man z.B. auch die Stromverteilung für Störfälle berechnen - z.B. für die Unterbrechnung einzelner Kabelstrekken die ungünstigste Strombelastung ermitteln und hiernach die erforderlichen Kabelquerschnitte festlegen.

Für den Fall, daß an irgendeiner Stelle des Netzes ein größerer Motor eingeschaltet wird - z.B. eine Wärmepumpe mit cos φ = 0,4 im Stillstand - und der dann auftretende Spannungsabfall bestimmt werden soll, ist jedoch eine vollständige komplexe Durchrechnung (z.B. analog zu Beispiel 7.9) angebracht.

<u>Beispiel 6.5</u>. Für das Netzwerk in Bild 6.6 a soll die <u>allgemeine Bestimmungsgleichung</u> für die Spannung $\underline{U}_a$ aufgestellt werden.

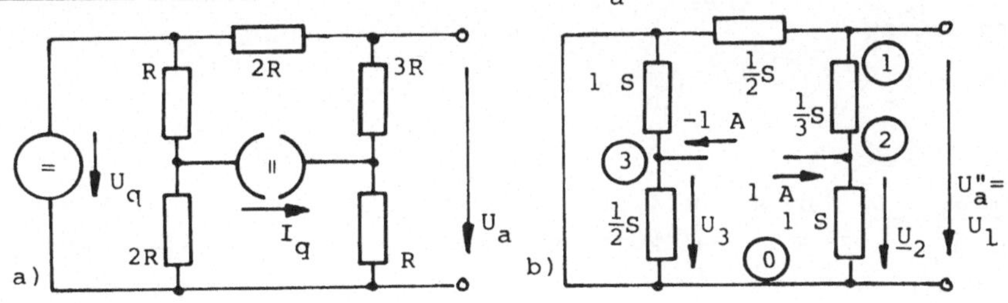

Bild 6.6 Netzwerk (a) und umgewandelt (b) für allein wirksame Stromquelle

Man kann diese Aufgabe leicht mit dem <u>Überlagerungsverfahren</u> lösen. Wenn nämlich die Quellenspannung U_q allein wirksam ist, stellt die Stromquelle eine Unterbrechung dar /14/, und man findet mit der Spannungsteilerregel (s. Abschn. 2.3) den von U_q stammenden Anteil

$$U_a' = U_q \frac{4\ R}{6\ R} = \frac{2}{3} U_q$$

Ist allein die Stromquelle wirksam, stellt die Spannungsquelle einen Kurzschluß dar. Man kann für die Teilschaltung in Bild 6.6 b bei Anwendung des Knotenpunktpotential-Verfahrens nach Abschn. 7.1.1 die Matrizengleichung

$$\begin{bmatrix} (\frac{1}{2} + \frac{1}{3})\frac{1}{R} & -\frac{1}{3\ R} & 0 \\ -\frac{1}{3\ R} & (1 + \frac{1}{3})\frac{1}{R} & 0 \\ 0 & 0 & (1 + \frac{1}{2})\frac{1}{R} \end{bmatrix} \cdot \begin{bmatrix} U_1 \\ U_2 \\ U_3 \end{bmatrix} = \begin{bmatrix} 0 \\ I_q \\ I_q \end{bmatrix}$$

aufstellen. Multipliziert man jede Zeile mit $1/I_q$, erhält man

$$\begin{bmatrix} (\frac{1}{2} + \frac{1}{3}) & -\frac{1}{3} & 0 \\ -\frac{1}{3} & (1 + \frac{1}{3}) & 0 \\ 0 & 0 & (1 + \frac{1}{2}) \end{bmatrix} \cdot \begin{bmatrix} U_1/(R\ I_q) \\ U_2/(R\ I_q) \\ U_3/(R\ I_q) \end{bmatrix} \quad \begin{bmatrix} 0 \\ 1 \\ 1 \end{bmatrix}$$

Die Lösung findet man mit den Eingaben und Anzeigen

RUN "GS"	EX	0	0	1 X1=
R	RCP 2 + RCP 3	0	1	ENTER B= 3.333E-01
3	- RCP 3	1 + RCP 3	1 + RCP 2	ENTER <=0.

Somit ist also $U_1 = U_a'' = R\ I_q/3$, und die gesuchte Bestimmungsgleichung lautet

$$U_a = U_a' + U_a'' = \frac{1}{3}(2\ U_q + R\ I_q)$$

<u>Beispiel 6.6</u> Für das Netzwerk von Bild 6.7 a soll bei der Kreisfrequenz $\omega = 2/(R\ C)$ das <u>komplexe Spannungsverhältnis</u> $\underline{U}_a/\underline{U}_e$ bestimmt werden.

Wir wollen das Knotenpunktpotential-Verfahren nach Abschn. 7.1.1 anwenden und müssen daher die Eingangsspannung $\underline{U}_e$ in eine Stromquelle überführen sowie für die Bauelemente Leitwerte ansetzen. Zunächst wird die Schaltung entsprechend Bild 6.7 b am Eingang aufgetrennt, und anschließend werden die Spannungsquellen mit ihren Innenwiderständen R in Stromquellen umgewandelt, so daß die Einströmungen von Bild 6.7 c auftreten. Hierfür kann man nach Abschn. 7.1.1 die Matrizengleichung

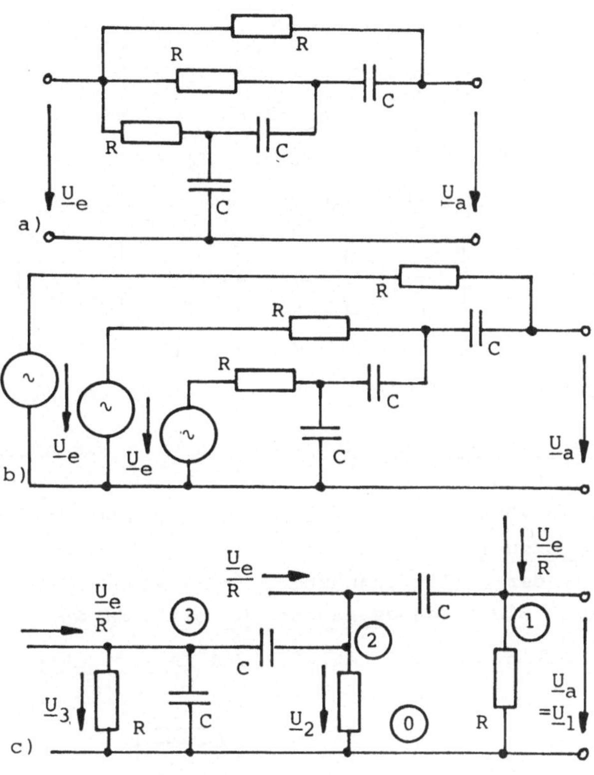

Bild 6.7 Zweitor (a) mit Auftrennung der Speisespannung (b) und Aufbereitung für Knotenpunktpotential-Verfahren (c)

$$\begin{bmatrix} (R + \frac{1}{j\,\omega\,C}) & -\frac{1}{j\,\omega\,C} & 0 \\ -\frac{1}{j\,\omega\,C} & (R + \frac{2}{j\,\omega\,C}) & -\frac{1}{j\,\omega\,C} \\ 0 & -\frac{1}{j\,\omega\,C} & (R + \frac{2}{j\,\omega\,C}) \end{bmatrix} \cdot \begin{bmatrix} \underline{U}_1 \\ \underline{U}_2 \\ \underline{U}_3 \end{bmatrix} = \begin{bmatrix} \underline{U}_e/R \\ \underline{U}_e/R \\ \underline{U}_e/R \end{bmatrix}$$

aufstellen. Jede Zeile wird nun mit $R/\underline{U}_e$ multipliziert und das Gleichungssystem umgeformt in

$$\begin{bmatrix} (1 - j\frac{1}{\omega\,R\,C}) & j\frac{1}{\omega\,R\,C} & 0 \\ j\frac{1}{\omega\,R\,C} & (1 - j\frac{2}{\omega\,R\,C}) & j\frac{1}{\omega\,R\,C} \\ 0 & j\frac{1}{\omega\,R\,C} & (1 - j\frac{2}{\omega\,R\,C}) \end{bmatrix} \cdot \begin{bmatrix} \underline{U}_1/\underline{U}_e \\ \underline{U}_2/\underline{U}_e \\ \underline{U}_3/\underline{U}_e \end{bmatrix} = \begin{bmatrix} 1 \\ 1 \\ 1 \end{bmatrix}$$

Für ω = 2/(R C) gilt daher das Gleichungssystem

$$\begin{bmatrix} (1 - j\,0{,}5) & j\,0{,}5 & 0 \\ j\,0{,}5 & (1 - j\,1) & j\,0{,}5 \\ 0 & j\,0{,}5 & (1 - j\,1) \end{bmatrix} \cdot \begin{bmatrix} \underline{U}_1/\underline{U}_e \\ \underline{U}_2/\underline{U}_e \\ \underline{U}_3/\underline{U}_e \end{bmatrix} = \begin{bmatrix} 1 \\ 1 \\ 1 \end{bmatrix}$$

Die Lösung findet man mit den Eingaben und Anzeigen

RUN "GS"	1	0	1	1	1	
C	-.5	0	-1	0	0	X1=
3	0	1	0	1	ENTER	B= 1.050E 00
EX	.5	0	.5	-1	ENTER	<=0.6

Somit beträgt das komplexe Spannungsverhältnis $\underline{U}_a/\underline{U}_e = 1{,}05\ \underline{/0{,}6^\circ}$.

Beispiel 6.7 Das Netzwerk von Bild 6.8 a besteht aus den Wirkwiderständen $R_1 = 100\ \Omega$, $R_2 = 1\ \text{k}\Omega$, $R_3 = 300\ \Omega$, den Blindwiderständen $X_L = 200\ \Omega$, $X_C = -500\ \Omega$, enthält außerdem eine stromgesteuerte Stromquelle mit dem Verstärkungsfaktor a = 150 und wird von Quellen mit der Quellenspannung $\underline{U}_q = 15$ V und $\underline{I}_q = j\ 50$ mA gespeist. Es soll die Ausgangsspannung $\underline{U}_a$ bestimmt werden.

Man kann auf das Netzwerk das Knotenpunktpotential-Verfahren (s. Abschn. 7.1.1) anwenden, formt es hierfür zweckmäßig entsprechend Bild 6.8 b um und erhält dann die komplexe Matrizengleichung

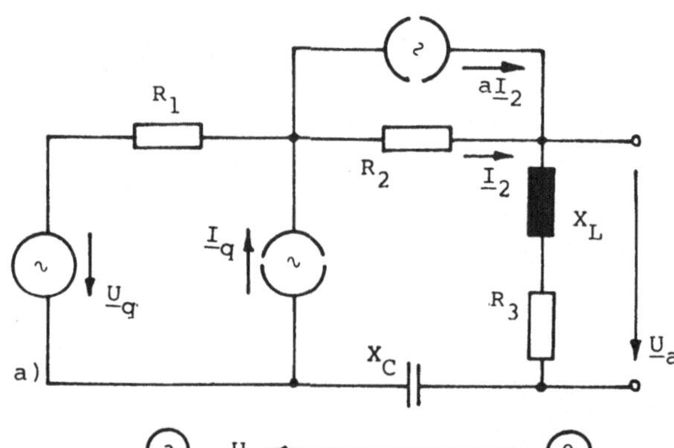

Bild 6.8 Netzwerk mit stromgesteuerter Stromquelle (a) und umgeformt (b) zur Anwendung des Knotenpunktpotential-Verfahrens

$$\begin{bmatrix} (\frac{1}{R_3} + \frac{1}{j\,X_C}) & -\frac{1}{j\,X_C} & 0 & -\frac{1}{R_3} \\ -\frac{1}{j\,X_C} & (\frac{1}{R_1} + \frac{1}{j\,X_C}) & -\frac{1}{R_1} & 0 \\ 0 & -\frac{1}{R_1} & (\frac{1}{R_1} + \frac{1+a}{R_2}) & 0 \\ -\frac{1}{R_3} & 0 & 0 & (\frac{1}{R_3} + \frac{1}{j\,X_L}) \end{bmatrix} \cdot \begin{bmatrix} \underline{U}_a \\ \underline{U}_2 \\ \underline{U}_3 \\ \underline{U}_4 \end{bmatrix} = \begin{bmatrix} 0 \\ -\underline{I}_q - \frac{\underline{U}_q}{R_1} \\ \underline{I}_q + \frac{\underline{U}_q}{R_1} \\ 0 \end{bmatrix}$$

Um sie zu lösen, benötigt man die Eingaben

RUN "GS"	0	0	-50E-3	
C	- RCP 300	0	RCP 300	
4	0	-15/100	- RCP 200	und
EX	0	-50E-3	0	Anzeigen
RCP 300	0	RCP 100 + 151/1000	0	X1=
RCP 500	RCP 100	0	ENTER	B= 1.144E 01
0	RCP 500	0	ENTER	<=90.8
RCP 500	- RCP 100	0		
0	0	15/100		

Daher beträgt die komplexe Spannung $\underline{U}_a$ = 11,44 V $\underline{/90{,}8^{\circ}}$.

7 Knotenpunktpotential- und Maschenstrom-Verfahren

Die verhältnismäßig einfachen Schaltungen in Bild 7.1 lassen sich mit dem Programm 3.18 nicht mehr berechnen. Dagegen kann man mit dem Ohmschen Gesetz und den Kirchhoffschen Regeln grundsätzlich die Zustandsgrößen beliebiger Netzwerke bestimmen /14/. Hierbei ergeben sich u.U. umfangreiche Gleichungssysteme, die beispielsweise mit dem Programm 3.19 gelöst werden könnten. Eine Netzwerkanalyse mit dem Knotenpunktpotential- oder dem Maschenstrom-Verfahren verringert dagegen in wünschenswerter Weise die Anzahl der Unbekannten und somit auch die Ordnungszahl des Gleichungssystems /14/.

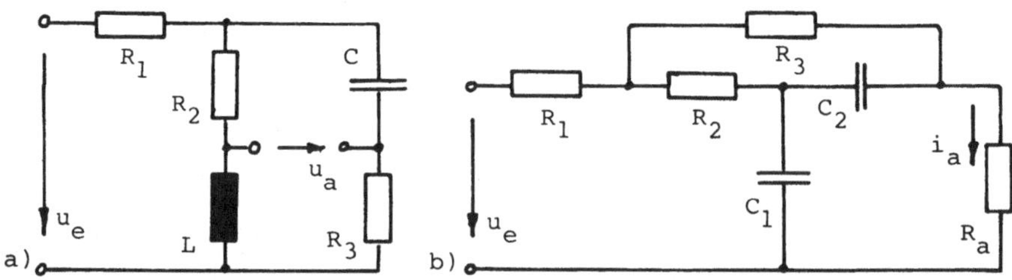

Bild 7.1 Brückenschaltung (a) und belastetes Zweitor (b)

Außerdem kann man die benötigten Matrizengleichungen ganz schematisch aufstellen und somit schließlich diese Operation einem Programm übertragen, wenn das zu untersuchende Netzwerk entsprechend aufbereitet ist. Außer einer kurzen Beschreibung der angewendeten Verfahren müssen daher hier zunächst die Möglichkeiten für eine u.U. erforderliche Netzumformung und das hieraus sich ergebende Vorgehen dargestellt werden.

Das rein schematische Vorgehen setzt voraus, daß das Netzwerk für das Anwenden des Knotenpunktpotential-Verfahrens nur Stromquellen und komplexe Leitwerte $\underline{Y}$, für das Maschenstrom-Verfahren dagegen nur Spannungsquellen und komplexe Widerstände $\underline{Z}$ enthält. Induktivitäten L und Kapazitäten C können mit der Kreisfrequenz ω in Blindleitwerte B oder Blindwiderstände X umgerechnet werden.

7.1 Grundlagen

Die eingesetzten Verfahren werden beispielsweise in /14/ abgeleitet; sie werden daher hier nur knapp dargestellt.

7.1.1 Knotenpunktpotential-Verfahren

Für das Netzwerk in Bild 7.2 kann man nach /14/ sofort und ganz schematisch die Matrizengleichung

$$\begin{bmatrix} (\underline{Y}_1 + \underline{Y}_{2,1}) & -\underline{Y}_{2,1} & 0 \\ -\underline{Y}_{2,1} & (\underline{Y}_{2,1} + \underline{Y}_2 + \underline{Y}_3) & -\underline{Y}_{3,2} \\ 0 & -\underline{Y}_{3,2} & (\underline{Y}_{3,2} + \underline{Y}_3) \end{bmatrix} \cdot \begin{bmatrix} \underline{U}_1 \\ \underline{U}_2 \\ \underline{U}_3 \end{bmatrix} = \begin{bmatrix} \underline{I}_1 \\ \underline{I}_2 \\ \underline{I}_3 \end{bmatrix} \quad (7.1)$$

angeben. Wenn die komplexen Leitwerte $\underline{Y}_{jk} = G_{jk} + j\,B_{jk}$ mit Wirkleitwert G_{jk} und Blindleitwert B_{jk} sowie die komplexen Einströmungen $\underline{I}_j$ = Re $\underline{I}_j$ + j Im $\underline{I}_j$ bekannt sind, kann man die komplexen Spannungen $\underline{U}_j$ = Re $\underline{U}_j$ + j Im $\underline{U}_j$ und über sie alle übrigen Zweigspannungen und -ströme durch Lösen des Gleichungssystems (7.1) berechnen.

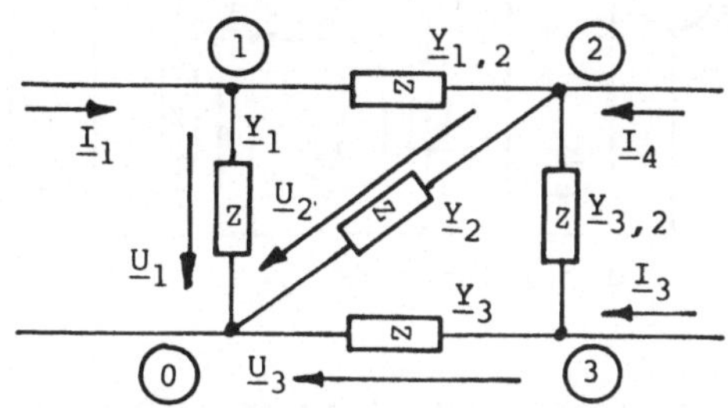

Bild 7.2 Netzwerk

Die Leitwertmatrix ist symmetrisch. Sie enthält in der Hauptdiagonalen mit $\underline{A}_{jj}$ die Summe der zum Knotenpunkt j unmittelbar benachbarten komplexen Leitwerte $\underline{Y}_{jk}$. Die Nebendiagonalen sind mit $\underline{A}_{jk} = -\underline{Y}_{jk}$ besetzt. Der Spaltenvektor der rechten Seite besteht aus den komplexen Einströmungen $\underline{I}_j$. Diese komplexen Koeffizienten brauchen daher nur in die für das Programm 3.19 vorgesehenen Datenregister gebracht zu werden, um das Gleichungssystem mit dem dort eingesetzten Gauß-Eliminationsverfahren lösen zu können.

Man beachte, daß die Einströmungen $\underline{I}_j$ positiv einzuführen sind, wenn ihre Zählpfeile auf den Knotenpunkt j weisen.

7.1.2 Maschenstrom-Verfahren

Nach /14/ kann man für ein Netzwerk nach Bild 7.3 und die dort gewählten Maschenströme $\underline{I}_1'$ bis $\underline{I}_4'$ sofort und ganz schematisch die komplexe Matrizengleichung

$$\begin{bmatrix} (\underline{Z}_1 + \underline{Z}_3 + \underline{Z}_4) & -\underline{Z}_3 & -\underline{Z}_4 & 0 \\ -\underline{Z}_3 & (\underline{Z}_2 + \underline{Z}_3 + \underline{Z}_5) & 0 & -\underline{Z}_5 \\ -\underline{Z}_4 & 0 & (\underline{Z}_4 + \underline{Z}_6) & -\underline{Z}_6 \\ 0 & -\underline{Z}_5 & -\underline{Z}_6 & (\underline{Z}_5 + \underline{Z}_6) \end{bmatrix} \cdot \begin{bmatrix} \underline{I}_1' \\ \underline{I}_2' \\ \underline{I}_3' \\ \underline{I}_4' \end{bmatrix} = \begin{bmatrix} \underline{U}_{q1} \\ \underline{U}_{q2} \\ -\underline{U}_{q2} \\ 0 \end{bmatrix} \quad (7.2)$$

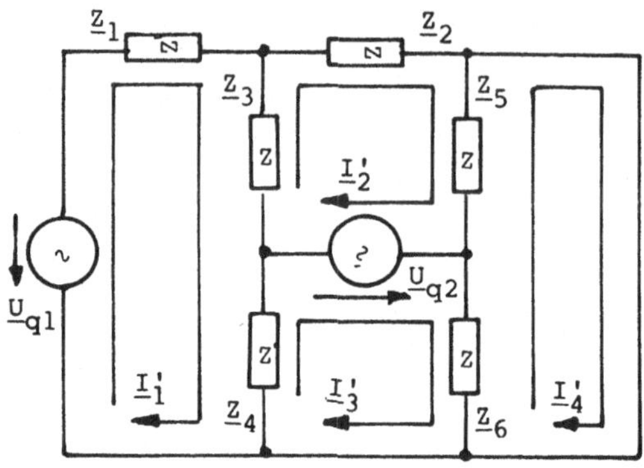

Bild 7.3 Netzwerk

angeben. Wenn die komplexen Widerstände $\underline{Z}_n = R_n + j\,X_n$ mit Wirkwiderstand R_n und Blindwiderstand X_n sowie die komplexen Spannungen $\underline{U}_{qn} = \mathrm{Re}\,\underline{U}_{qn} + j\,\mathrm{Im}\,\underline{U}_{qn}$ bekannt sind, kann man die komplexen Maschenströme $\underline{I}'_j = \mathrm{Re}\,\underline{I}'_j + j\,\mathrm{Im}\,\underline{I}'_j$ und über sie alle übrigen Zweigströme sowie anschließend alle Spannungen durch Lösen des Gleichungssystems (7.2) berechnen.

Die Widerstandsmatrix ist symmetrisch. Sie enthält in der Hauptdiagonalen mit $\underline{A}_{jj}$ die Summe der für den Maschenstrom $\underline{I}'_j$ wirksamen komplexen Widerstände $\underline{Z}_n$. Die Nebendiagonalen sind mit den komplexen Koppelwiderständen $\underline{Z}_{jk} = \underline{A}_{jk}$ besetzt, wenn die Zählpfeile der zugehörigen Maschenströme $\underline{I}'_j$ und $\underline{I}'_k$ gleichsinnig angesetzt sind. Sind sie entgegengesetzt, ist mit $\underline{A}_{jk} = -\underline{Z}_{jk}$ das Vorzeichen umzukehren. Der Spaltenvektor der rechten Seite enthält jeweils die Summe der in ihrer Masche auf die Maschenströme einwirkenden Quellenspannungen, d.h. die Umlauf-Quellenspannungen $\Sigma\,\underline{U}_{qj}$. Man beachte, daß die Quellenspannungen mit positivem Vorzeichen einzuführen sind, wenn die Zählpfeile von Quellenspannung $\underline{U}_{qj}$ und Maschenstrom $\underline{I}'_j$ entgegengesetzt gerichtet sind.

Wenn man die Maschenströme so wählt, daß sich in einem komplexen Widerstand $\underline{Z}_{jk}$ nur zwei Maschenströme $\underline{I}'_j$ und $\underline{I}'_k$ mit entgegengesetztem Zählsinn überlagern, sind die Gleichungssysteme bei Anwendung von Knotenpunktpotential- und Maschenstrom-Verfahren dual /14/. Man kann dann den für das Knotenpunktpotential-Verfahren geltenden Algorithmus auch auf das Maschenstrom-Verfahren anwenden, wenn man alle Leitwerte $\underline{Y}_j$ durch Widerstände $\underline{Z}_j$ ersetzt und Ströme $\underline{I}'_j$ und Spannungen $\underline{U}'_j$ gegeneinander vertauscht.

Man beachte, daß das Knotenpunktpotential-Verfahren mit dem hier mitgeteilten Programm 3.20 auf beliebige lineare, zeitinvariante Netzwerke angewendet werden kann, dieses Programm aber für das Maschenstrom-Verfahren nur bei zweidimensionalen Netzwerken - also Schaltungen, die man ohne Kreuzungen in der Ebene ausbreiten kann -

eingesetzt werden darf. Für das Maschenstrom-Verfahren ist nämlich der gleiche Algorithmus nur dann brauchbar, wenn die Schaltungselemente höchstens von zwei Maschenströmen mit entgegengesetzter Zählpfeilrichtung durchflossen werden. Es müssen daher die Maschenströme entsprechend angesetzt werden.

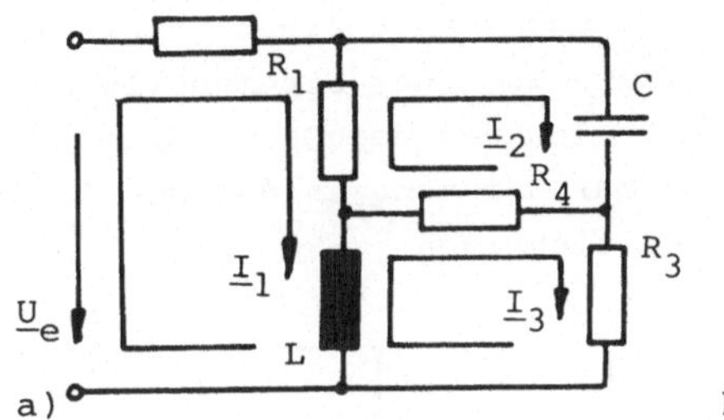

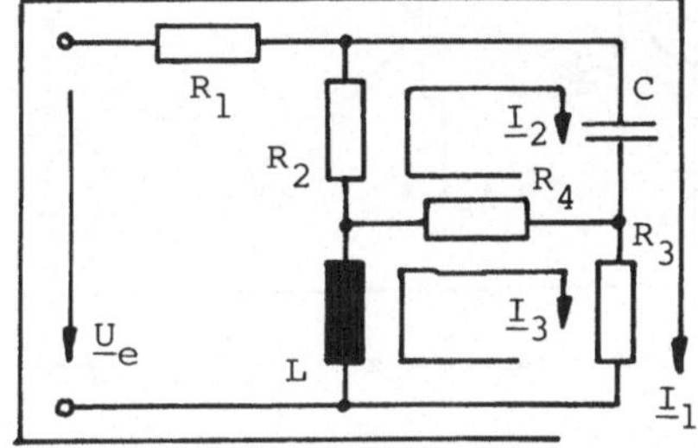

Bild 7.4 Richtige (a) und falsche (b) Wahl der Maschenströme

Bild 7.4 a zeigt an einem Beispiel, wie die Zählpfeilrichtungen zu wählen sind. In Bild 7.4 b haben dagegen die Maschenströme in den Elementen C und R_3 die gleiche Richtung, was das Programm 3.20 nicht verarbeiten kann. Im dreidimensionalen Netzwerk von Bild 7.5 überkreuzen sich zwei Leitungen, und man findet keine Anordnung der Maschenströme, in der nicht mindestens in einem Element ihre Zählpfeile die gleiche Richtung haben. Eine solche Schaltung kann daher mit dem Programm 3.20 nicht berechnet werden, obwohl man ganz allgemein derartige Netzwerke auch mit dem Maschenstromverfahren angehen kann (s. Beispiel 6.3).

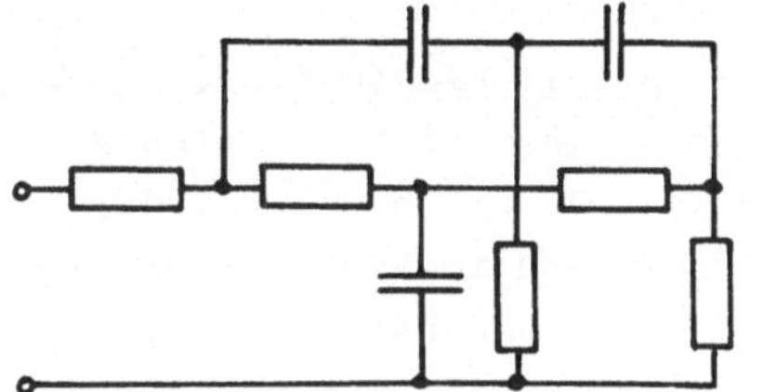

Bild 7.5 Dreidimensionales Netzwerk

7.1.3 Netzumformung

Eine Schaltung nach Bild 7.6 läßt sich mit den beschriebenen Verfahren nicht ohne weiteres berechnen, da es neben einer Spannungsquelle noch eine Stromquelle enthält. Soll es mit dem Programm für Maschenströme behandelt werden, muß zuvor die Stromquelle in eine Spannungsquelle umgewandelt werden. Soll es dagegen mit dem Knotenpunktpotential-Verfahren untersucht werden, sind zunächst die komplexen Widerstände $\underline{Z}_j$ in komplexe Leitwerte $\underline{Y}_j$ und die Spannungsquelle in eine Stromquelle umzurechnen. Dies kann wie in Bild 7.7

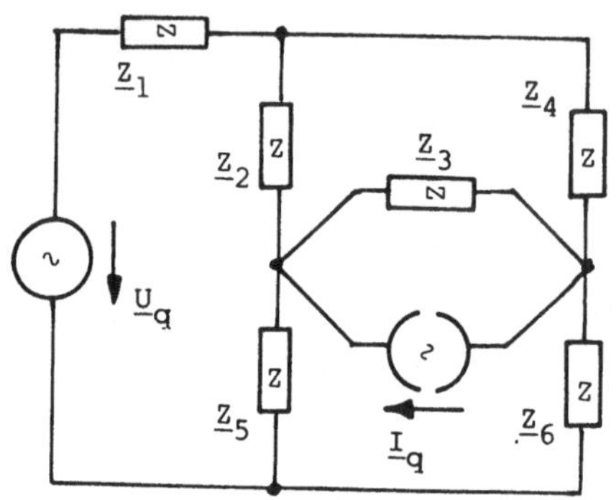

Bild 7.6 Netzwerk

dargestellt geschehen /14/. Außerdem braucht man parallele Widerstände zu idealen Spannungsquellen nur zur Berechnung der Quellenleistung oder des Stromes in der Quelle und analog einen Reihenwiderstand zu einer Stromquelle nur zur Berechnung der Quellenleistung oder der Spannung an der Quelle zu berücksichtigen.

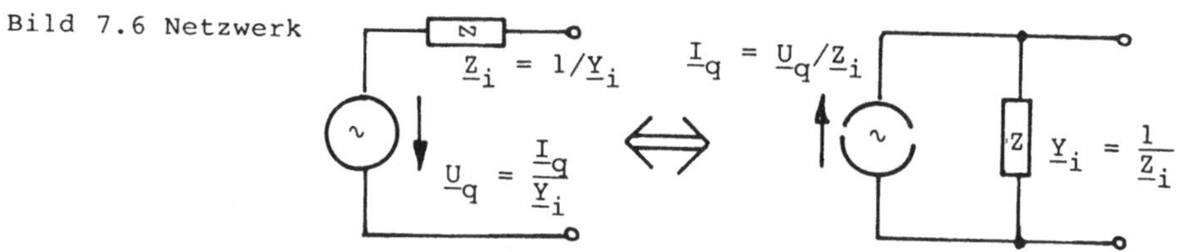

Bild 7.7 Umwandlung von Spannungs- in Stromquellen und umgekehrt

<u>7.1.3.1 Ideale Quellen</u>. Diese Quellen mit inneren Widerständen $\underline{Z}_i = 0$ bzw. inneren Leitwerten $\underline{Y}_i = \infty$ lassen sich nicht entsprechend Bild 7.7 umrechnen. Bei der Parallelschaltung von idealer Spannungs- und idealer Stromquelle ist nur die Spannungsquelle sowie bei der Reihenschaltung von idealer Strom- und idealer Spannungsquelle nur die Stromquelle zu berücksichtigen. Es ist ferner aus physikalischen Gründen unzulässig, ideale Stromquellen mit unterschiedlichen Quellenströmen $\underline{I}_{qi}$ in Reihe oder ideale Spannungsquellen mit unterschiedlichen Quellenspannungen $\underline{U}_{qi}$ parallel zu schalten.

Ideale Quellen kann man außerdem nach /45/ verlegen, wenn hierdurch für Knotenpunkte die <u>Strombilanz</u> und für Maschen die <u>Spannungsbilanz</u> nicht verfälscht wird. Daher ergeben sich beispielsweise die Möglichkeiten von Bild 7.8.

Schließlich kann man nach /45/ den Quellenstrom wie in Bild 7.9 a auch als <u>eingeprägten Maschenstrom</u> auffassen, der in den Zweigen, die er durchfließt, mit den Zweigwiderständen $\underline{Z}_{jk}$ Teilspannungen $\underline{U}_{jk} = \underline{Z}_{jk}\,\underline{I}_{qj}$ verursacht, die man dort auch als Quellenspannung wirken lassen kann. So erhält man die vereinfachte Schaltung von Bild 7.9 b.

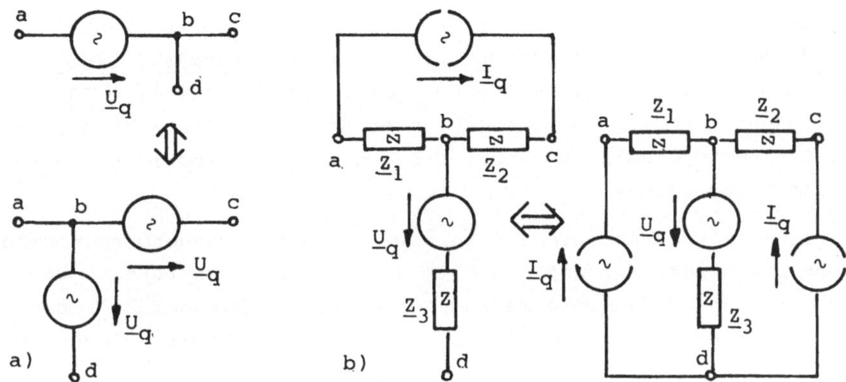

Bild 7.8 Verlegung von idealen Spannungsquellen (a) und idealen Stromquellen (b)

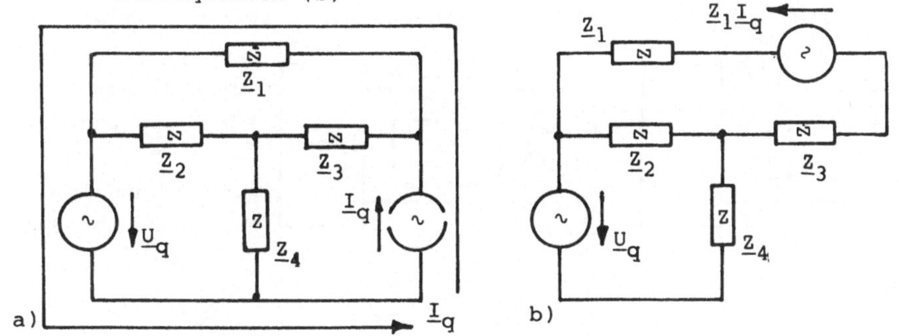

Bild 7.9 Netzwerk mit eingeprägtem Maschenstrom $\underline{I}_q$ (a) und sein Ersatz (b) durch eine Spannungsquelle

Durch diese Umformungen können einzelne Zweigströme und -spannungen gegenüber der ursprünglichen Schaltung verändert werden. Man nehme sie daher möglichst nicht in den Zweigen vor, deren Größen bestimmt werden sollen. U.U. ist nach den ersten Teilrechnungen auf das ursprüngliche Netzwerk zurückzugehen.

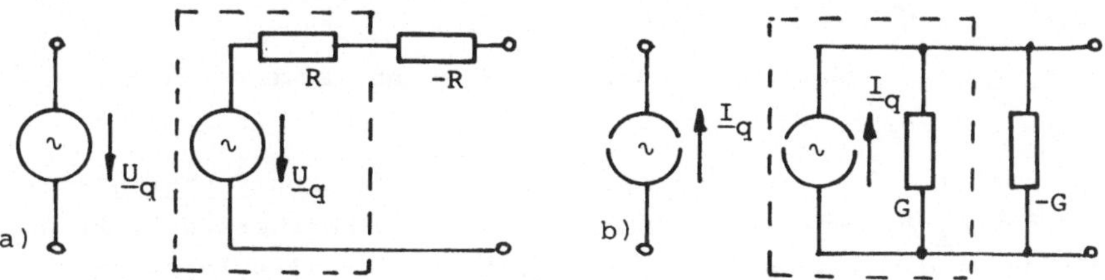

Bild 7.10 Ergänzte ideale Spannungs- (a) und Stromquelle (b)

Grundsätzlich ändert man am Verhalten eines Netzwerks nichts, wenn man ideale Quellen entsprechend Bild 7.10 rein formal ergänzt, so daß man dann die gestrichelt eingerahmten Schaltungsteile für sich in die jeweils andere Quellenart umrechnen kann. Die Widerstände R bzw. Leitwerte G sollten in der Größenordnung der übrigen Elemente gewählt werden.

Allerdings wird durch diese besonders einfach vorzunehmenden Umformungen die Anzahl der Knotenpunkte bzw. Maschen vergrößert, was zwar eine länger dauernde Berechnung erzwingt, mit dem hier beschriebenen Programm jedoch meist keine Schwierigkeiten bereitet.

7.1.3.2 Aufbereiten der Netzwerke. Den Eingangswiderstand $\underline{Z}_e$ eines Netzwerks N findet man mit dem Knotenpunktpotential-Verfahren, wenn nach Bild 7.11 a unmittelbar am Eingang ein Leitwert $\underline{Y}_n$ liegt. In diesem Fall sind mit dem Eingangsstrom I_e = 1 A die Zahlenwerte von Eingangsspannung $\underline{U}_e$ und Eingangswiderstand $\underline{Z}_e = \underline{U}_e/\underline{I}_e$ gleich, also

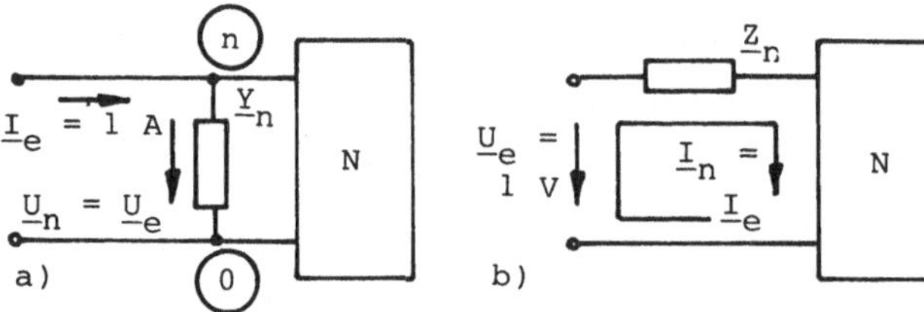

Bild 7.11 Zur Bestimmung von Eingangswiderständen $\underline{Z}_e$ mit dem Knotenpunktpotential-Verfahren (a) und von Eingangsleitwerten $\underline{Y}_e$ mit dem Maschenstrom-Verfahren (b)

$$\{\underline{Z}_e\} = \{\underline{U}_e\} \tag{7.3}$$

Ebenso einfach kann man den Eingangsleitwert $\underline{Y}_e$ mit dem Maschenstrom-Verfahren berechnen, wenn nach Bild 7.11 b unmittelbar am Eingang ein Widerstand $\underline{Z}_n$ liegt; dann ist nämlich bei $\underline{U}_e$ = 1 V analog

$$\{\underline{Y}_e\} = \{\underline{I}_e\} \tag{7.4}$$

Mit

$$\underline{Y}_e = \frac{1}{\underline{Z}_e} = \frac{1}{Z_e} \underline{/- \varphi_e} \tag{7.5}$$

kann man beide Größen ineinander umrechnen und sich daher stets das günstigere Vorgehen aussuchen.

Anhand von Bild 7.12 erkennt man, wie die komplexen Verhältnisse $\underline{I}_a/\underline{U}_e$ oder $\underline{U}_a/\underline{I}_e$ ermittelt werden können. Die Netzwerkteile N1 und N2 dürfen wieder aus beliebigen Schaltungen von Wirkwiderstand R, Induktivität L und Kapazität C bestehen.

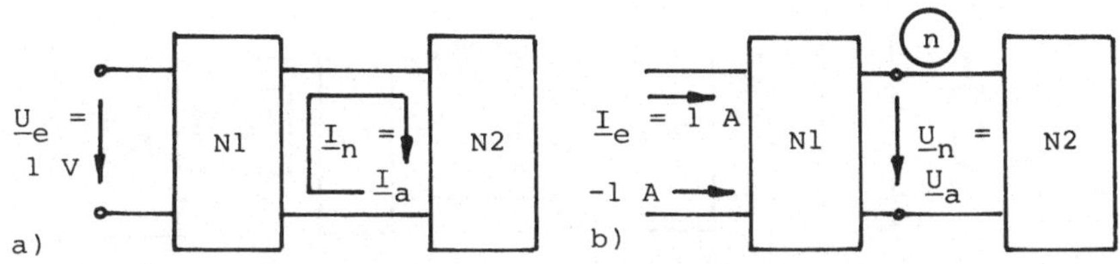

Bild 7.12 Zur Bestimmung des komplexen Verhältnisses $\underline{I}_a/\underline{U}_e$ (a) und des komplexen Verhältnisses $\underline{U}_a/\underline{I}_e$ (b)

Häufig will man das <u>komplexe Spannungsverhältnis</u> $\underline{U}_a/\underline{U}_e$ bestimmen - und zwar meist nur für das Netzwerk N1, d.h. ohne das Netzwerk N2 bzw. mit offenen Ausgangsklemmen. Dies ist nach Bild 7.13 a am einfachsten, wenn unmittelbar am Eingang ein Wirkwiderstand R_1 liegt. Nach Bild 7.13 b ist dann aus diesem Widerstand ein Leitwert $G_1 = 1/R_1$ zu machen und die Einströmung 1 V/R_1 vorzusehen.

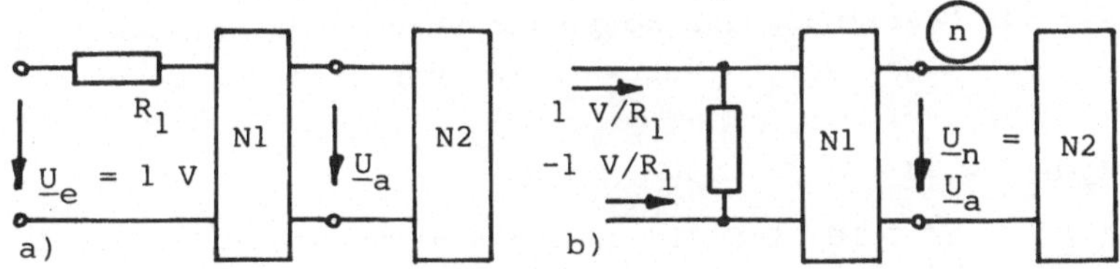

Bild 7.13 Zur Bestimmung des komplexen Spannungsverhältnisses $\underline{U}_a/\underline{U}_e$ in einem Netzwerk mit einem ersten Reihen-Wirkwiderstand (a) und erforderliche Umformung (b)

Für einen beliebigen Eingang (z.B. bei einem komplexen Parallelwiderstand am Eingang) kann man nach Bild 7.14 b zwei Wirkleitwerte vor das Netzwerk schalten, was allerdings die Anzahl der Knotenpunkte vergrößert. Außerdem darf man dann am Eingang nicht den Knotenpunkt 1 wählen, da sonst der Koeffizient a_{11} Null wird und das Gleichungssystem nicht mehr ohne Pivotsuche /7/ lösbar wäre. In beiden Fällen ist

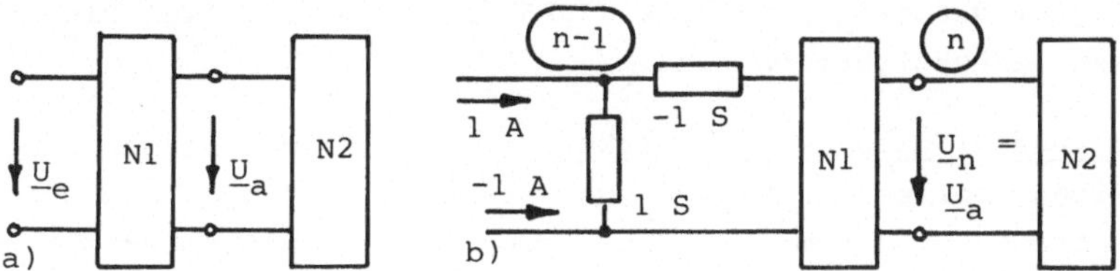

Bild 7.14 Zur Bestimmung des komplexen Spannungsverhältnisses $\underline{U}_a/\underline{U}_e$ in einem beliebigen Netzwerk (a) und erforderliche Umformung (b)

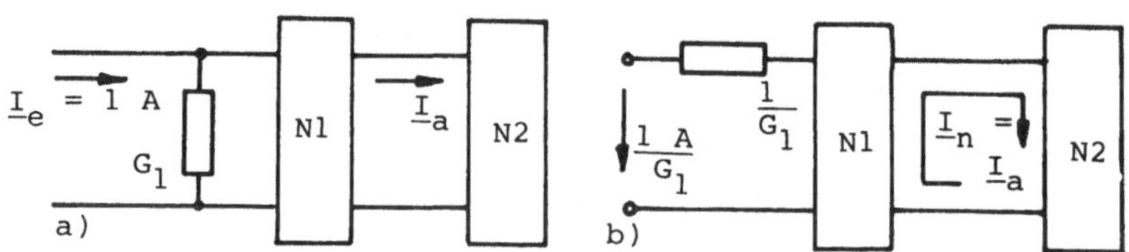

Bild 7.15 Zur Bestimmung des komplexen Stromverhältnisses $\underline{I}_a/\underline{I}_e$ in einem Netzwerk mit einem ersten Parallel-Wirkleitwert G_1 (a) und erforderliche Umformung (b)

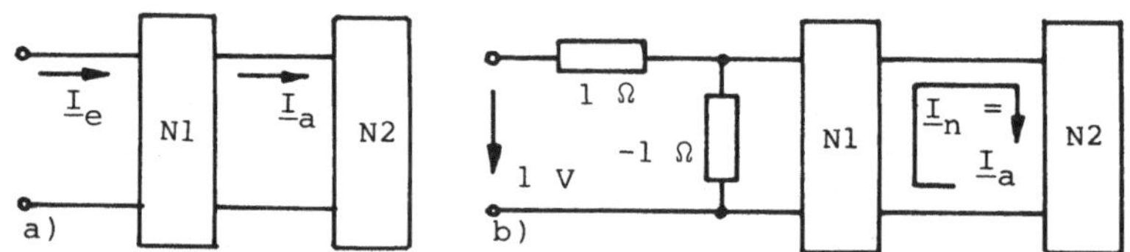

Bild 7.16 Zur Bestimmung des komplexen Stromverhältnisses $\underline{I}_a/\underline{I}_e$ in einem beliebigen Netzwerk (a) und erforderliche Umformung (b)

$$\{\underline{U}_a/\underline{U}_e\} = \{\underline{U}_n\} \tag{7.6}$$

In Bild 7.15 und 7.16 sind die dualen Schaltungen zu Bild 7.13 und 7.14 wiedergegeben. Sie liefern daher

$$\{\underline{I}_a/\underline{I}_e\} = \{\underline{I}_n\} \tag{7.7}$$

Auch hier darf man für die Eingangsmasche nicht den Index 1 wählen. Durch das Vorschalten von Wirkwiderständen oder -leitwerten werden dagegen die Resonanzfrequenzen nicht beeinflußt.

Knotenpunktpotential- und Maschenstromverfahren verlangen stets bei (m + 1) Knotenpunkten bzw. m Maschenströmen das Aufstellen und Lösen eines Gleichungssystems m-ter Ordnung mit einer symmetrischen komplexen Koeffizientenmatrix. Das Rechnerprogramm muß daher für jeden Frequenzwert neu eine Matrizengleichung aufstellen und lösen. Man beachte, daß nach Bild 7.12, 7.13 und 7.14 u.U. zwei Einströmungen zu berücksichtigen sind.

7.1.3.3 Vereinfachen der Netzwerke. Um Lösungen möglichst schnell zu erhalten, sollte man Gleichungssysteme mit geringer Ordnungszahl anstreben. Daher muß man zum Anwenden des Knotenpunktpotential-Verfahrens die Anzahl der Knotenpunkte und für das Maschenstrom-Verfahren die Anzahl der Maschenströme so gering wie möglich machen.

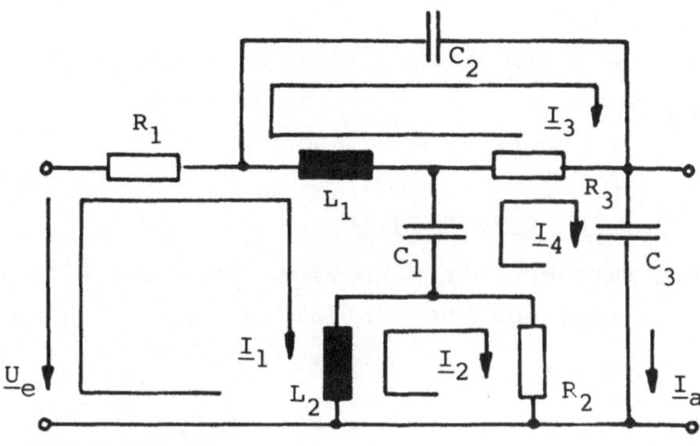

Bild 7.17 Netzwerk

Soll beispielsweise für die Schaltung in Bild 7.17 das komplexe Verhältnis $\underline{I}_a/\underline{U}_e$ bestimmt werden, so kann man nicht nur, wie in Bild 7.17 eingetragen, mit 4 Maschenströmen arbeiten. Man kann auch, wenn man Reihen-Parallelschaltungen wie beim Programm 3.18 zusammenfaßt, aus Wirkwiderstand R_2, Induktivität L_2 und Kapazität C_1 jeweils abhängig von der Kreisfrequenz ω den resultierenden komplexen Widerstand berechnen und in das Gleichungssystem einbringen. So wird der Maschenstrom $\underline{I}_2$ eingespart und das zugehörige Gleichungssystem auf die Ordnungszahl m = 3 verringert. In analoger Weise kann man beim Knotenpunktpotential-Verfahren die Anzahl der wirksamen Knotenpunkte herabsetzen.

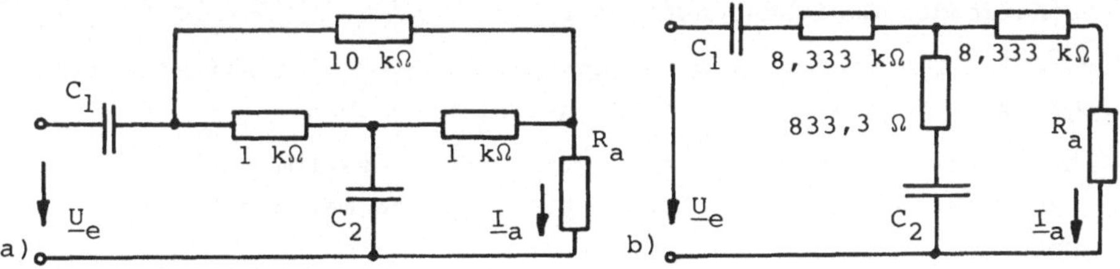

Bild 7.18 Netzwerk vor (a) und nach (b) einer Dreieck-Stern-Umwandlung

Während eine komplexe Stern-Dreieck-Umwandlung für die hier zu betrachtenden Aufgaben i.allg. zu umständlich ist, kann man mit ihr in Sonderfällen jedoch leicht Vereinfachungen erreichen (s. Abschn. 5.1.1). Während z.B. auf die Schaltung in Bild 7.18 a zur Bestimmung des komplexen Verhältnisses $\underline{I}_a/\underline{U}_e$ das Programm 3.18 nicht angewendet werden kann und das Programm 3.21 ein Gleichungssystem mit 3 komplexen Unbekannten zu berechnen hätte, darf man nach einer Umwandlung des oberen Dreiecks in eine Sternschaltung (Bild 7.18 b) sogar wieder auf das Programm 3.18 zurückgreifen.

Außerdem wirken sich Reihenwiderstände auf eingeprägte Ströme bzw. Quellenströme sowie Parallelwiderstände auf eingeprägte Spannungen bzw. Quellenspannungen nach /14/ nicht aus und dürfen daher für das Bestimmen der entsprechenden Spannungs- und Stromverhältnisse fortgelassen werden - aber natürlich nicht bei der Berechnung von komplexen Eingangswiderständen $\underline{Z}_e$.

7.1.4 Anwendungsregeln

Ein Netzwerk mit k Knotenpunkten und z Zweigen erfordert nach /14/ beim Knotenpunktpotential-Verfahren das Berechnen von

$$r = k - 1 \tag{7.8}$$

Knotenpunktpotentialen bzw. Teilspannungen, während beim Maschenstrom-Verfahren

$$m = z - r = z + 1 - k \tag{7.9}$$

Maschenströme zu bestimmen sind. Je nachdem, ob Gl.(7.8) oder (7.9) die kleinere Anzahl ergibt, ist für das eine oder das andere Verfahren ein Gleichungssystem kleinerer Ordnung zu lösen, das natürlich schneller zu berechnen ist. Wenn für eine numerische Lösung ein Rechnerprogramm eingesetzt werden kann, ist dies jedoch kein entscheidender Gesichtspunkt mehr.

Zur Wahl der Verfahren - auch hinsichtlich der hier mitgeteilten Programme - kann man folgende Richtlinien angeben:

a) Auf Netzwerke, die vorwiegend Ein- oder Ausströmungen aufweisen (z.B. Energieverteilungsnetze), sollte man das Knotenpunktpotential-Verfahren anwenden.

b) Netzwerke, die viele Spannungsquellen enthalten, lassen sich meist am schnellsten mit dem Maschenstrom-Verfahren analysieren.

c) Teilspannungen kann man unmittelbar mit dem Knotenpunktpotential-Verfahren berechnen.

d) Zweigströme lassen sich leicht mit dem Maschenstrom-Verfahren bestimmen.

e) Man sollte Netzumformungen, die die gesuchten Größen nicht mehr unmittelbar liefern und daher zusätzliche Berechnungen verlangen, möglichst vermeiden.

f) Mehrdimensionale Netzwerke - also Schaltungen, deren Zweige sich in den zweidimensionalen Darstellungen kreuzen (s. Beispiel 5.2) - können mit dem Programm 3.20 nur über das Knotenpunktpotential-Verfahren untersucht werden.

Ein zweckmäßiges Vorgehen zeigen die Beispiele in Abschn. 7.3.

7.1.5 Vorbereiten des Netzwerks

Zum Anwenden des Knotenpunktpotential-Verfahrens wird die Schaltung zweckmäßig in eine zu Bild 7.2 analoge Form gebracht; sie darf dann nur Stromquellen aufweisen. Allerdings verlangen die hier mitgeteilten Programme grundsätzlich nicht die Eingabe von Leitwerten, sondern von Widerständen (und Induktivitäten und Kapazitäten). Der (frei wählbare) Bezugsknotenpunkt wird mit 0 bezeichnet. Die übrigen Knotenpunkte sind durchzunumerieren. Die Ordnungszahl m des zu lösenden Gleichungssystems ist durch die höchste Knotenpunkt-Nummer festgelegt. Auch die Indizes aller übrigen Größen sind durch die zugehörigen Knotenpunkt-Nummern eindeutig vorgegeben. Die Einströmungen erhalten Zählpfeile, die zum Knotenpunkt weisen. Ströme sind daher u.U. mit negativem Vorzeichen einzugeben.

Wenn das Maschenstrom-Verfahren eingesetzt werden soll, empfiehlt sich eine Vorbereitung der Schaltung entsprechend Bild 7.3; sie darf also nur Spannungsquellen enthalten. Die Maschenströme werden durchnumeriert und so gewählt, daß in jedem Zweig mindestens ein Maschenstrom fließt und, wenn dort zwei Maschenströme fließen, die zugehörigen Zählpfeile entgegengesetzt gerichtet sind. Die Ordnungszahl m ist durch die höchste Maschenstrom-Nummer bestimmt. Quellenspannungen, deren Zählpfeile den Zählpfeilen der zugehörigen Maschenströme entgegengerichtet sind, werden positiv eingegeben; bei gleicher Zählpfeilrichtung sind die Vorzeichen von Real- und Imaginärteil umzukehren.

7.3 Programmbeschreibung

Es werden hier zwei Versionen des Netzwerkanalyseprogramms unter Anwendung des Knotenpunktpotential- und des Maschenstrom-Verfahrens mitgeteilt - nämlich das Programm 3.20, das nur für einen Frequenzwert Spannungen und Ströme berechnet und für das daher das umfangreiche Frequenzgangprogramm 3.14 oder seine Alternativen 3.15 und 3.16 entbehrlich sind, und das Programm 3.21, das insbesondere Frequenzgänge, Resonanzfrequenzen, Gruppenlaufzeiten und Sprungantworten bestimmen soll, aber auch einfache Netzwerkanalysen ausführen kann. Beide Programme unterscheiden sich nur in Teilen, nutzen also die gleichen Grundsegmente.

7.3.1 Netzwerkanalyse für eine feste Frequenz

Das auf den nächsten Seiten stehende Programm 3.20 wird über RUN "KM" aufgerufen. Die Programmzeile 3010 bittet dann den Benutzer mit KNOTEN - MASCHEN M?, die Anzahl der wirksamen Knotenpunkte oder der eingeführten Maschenströme - also die Ordnungszahl m des zu lösenden Gleichungssystems - anzugeben. Anschließend muß er festlegen, ob die Aufgabe mit dem Knotenpunktpotential- (KP) oder mit dem Mashcenstrom-Verfahren (MS) gelöst werden soll. Mit N? wird er aufgefordert, die Anzahl der vorgegebenen Eingangsdaten - d.i. die Anzahl der in der Schaltung vorhandenen Bauelemente und eingeprägten Strom- oder Spannungskomponenten - einzugeben.

Zeile 3020 bildet anhand der so festgelegten Datenbereiche die benötigten Datenfelder - nämlich M(..) für die Gleichungsmatrix, BØ(..) für die Zeichen und C(..) für die Daten der Schaltungselemente. Jedes Schaltungselement ist durch Knoten- oder Maschen-Kennzahl J.K und Bauart - Wirkwiderstand R, Kapazität C, Induktivität L in Reihe (R) oder parallel (P) - sowie seinen Zahlenwert gekennzeichnet. Um Speicherplatz zu sparen, wird die Kennzahl J.K in ein Zeichen umgewandelt und zusammen mit dem Bauelement-Zeichen im Datenfeld BØ(..) abgelegt.

Ab Zeile 3030 werden die Schaltungsdaten eingegeben. Mit J.K? wird der Benutzer aufgefordert anzugeben, zwischen welchen Knotenpunkten J und K das Bauelement liegt, oder welche Indizes J und K zu den Maschenströmen gehören, die dieses Schaltungselement durchfließen. Dabei <u>muß stets J < K</u> sein! Der Knotenpunkt 0 ist auch mit J = 0 einzugeben. Wenn ein Schaltungselement von <u>nur einem</u> Maschenstrom durchflossen wird, ist ebenfalls J = 0. Die übrigen Kürzel bedeuten

RR	Wirkwiderstand in Reihe	RP	Wirkwiderstand parallel
CR	Kapazität in Reihe	CP	Kapazität parallel
LR	Induktivität in Reihe	LP	Induktivität parallel
RE	Wirkomponente und	IM	Blindkomponente

des eingeprägten Stroms (bei KP) oder der eingeprägten Spannung (bei MS).

Sie sind eigentlich für das Frequenzgangprogramm vorgesehen, können aber auch für eine einfache Netzwerkanalyse benutzt werden. <u>Blindwiderstände</u> sind dann grundsätzlich nach LR oder LP einzugeben, und zwar induktive mit positivem Vorzeichen und kapazitive mit negativem.

Bei den eingeprägten Strömen und Spannungen ist stets J = K, und J ergibt sich durch den Knotenpunkt, dem der Strom zugeordnet ist, oder den Index des Maschenstroms, der die zugehörige Spannungsquelle durchfließt. Eingeprägte Ströme und Spannungen müssen daher u.U. mehrfach berücksichtigt werden. Die Werte von Strömen, deren Zählpfeile zum betrachteten Knotenpunkt weisen, oder von Spannungen, deren Zählpfeile mit der Richtung des zugehörigen Maschenstroms übereinstimmen, erhalten ein positives Vorzeichen - die übrigen entsprechend ein negatives. Ströme und Spannungen sollten als letzte Daten eingegeben werden.

Bei der Eingabe der Bauelementdaten ist die mit Bild 5.4 vorgegebene Reihenfolge zu beachten. nach der Eingabe der Bauelementart wird diese nochmals kurzzeitig angezeigt und anschließend mit einem Fragezeichen (?) der zugehörige Wert angefordert. (Wirkleitwerte werden also auch mit den zugehörigen Widerstandswerten eingegeben.) Die Programmzeile 3040 sorgt für die richtige Abspeicherung und macht mit STR$ D aus der numerischen Variablen D ein Zeichen, das mit der Variablen C$ summiert werden kann.

Die Programmzeile 3050, die von der Zeile 3050 im Programm 3.21 abweicht, verlangt eine Festlegung des Ausgabeformats - nämlich mit KO für die Komponenten- und mit EX für die Exponentialform. Das folgende Hauptprogramm ist für das Bestimmen von Frequenzgängen ausgelegt und könnte daher an verschiedenen Stellen für die Netzwerkanalyse bei nur einer Frequenz noch vereinfacht werden.

Ab Zeile 3400 wird zunächst geprüft, ob eine Frequenz f oder die Kreisfrequenz ω vorgegeben ist, was auch nur für den Frequenzgang Bedeutung hat. Ferner müssen die Arbeitsspeicher Y und Z, in die hineinaddiert wird, Null gesetzt werden. Ebenso ist mit Zeile 3410 und 3420 das ganze Datenfeld für die Gleichungsmatrix zu löschen.

Mit der Programmzeile 3430 beginnt das Aufstellen der Koeffizientenmatrix, wobei zunächst das für das 1. Schaltungselement abgespeicherte Zeichen J.K aufzurufen und in eine Zahl zurückzuwandeln ist. Zeile 3440 holt nun nacheinander alle Schaltungselemente aus den Datenfeldern B$(..) und C(..), und die Unterprogramme in Zeile 2700 bis 2760 bearbeiten sie entsprechend ihren Charakter. Diese Unterprogramme sind mit den entsprechenden Programmzeilen des Programms 3.18 identisch. Für die Quellenspannungen und -ströme werden die Unterprogramme in Zeile 3910 bis 3950 eingesetzt.

Programm 3.20

```
  10:IF Y=0 AND Z=0
     RETURN
  20:Y=POL (Y,Z):RETURN
  30:IF Y=0 AND Z=0
     RETURN
  40:X=SQU Y+SQU Z:Y=Y/X:
     Z=-Z/X:RETURN
  50:GOSUB 40
  60:X=Y:Y=X*V-Z*W:Z=X*W+
     Z*V:RETURN
  80:"W"V=Y:W=Z:RETURN
  90:X=Y
 100:IF X=0 THEN 120
 110:X=(5*TEN INT (LOG (
     ABS X)-4)+ABS X)*SGN
     X
 120:USING "##.###^":
     RETURN
 130:X=Z
 140:W=1E8+ABS X:X=(W-1E8
     )*SGN X:RETURN
 150:"KO" GOSUB 90:V=X:X=
     Z:GOSUB 100:PRINT "R
     E=";V:PRINT "IM=";X:
     RETURN
 160:"EX" DEGREE :GOSUB 1
     0:GOSUB 90
 170:V=X:GOSUB 130:PRINT
     "B=";V:USING :PRINT
     "<=";X
 180:Y=REC (Y,Z):RETURN
 190:"Z" AREAD X:GOSUB 10
     0:PRINT X:END
2700:"RR"Y=C(A)+Y:
     RETURN
2710:"RP" GOSUB 30:Y=Y+
     1/C(A):GOTO 40
2720:"LR"Z=A(27)*C(A)+Z
     :RETURN
2730:"LP" GOSUB 30:
     GOSUB 2750:GOTO 40
2750:"CR"Z=Z-1/A(27)/C(
     A):RETURN
2760:"CP" GOSUB 30:
     GOSUB 2720:GOTO 40
2900:"D" INPUT C(L)
2910:"L" FOR L=0 TO B:
     PRINT B$(L);"=";C(
     L):NEXT L:END
3010:"KM" CLEAR :WAIT 5
     0:PRINT "KNOTEN -
     MASCHEN":INPUT "M?
     ",A(31),"KP MS?",A
     $(30),"N?",B
3020:B=B-1:I=A(31)+1:
     DIM M(I,I),B$(B),C
     (B)
3030:FOR L=0 TO B:INPUT
     "J.K?",D:PRINT "RR
      RP CR CP":INPUT "
     LR LP RE IM?",C$
3040:PRINT C$:INPUT C(L
     ):B$(L)=STR$ D+C$:
     NEXT L
3050:WAIT :INPUT "KO EX
     ",T$:M$="W":P=1:Q=
     1:GOTO 3400
3130:FOR D=I-2 TO 0
     STEP -1:F=D:C=I-1:
     E=D+1:GOSUB 3640:
     GOSUB 3630:GOSUB 6
     0:GOSUB 80
3140:M(F,E)=V:M(E,F)=W:
     IF D=0 THEN 3170
3150:FOR F=D-1 TO 0
     STEP -1:E=D+1:
     GOSUB 3630:GOSUB 6
     0:C=F:E=I:GOSUB 36
     60:NEXT F:NEXT D
3170:BEEP 1:O$="X":IF A
     $(30)="MS" LET O$=
     "I"
3180:IF A$(30)="KP" LET
     O$="U"
3190:GOSUB 3710:IF O$="
     X" END
3220:"N" INPUT "J.K?",F
     :C=F:GOSUB 3690:IF
     F=0 LET F=I
```

```
3230:Y=M(D-1,I)-M(F-1,I
     ):Z=M(I,D-1)-M(I,F
     -1):GOSUB 3700
3240:GOSUB 80:PAUSE "Z?
     ":INPUT "RE?",Y,"I
     M?",Z
3250:IF A$(30)="KP"
     GOSUB 50:O$="I":
     GOSUB 3700:O$="U":
     GOTO 3220
3260:GOSUB 60:O$="U":
     GOSUB 3700:O$="I":
     GOTO 3220
3400:A(27)=P:GOSUB 3940
     :I=A(31)+1:IF M$="
     F" LET A(27)=2*π*P
3410:FOR C=0 TO I
3420:FOR D=0 TO I:M(C,D
     )=0:NEXT D:NEXT C
3430:F=VAL LEFT$ (B$(0)
     ,3)
3440:FOR A=0 TO B:A$(29
     )=MID$ (B$(A),4,2)
     :GOSUB A$(29):IF A
     =B THEN 3820
3450:A(28)=VAL LEFT$ (B
     $(A+1),3):IF A$(29
     )="RE" OR A$(29)="
     IM" THEN 3470
3460:IF F<>A(28) THEN 3
     810
3470:F=A(28):NEXT A
3540:FOR F=0 TO I-3
3550:FOR C=F+1 TO I-2:E
     =F+1:GOSUB 3600:
     GOSUB 80
3560:FOR E=C+1 TO I:
     GOSUB 3610:GOSUB 3
     660:NEXT E:NEXT C:
     NEXT F:IF Q=1 THEN
     3130
```

```
3600:GOSUB 3640
3610:GOSUB 3630:GOTO 60
3630:Y=M(F,E):Z=M(E,F):
     RETURN
3640:GOSUB 3630:X=SQU Y
     +SQU Z:V=Y/X:W=-Z/
     X:E=C+1:RETURN
3660:M(E,C)=M(E,C)-Z
3670:Y=-Y
3680:M(C,E)=M(C,E)+Y:
     RETURN
3690:D=10*(F- INT F):F=
     INT F:RETURN
3700:R$=O$+STR$ C+"=":
     PRINT R$:GOTO T$
3710:FOR C=1 TO I-1:F=C
     -1:GOSUB 3630:
     GOSUB 3700:NEXT C:
     RETURN
3810:IF A$(30)="KP"
     GOSUB 40
3820:GOSUB 3690:IF Y=0
     THEN 3870
3830:IF F=0 THEN 3850
3840:C=F-1:E=D:GOSUB 36
     70:E=F:GOSUB 3670
3850:E=D:C=E-1:IF Z=0
     THEN 3900
3860:GOSUB 3680
3870:Y=Z:IF F<>0 LET E=
     F-1:C=D:GOSUB 3670
     :C=F:GOSUB 3670
3890:C=D:E=D-1
3900:GOSUB 3930:GOTO 34
     70
3910:"RE"C= INT F-1:E=I
3920:Y=C(A)
3930:GOSUB 3680
3940:Y=0:Z=0:RETURN
3950:"IM"E= INT F-1:C=I
     :GOTO 3920
```

Zeile 3440 bis 3470 sorgen dafür, daß die Schaltungselemente eines Zweigs zunächst zu einem komplexen Widerstand zusammengefaßt und erst anschließend seine Komponenten in die Koeffizientenmatrix eingebracht werden. Der Programmteil in Zeile 3540 bis 3560 stellt die Koeffizientenmatrix entsprechend Tafel 6.1 auf. Bei Anwendung des Knotenpunktpotential-Verfahrens bildet zuvor das Unterprogramm in Zeile 3810 Leitwerte. In der Programmzeile 3690 wird die Zahl J.K in ihre Komponenten J und K zerlegt, die die Verteilung der Widerstände oder Leitwerte auf die Koeffizientenmatrix steuern. Nicht benötigte Programmteile werden dabei übersprungen.

Identisch mit dem Programm 3.19 ist der Gauß-Algorithmus, der in den Programmzeilen 3540 bis 3560 das Gleichungssystem reduziert sowie in den Zeilen 3130 bis 3150 die gesuchten Ströme oder Spannungen berechnet.

Die Ausgabe der Ergebnisse wird durch einen Piepton (Zeile 3170) angekündigt. Beim Knotenpunktpotential-Verfahren werden die Ergebnisse mit fortlaufender Numerierung als Spannungen U1= usw. sowie beim Maschenstrom-Verfahren als Ströme mit I1= usw. gekennzeichnet (Unterprogramm in Zeile 3700).

Über DEF L (Zeile 2910) kann man wieder die gespeicherten Schaltungsdaten auflisten und sie dann über DEF D (Zeile 2900) korrigieren.

Die gewählte Anordnung (Tafel 6.1) hat den Vorteil, daß zum Schluß bei der Ordnungszahl m die Lösungen

Re $\underline{U}_j$	oder Re $\underline{I}_j$	über	M(j,m + 1)
Im $\underline{U}_j$	oder Im $\underline{I}_j$	über	M(m + 1,j)

nochmals leicht aufgerufen werden können. Daher lassen sich nach dem Bestimmen der in Bild 7.2 oder 7.3 eingetragenen Spannungen und Ströme auch noch die restlichen Spannungen oder Ströme über einen folgenden Programmteil leicht finden. Nach dem Aufruf J.K?, dem die Eingabe der zugehörigen Knotenpunkte J und K, zwischen denen die Spannung

$$\underline{U}_{jk} = \underline{U}_j - \underline{U}_k \tag{7.10}$$

auftritt, folgen muß bzw. der Indizes der Maschenströme, denen der Strom

$$\underline{I}_{jk} = \underline{I}_j - \underline{I}_k \tag{7.11}$$

zuzuordnen ist, wird die erforderliche Differenz gebildet und ausgegeben. Nach dem Eingeben der zugehörigen Widerstände $\underline{Z}_{jk}$ werden außerdem die entsprechenden Teilströme $\underline{I}_{jk}$ bzw. Teilspannungen $\underline{U}_{jk}$ berechnet. Über DEF N kann man zur nächsten Teilgröße übergehen.

Es sind stets Real- und Imaginärteil von Spannung oder Strom einzugeben. Wenn sie in der Polarform $\underline{A} = A\, e^{j\alpha} = A\ \underline{/\alpha}$ vorliegen, kann man sie noch während der Eingabe in die Komponentenform

$$\underline{A} = A \cos \alpha + j\, A \sin \alpha \qquad (7.12)$$

bringen.

Die Ergebnisse werden je nach Wahl in der Komponentenform (KO) oder in der Polar- bzw. Exponentialform (EX) - und zwar in einem vierziffrigen, gerundeten Exponentialformat (Realteil RE und Imaginärteil IM oder Betrag B und Winkel < nacheinander) und der Winkel im gerundeten Normalformat mit einer Nachkommastelle - angezeigt.

Mit diesem Programm 3.20 kann man wegen der Beschränkung der Indizes auf einziffrige Zahlen noch Schaltungen mit bis zu 10 Knotenpunkten oder 9 Maschenströmen berechnen.

7.3.2 Frequenzgang und Sprungantwort

In diesem Programm 3.21 können, wenn das vollständige Lösen einfrequenter Zustände nicht gefragt ist, gegenüber dem Programm 3.20 die Zeilen 3130 bis 3260 fehlen, da auf das vollständige Rückwärtseinsetzen verzichtet werden kann. Mit den Zeilen 3570 bis 3630 wird vielmehr nur die letzte komplexe Unbekannte berechnet. Hinzu kommen daher eine veränderte Zeile 3050 und die Zeile 3570 sowie je nach gewünschtem Aufwand das vollständige Unterprogramm 3.14 in Zeile 200 bis 780 für Frequenzgang, Resonanzfrequenz und Sprungantwort (einschließlich Drucken und Plotten) oder das reduzierte Unterprogramm 3.15 (ohne Drucken und Plotten) und das weiter reduzierte Unterprogramm 3.16 (nur Anzeige des Frequenzgangs).

Es ist auf den folgenden Seiten in Verbindung mit dem Unterprogramm 3.16 aufgeführt. Universell einsetzbar ist es nur zusammen mit dem Unterprogramm 3.14.

Man beachte, daß das Programm 3.20 die Lösungen U_i bzw. I_i in der Reihenfolge der Indizes 1 bis m ausgibt, das Programm 3.21 dagegen nur die m-te, also die letzte Unbekannte U_m oder I_m!

Wenn nur ein Frequenzwert gewünscht wird, geht dieses Programm 3.21 automatisch auf die Ausgabe des Programms 3.20 über, so daß es universeller als dieses einzusetzen ist. Für die Erläuterung der einzelnen Programmteile s. Abschn. 7.3.1.

<u>Programm 3.21</u>

```
 10:IF Y=0 AND Z=0
    RETURN
 20:Y=POL (Y,Z):RETURN
 30:IF Y=0 AND Z=0
    RETURN
 40:X=SQU Y+SQU Z:Y=Y/X:
    Z=-Z/X:RETURN
 50:GOSUB 40
 60:X=Y:Y=X*V-Z*W:Z=X*W+
    Z*V:RETURN
 80:"W"V=Y:W=Z:RETURN
 90:X=Y
100:IF X=0 THEN 120
110:X=(5*TEN INT (LOG (
    ABS X)-4)+ABS X)*SGN
    X
120:USING "##.###^":
    RETURN
130:X=Z
140:W=1E8+ABS X:X=(W-1E8
    )*SGN X:RETURN
150:"KO" GOSUB 90:V=X:X=
    Z:GOSUB 100:PRINT "R
    E=";V:PRINT "IM=";X:
    RETURN
160:"EX" DEGREE :GOSUB 1
    0:GOSUB 90
170:V=X:GOSUB 130:PRINT
    "B=";V:USING :PRINT
    "<=";X
180:Y=REC (Y,Z):RETURN
190:"Z" AREAD X:GOSUB 10
    0:PRINT X:END
200:"F" INPUT "F W?",M$,
    "A?",P,"I?",Q:IF Q<>
    1 INPUT "S?",N,"* +?
    ",S$
210:IF S$="+" LET N=-N
220:INPUT "OK BD?",S$,"K
    O EX?",T$
230:FOR L=1 TO Q:GOSUB O
    :X=P:GOSUB 100:PRINT
    M$;"=";X:IF S$="BD"
    LET T$="B"
270:GOSUB T$
280:IF N>0 LET P=P*N
290:IF N<0 LET P=P-N
300:NEXT L:GOTO 200
320:"B" GOSUB 20:X=20*
    LOG Y
330:GOSUB 140:V=X:GOSUB
    130:USING :PRINT V;"
    DB ";X:RETURN
2700:"RR"Y=C(A)+Y:
     RETURN
2710:"RP" GOSUB 30:Y=Y+
     1/C(A):GOTO 40
2720:"LR"Z=A(27)*C(A)+Z
     :RETURN
2730:"LP" GOSUB 30:
     GOSUB 2750:GOTO 40
2750:"CR"Z=Z-1/A(27)/C(
     A):RETURN
2760:"CP" GOSUB 30:
     GOSUB 2720:GOTO 40
2900:"D" INPUT C(L)
2910:"L" FOR L=0 TO B:
     PRINT B$(L);"=";C(
     L):NEXT L:END
3010:"KM" CLEAR :WAIT 5
     0:PRINT "KNOTEN -
     MASCHEN":INPUT "M?
     ",A(31),"KP MS?",A
     $(30),"N?",B
3020:B=B-1:I=A(31)+1:
     DIM M(I,I),B$(B),C
     (B)
3030:FOR L=0 TO B:INPUT
     "J.K?",D:PRINT "RR
      RP CR CP":INPUT "
     LR LP RE IM?",C$
3040:PRINT C$:INPUT C(L
     ):B$(L)=STR$ D+C$:
     NEXT L
3050:O=3400:WAIT :GOTO
     200
3130:FOR D=I-2 TO 0
     STEP -1:F=D:C=I-1:
     E=D+1:GOSUB 3640:
     GOSUB 3630:GOSUB 6
     0:GOSUB 80
```

```
3140:M(F,E)=V:M(E,F)=W:
     IF D=0 THEN 3170
3150:FOR F=D-1 TO 0
     STEP -1:E=D+1:
     GOSUB 3630:GOSUB 6
     0:C=F:E=I:GOSUB 36
     60:NEXT F:NEXT D
3170:BEEP 1:O$="X":IF A
     $(30)="MS" LET O$=
     "I"
3180:IF A$(30)="KP" LET
     O$="U"
3190:GOSUB 3710:IF O$="
     X" END
3220:"N" INPUT "J.K?",F
     :C=F:GOSUB 3690:IF
     F=0 LET F=I
3230:Y=M(D-1,I)-M(F-1,I
     ):Z=M(I,D-1)-M(I,F
     -1):GOSUB 3700
3240:GOSUB 80:PAUSE "Z?
     ":INPUT "RE?",Y,"I
     M?",Z
3250:IF A$(30)="KP"
     GOSUB 50:O$="I":
     GOSUB 3700:O$="U":
     GOTO 3220
3260:GOSUB 60:O$="U":
     GOSUB 3700:O$="I":
     GOTO 3220
3400:A(27)=P:GOSUB 3940
     :I=A(31)+1:IF M$="
     F" LET A(27)=2*π*P
3410:FOR C=0 TO I
3420:FOR D=0 TO I:M(C,D
     )=0:NEXT D:NEXT C
3430:F=VAL LEFT$ (B$(0)
     ,3)
3440:FOR A=0 TO B:A$(29
     )=MID$ (B$(A),4,2)
     :GOSUB A$(29):IF A
     =B THEN 3820
3450:A(28)=VAL LEFT$ (B
     $(A+1),3):IF A$(29
     )="RE" OR A$(29)="
     IM" THEN 3470
3460:IF F<>A(28) THEN 3
     810
3470:F=A(28):NEXT A
3540:FOR F=0 TO I-3
3550:FOR C=F+1 TO I-2:E
     =F+1:GOSUB 3600:
     GOSUB 80
3560:FOR E=C+1 TO I:
     GOSUB 3610:GOSUB 3
     660:NEXT E:NEXT C:
     NEXT F:IF Q=1 THEN
     3130
3570:E=I-1:C=E:F=I-2
3600:GOSUB 3640
3610:GOSUB 3630:GOTO 60
3630:Y=M(F,E):Z=M(E,F):
     RETURN
3640:GOSUB 3630:X=SQU Y
     +SQU Z:V=Y/X:W=-Z/
     X:E=C+1:RETURN
3660:M(E,C)=M(E,C)-Z
3670:Y=-Y
3680:M(C,E)=M(C,E)+Y:
     RETURN
3690:D=10*(F- INT F):F=
     INT F:RETURN
3700:R$=O$+STR$ C+"=":
     PRINT R$:GOTO T$
3710:FOR C=1 TO I-1:F=C
     -1:GOSUB 3630:
     GOSUB 3700:NEXT C:
     RETURN
3810:IF A$(30)="KP"
     GOSUB 40
3820:GOSUB 3690:IF Y=0
     THEN 3870
3830:IF F=0 THEN 3850
3840:C=F-1:E=D:GOSUB 36
     70:E=F:GOSUB 3670
3850:E=D:C=E-1:IF Z=0
     THEN 3900
3860:GOSUB 3680
3870:Y=Z:IF F<>0 LET E=
     F-1:C=D:GOSUB 3670
     :C=F:GOSUB 3670
3890:C=D:E=D-1
3900:GOSUB 3930:GOTO 34
     70
3910:"RE"C= INT F-1:E=I
3920:Y=C(A)
```

```
3930:GOSUB 3680                 3950:"IM"E= INT F-1:C=I
3940:Y=0:Z=0:RETURN                :GOTO 3920
```

7.3 Anwendungen

Da das Arbeiten mit den Programmen 3.20 und 3.21 ein geringfügig abweichendes Vorgehen erfordert und insbesondere die Ergebnisse in unterschiedlicher Weise gefunden werden, wollen wir sie getrennt in den folgenden Beispielen einsetzen.

7.3.1 Beispiele für das Programm 3.20

Die ersten einfachen Beispiele können auch zum Testen des Programms benutzt werden. Alle Anwedungsbeispiele sollen zeigen, wie man dieses Programm sinnvoll einsetzen kann und wie man bestimmte Netzwerke u.U. vorbereiten oder umformen muß. Danenben enthalten Abschn. 4 bis 6 weitere Beispiele, die mit diesem Programm 3.20 bearbeitet werden können. Der Leser mag mit ihnen prüfen, wie weit er schon in der Lage ist, Aufgaben vorzubereiten und den Lösungsweg zu finden.

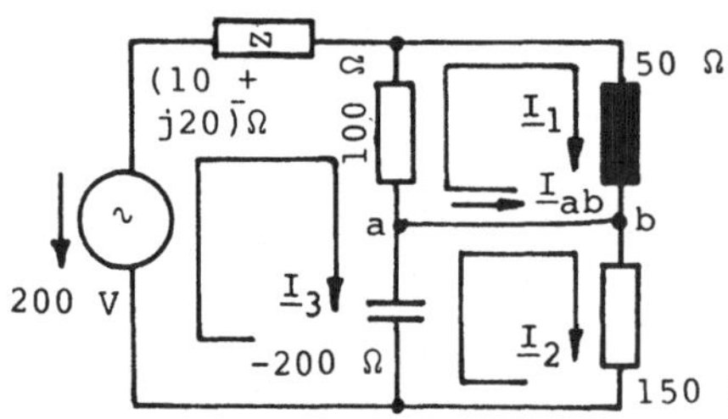

Bild 7.19 Netzwerk

Beispiel 7.1. Für das Netzwerk von Bild 7.19 soll der Strom $\underline{I}_{ab}$ berechnet werden.

Es werden die Maschenströme $\underline{I}_1$ bis $\underline{I}_3$ gewählt. Ihre Bestimmung verlangt den Rechengang

Eingaben	Anzeige
RUN "KM"	KNOTEN - MASCHEN M?
3 ENTER	KP MS?
MS ENTER	N?
7 ENTER	J.K?
0.3 ENTER	RR RP CR CP LR LP RE IM?
RR ENTER	RR ?
10 ENTER	J.K?
0.3 ENTER	LR LP RE IM?
LR ENTER	LR ?
20 ENTER	J.K?
1.3 ENTER	LR LP RE IM?

Eingaben	Anzeige
RR ENTER	RR ?
100 ENTER	J.K?
2.3 ENTER	LR LP RE IM?
LR ENTER	LR ?
-200 ENTER	J.K?
0.1 ENTER	LR LP RE IM?
LR ENTER	LR ?
50 ENTER	J.K?
0.2 ENTER	LR LP RE IM?
RR ENTER	RR ?
150 ENTER	J.K?
3.3 ENTER	LR LP RE IM?

Eingaben	Anzeige
RE ENTER	RE ?
200 ENTER	KO EX?
EX ENTER	I1=
ENTER	B= 1.413E 00
ENTER	<=-21.1
ENTER	I2=
ENTER	B= 1.264E 00
ENTER	<=-31.4

Eingaben	Anzeige
ENTER	I3=
ENTER	B= 1.580E 00
ENTER	<=5.4
ENTER	J.K?
1.2 ENTER	I1.2=
ENTER	B= 2.827E-01
ENTER	<=-148.

Es fließt also der Strom $\underline{I}_{ab}$ = 0,2827 A $\underline{/- 148^o}$.

Beispiel 7.2. Für das Netzwerk in Bild 7.20 sollen die komplexen Teilspannungen $\underline{U}_1$, $\underline{U}_2$, $\underline{U}_3$ und die Ströme $\underline{I}_{21}$ und $\underline{I}_2$ bestimmt werden.

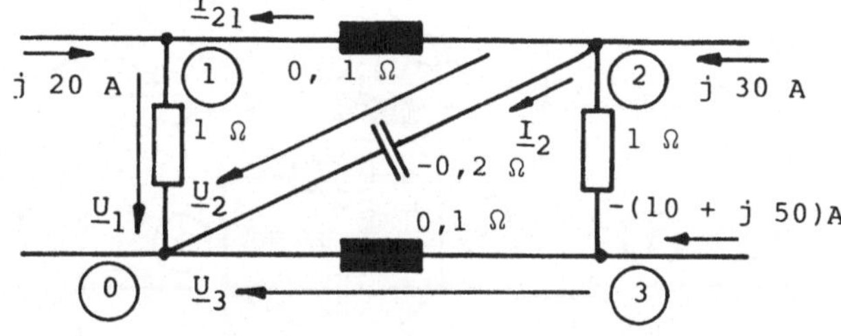

Bild 7.20 Netzwerk

Man benötigt die Eingaben

RUN "KM"	0.1	LR	-.2	0.3	IM	30	3.3
3	RR	.1	2.3	LR	20	3.3	IM
KP	1	0.2	RR	.1	2.2	RE	-50
9	1.2	LR	1	1.1	IM	-10	

und findet die Anzeigen

EX	U1=
ENTER	B= 7.436E 00
ENTER	<=12.5
ENTER	U2=
ENTER	B= 9.395E 00
ENTER	<=14.4
ENTER	U3=
ENTER	B= 4.744E 00
ENTER	<=-6.8
ENTER	J.K
1.2 ENTER	U1.2=
ENTER	B= 1.978E 00
ENTER	<=21.5

ENTER	Z? RE?	ENTER <=104.4
0 ENTER	IM?	
.1 ENTER	I1.2=	
ENTER	B= 1.978E 01	
ENTER	<=-68.5	
ENTER	J.K?	
0.2 ENTER	U0.2=	
ENTER	B= 9.395E 00	
ENTER	<=14.4	
ENTER	Z? RE?	
0 ENTER	IM?	
-.2 ENTER	I0.2=	
ENTER	B= 4.697E 01	

Es herrschen also die Spannungen $\underline{U}_1$ = 7,436 V $/12,5^\circ$, $\underline{U}_2$ = 9,395 V $/14,4^\circ$, $\underline{U}_3$ = 4,744 V $/-6,8^\circ$ und $\underline{U}_{21}$ = 1,978 V $/21,5^\circ$, und es fließen die Ströme $\underline{I}_{21}$ = 19,78 A $/-68,5^\circ$ und $\underline{I}_2$ = 46,97 A $/104,4^\circ$.

Beispiel 7.3. Für die Schaltung von Bild 7.21 a soll das komplexe Spannungsverhältnis $\underline{U}_a/\underline{U}_e$ ermittelt werden.

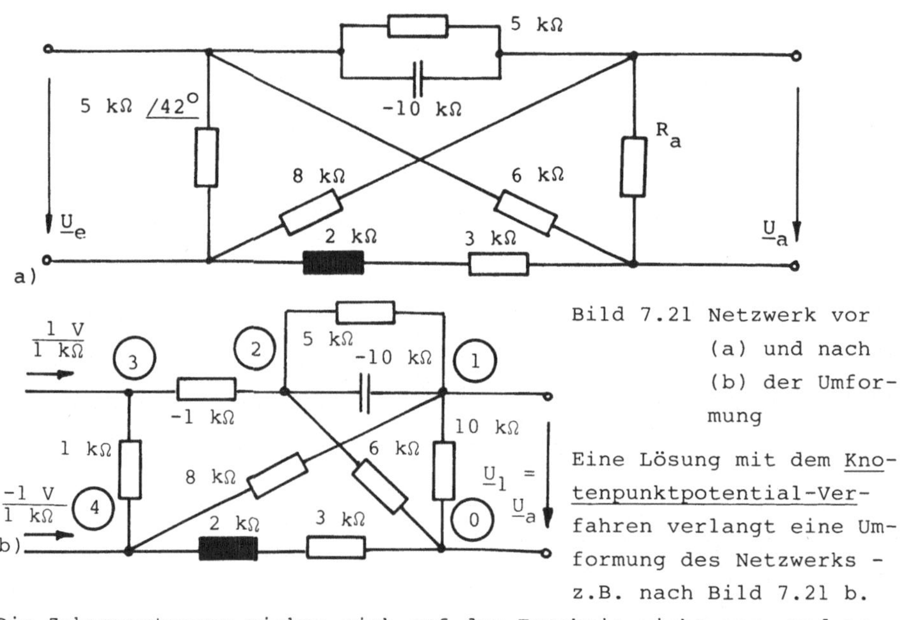

Bild 7.21 Netzwerk vor (a) und nach (b) der Umformung

Eine Lösung mit dem Knotenpunktpotential-Verfahren verlangt eine Umformung des Netzwerks - z.B. nach Bild 7.21 b. Die Zehnerpotenzen wirken sich auf das Ergebnis nicht aus, und es sind die Eingaben und Anzeigen

RUN "KM"	2.3	LP	10	0.4	RE	
4	RR	-10	0.2	LR	-1	
KP	-1	1.4	RR	2	EX	Ul=
11	1.2	RR	6	3.3	ENTER	B= 1.906E-01
3.4	RP	8	0.4	RE	ENTER	<=-6.6
RR	5	0.1	RR	1		
1	1.2	RR	3	4.4		

Daher ist $\underline{U}_a/\underline{U}_e$ = 0,1906 $/-6,6^\circ$.

Beispiel 7.4. Ein unsymmetrischer Dreiphasenverbraucher nach Bild 7.22 besteht aus den komplexen Widerständen $\underline{Z}_1$ = 20 Ω $/60^\circ$, $\underline{Z}_2$ = j 40 Ω, $\underline{Z}_3$ = 10 Ω $/-30^\circ$ und liegt an einem symmetrischen Dreiphasen-Spannungsnetz mit den Außenleiterspannungen $\underline{U}_{12}$ = 380 V $/-60^\circ$, $\underline{U}_{23}$ = - 380 V, $\underline{U}_{31}$ = 380 V $/60^\circ$. Alle Ströme sollen berechnet werden, und das vollständige Strom- und Spannungszeigerdiagramm ist zu zeichnen.

Wir wenden unter Beachtung von Gl. (7.12) das <u>Maschenstrom-Verfahren</u> an mit den Eingaben

```
RUN "KM"
2
MS
8
0.1
RR
20 * COS 60
0.1
LR
20 * SIN 60
1.1
```

```
1.2
LR
40
0.2
RR
10 * COS 30
0.2
LR
-10 * SIN 30
```

```
RE
380 * COS 60
1.1
IM
-380*SIN 60
2.2
RE
-380
```

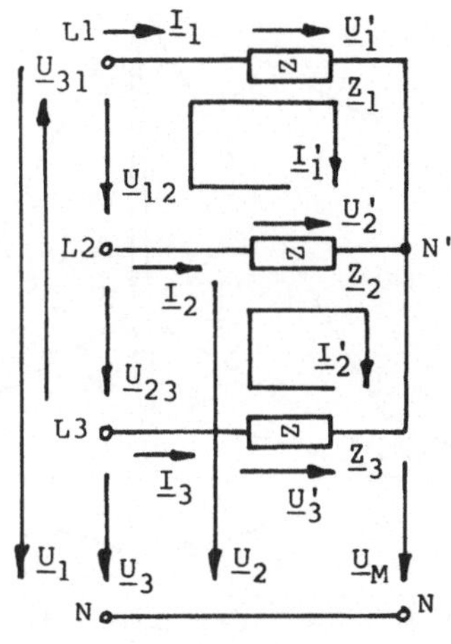

Bild 7.22 Unsymmetrische Sternschaltung

und erhalten die Ergebnisse

```
EX              I1=
ENTER           B= 1.925E 01
ENTER           <=-151.6
ENTER           I2=
ENTER           B= 1.878E 01
ENTER           <=-167.3
ENTER           J.K?
1.2 ENTER       I1.2=
ENTER           B= 5.205E 00
ENTER           <=105.5
ENTER           Z?         RE?
0 ENTER         IM?
40 ENTER        U1.2=
ENTER           B= 2.082E 02
ENTER           <=-164.5
ENTER           J.K?
0.1 ENTER       I0.1=
```

```
ENTER                   B= 1.925E 01
ENTER                   <=-151.6
ENTER                   Z?         RE?
20 * COS 60 ENTER       IM?
20 * SIN 60 ENTER       U0.1=
ENTER                   B= 3.849E 02
ENTER                   <=-91.6
ENTER                   J.K?
0.2 ENTER               I0.2=
ENTER                   B= 1.878E 01
ENTER                   <=-167.3
ENTER                   Z?         RE?
10 * COS 30 ENTER       IM?
-10 * SIN 30 ENTER      U0.2=
ENTER                   B= 1.878E 02
ENTER                   <=162.7
```

Da die Indizes des Rechengangs nicht mit Bild 7.23 übereinstimmen, werden hier nochmals die Ergebnisse zusammengestellt:

$\underline{I}_1$ = 19,25 A $\underline{/-151{,}6^\circ}$, $\underline{I}_2$ = 5,205 A $\underline{/105{,}5^\circ}$, $\underline{I}_3$ = 18,78 A $\underline{/-167{,}3^\circ}$,

$\underline{U}_1$ = 384,9 V $\underline{/-91{,}6^\circ}$, $\underline{U}_2$ = 208,2 V $\underline{/-164{,}5^\circ}$, $\underline{U}_3$ = 187,8 V $\underline{/162{,}7^\circ}$.

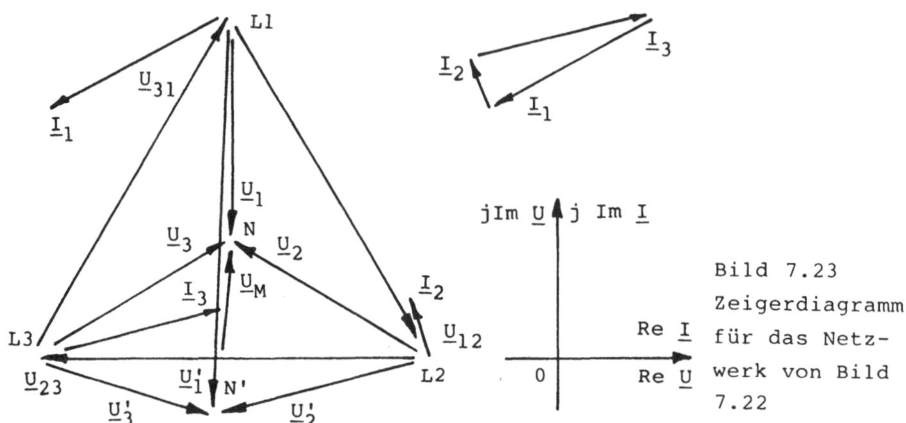

Bild 7.23 Zeigerdiagramm für das Netzwerk von Bild 7.22

Somit kann das Zeigerdiagramm von Bild 7.23 gezeichnet werden, das auch die Bedingung $\underline{I}_1 + \underline{I}_2 + \underline{I}_3 = 0$ erfüllt.

Beispiel 7.5. Ein Dreiphasenverbraucher ist nach Bild 7.24 in Dreieck geschaltet /14/, /47/. Er besteht aus den komplexen Widerständen $\underline{Z}_{12} = 50\ \Omega\ \underline{/60^{\circ}}$, $\underline{Z}_{23} = 25\ \Omega\ \underline{/30^{\circ}}$ und $\underline{Z}_{31} = 40\ \Omega\ \underline{/-\ 30^{\circ}}$ und liegt an einem Dreileiternetz mit den Außenleiterspannungen $\underline{U}_{12} = 380\ \text{V}\ \underline{/-\ 60^{\circ}}$, $\underline{U}_{23} = -\ 380\ \text{V}$, $\underline{U}_{31} = 380\ \text{V}\ \underline{/60^{\circ}}$. Es sollen in Erweiterung zu Beispiel 4.9 alle Ströme berechnet werden.

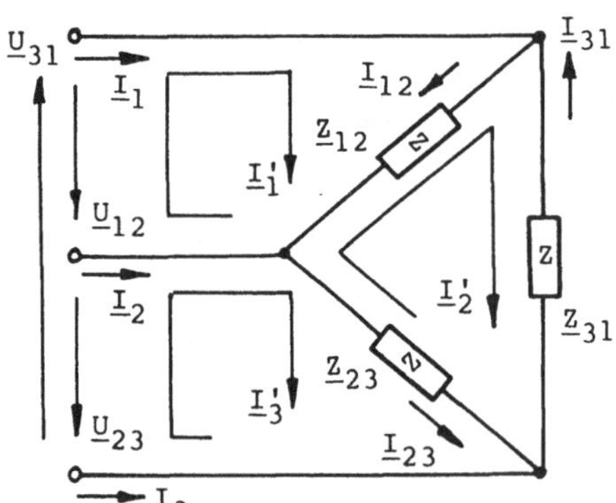

Bild 7.24 Unsymmetrische Dreieckschaltung

Wir wenden das Maschenstrom-Verfahren an, wählen die in Bild 7.24 eingetragenen Maschenströme $\underline{I}_1'$ bis $\underline{I}_3'$ und erhalten wegen Gl. (7.12) die Eingaben

RUN "KM"	50 * COS 60	25 * COS 30	40 * COS 30	380 * COS 60
3	1.2	2.3	0.2	1.1
MS	LR	LR	LR	IM
9	50 * SIN 60	25 * SIN 30	-40 * SIN 30	-380 * SIN 60
1.2	2.3	0.2	1.1	3.3
RR	RR	RR	RE	RE
				-380

und die Ergebnisse

EX	I1=	ENTER	B= 1.330E 01	2.3 ENTER	I2.3=
ENTER	B= 1.652E 01	ENTER	<=-171.8	ENTER	B= 1.520E
ENTER	<=-103.3	ENTER	J.K?	ENTER	<=150. 01
ENTER	I2=	1.2 ENTER	I1.2=	DEF N	J.K?
ENTER	B= 9.500E 00	ENTER	B= 7.600E 00	1.3 ENTER	I1.3= 01
ENTER	<=-90.	ENTER	<=60.	ENTER	B= 1.699E
ENTER	I3=	DEF N	J.K?	ENTER	<=123.4

(Man beachte, daß die Indizes im Rechengang nicht mit den Indizes der Spannungen und Widerstände von Bild 7.24 übereinstimmen.)

Die Berechnung liefert also unter Beachtung der in Bild 7.24 eingetragenen Stromzählpfeile die komplexen Ströme $\underline{I}_1 = \underline{I}_1' = 16{,}52$ A $\underline{/-\ 103{,}3^\circ}$, $\underline{I}_2$ = I3.1 = 16,99 A $\underline{/123{,}4^\circ}$, $\underline{I}_3$ = -I3 = 13,3 A $\underline{/8{,}2^\circ}$, $\underline{I}_{12}$ = -I2.1 = 7,6 A $\underline{/-\ 120^\circ}$, $\underline{I}_{23}$ = I3.2 = 15,2 A $\underline{/150^\circ}$ und $\underline{I}_{31}$ = -I2 = 9,5 A $\underline{/90^\circ}$.

Beispiel 7.6. Wie groß ist in der Schaltung von Bild 7.25 a die komplexe Leistung $\underline{S}_a$?

Wir rechnen zunächst den Widerstand $\underline{Z}_a = 1{,}5\ \text{k}\Omega\ \underline{/-\ 30^\circ}$ = (1,299 - j 0,75) kΩ in die Komponentenform und die rechte Stromquelle in eine äquivalente Spannungsquelle mit der Quellenspannung j 6 mA·(- j 2 kΩ) = 12 V um und erhalten so die Schaltung von Bild 7.25 b. Wenn man z.B. mit dem Maschenstrom-Verfahren den Strom $\underline{I}_a = \underline{I}_1' - \underline{I}_2'$ berechnet, gilt für die komplexe Leistung

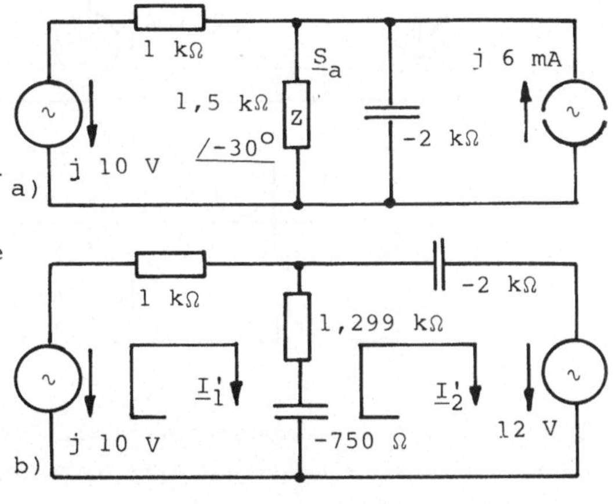

Bild 7.25 Netzwerk vor (a) und nach (b) Umwandlung der Stromquelle

$$\underline{S}_a = \underline{Z}_a\ \underline{I}_a\ \underline{I}_a^* = \underline{Z}_a\ I_a^2 = R_a\ I_a^2 + j\ X_a\ I_a^2 \qquad (7.13)$$

Somit sind die Eingaben

RUN "KM"	6	1000	-2000	1299	-750	10	-12
2	0.1	0.2	1.2	1.2	1.1	2.2	
MS	RR	LR	RR	LR	IM	RE	

und die Ergebnisse

EX	I1=	ENTER	J.K
ENTER	B= 4.673E-03	1.2 ENTER	I1.2=
ENTER	<=153.7	ENTER	B= 5.979E-03
ENTER	I2=	C-CE SQU Y * 1299 DEF Z	4.644E-02
ENTER	B= 5.565E-03	SQU Y * 750 DEF Z	2.681E-02
ENTER	<=-135.4		

Daher beträgt die komplexe Leistung $\underline{S}_a$ = 46,44 mW - j 26,81 mvar.

Beispiel 7.7. Wie groß ist in der Schaltung von Bild 7.26 a die komplexe Spannung $\underline{U}_a$?

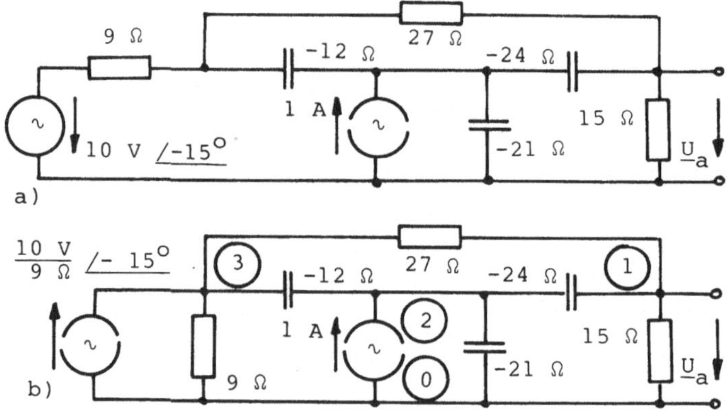

Bild 7.26 Netzwerk vor (a) und nach (b) der Umformung

Wir wollen das Knotenpunktpotential-Verfahren anwenden und müssen daher die linke Spannungsquelle in eine Stromquelle entsprechend Bild 7.26 b umformen. Hierfür sind die Eingaben und die Anzeigen

RUN "KM"	9	-21	15	10/9*COS 15	1	
3	2.3	1.2	1.3	3.3	EX	U1=
KP	LR	LR	RR	IM	ENTER	B= 6.873E 00
9	-12	-24	27	-10/9*SIN 15	ENTER	<=-13.1
0.3	0.2	0.1	3.3	2.2		
RR	LR	RR	RE	RE		

Es herrscht also die Spannung $\underline{U}_a$ = 6,873 V /- 13,1°.

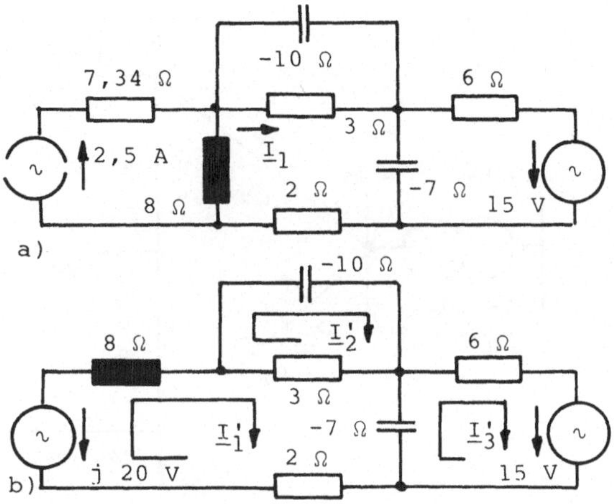

Beispiel 7.8. Wie groß ist in der Schaltung von Bild 7.27 a der komplexe Strom $\underline{I}_1$?

Um das Maschenstrom-Verfahren anwenden zu können, muß man die Schaltung zunächst entsprechend Bild 7.27 b umformen. Dabei darf nach /14/ der Reihenwiderstand R = 7,34 Ω fortgelassen werden. Dann sind die Eingaben

Bild 7.27 Netzwerk vor (a) und nach (b) der Umformung

RUN "KM"	-10	6
3	1.2	0.1
MS	RR	RR
8	3	2
0.1	1.3	1.1
LR	LR	IM
8	-7	20
0.2	0.3	3.3
LR	RR	RE
		-15

und die Ergebnisse

EX	I1=	ENTER	B= 8.083E-01
ENTER	B= 3.115E 00	ENTER	<=20.1
ENTER	<=80.4	ENTER	J.K?
ENTER	I2=	1.2 ENTER	I1.2=
ENTER	B= 8.951E-01	ENTER	B= 2.984E 00
ENTER	<=153.7	ENTER	<=-116.3
ENTER	I3=		

Es fließt somit der Strom $\underline{I}_1$ = 2,984 A /- 116,3°.

Beispiel 7.9. Das Drehstrom-Maschennetz von Bild 7.28 für die Nennspannung U_N = 30 kV bezieht nach /11/ Leistung an zwei Stellen aus einem Hochspannungsnetz mit der festen Spannung U = 110 kV. An einer weiteren Stelle wird die Wirkleistung P_5 = 6 MW bei dem Leistungsfaktor cos φ = 0,9 induktiv eingespeist. Für alle Abnehmer wird der gleiche Leistungsfaktor cos φ = 0,9 induktiv vorausgesetzt. Die Kabel haben bei den

Querschnitten	die Nennströme	und die Widerstandsbeläge	
A = 150 mm²	I_N = 316 A	R' = 0,13 Ω/km	X' = 0,126 Ω/km
240 mm²	411 A	0,08 Ω/km	0,118 Ω/km.

Gewählte Querschnitte A_i, Kabellängen ℓ_i, Leistungsabnahmen P_i und die Transformatordaten können Bild 7.28 entnommen werden. Es sollen die in den Kabeln fließenden Ströme bestimmt werden.

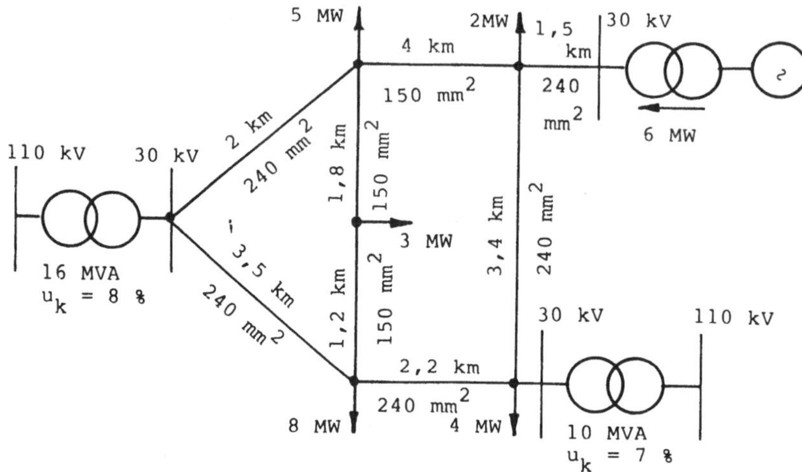

Bild 7.28 Drehstrom-Maschennetz

Wir wollen die Aufgabe mit dem <u>Knotenpunktpotential-Verfahren</u> lösen und bestimmen daher zunächst die Daten der Ersatzschaltung von Bild 7.29. Die Kabelstrecken werden also mit ihren komplexen Widerständen $\underline{Z}_i = (R' + j\,X')\ell_i$ berücksichtigt. Die Transformatoren haben nach /11/ die Blindwiderstände

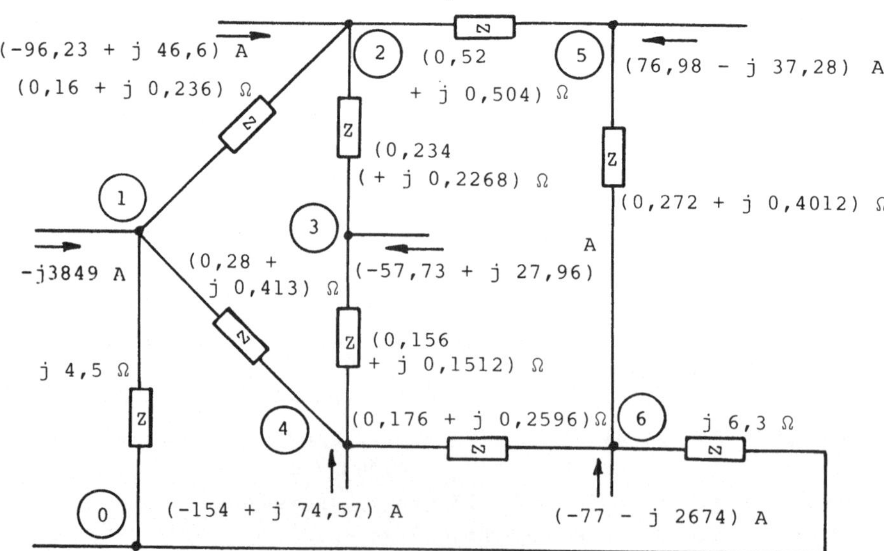

Bild 7.29 Einsträngige Ersatzschaltung für Bild 7.28

$$X_i = u_k \, (30 \text{ kV})^2 / S_{Ni} \tag{7.14}$$

und aus den Speisespannungen werden nach Abschn. 7.1.3 die Einströmungen

$$\underline{I}_{qi} = - j \; 30 \text{ kV} / (\sqrt{3} \; X_i) \tag{7.15}$$

Die abgegebenen Leistungen P_i werden in die Ströme

$$\underline{I}_i = S_i / (\sqrt{3} \cdot 30 \text{ kV}) \; \underline{/\ \varphi} = P_i / (\sqrt{3} \cdot 30 \text{ kV} \cos \varphi) \; \underline{/\varphi} \tag{7.16}$$

umgerechnet. Auf diese Weise erhält man die in Bild 7.29 eingetragenen Werte.

Mit dem Leistungsfaktor $\cos \varphi = 0{,}9$ induktiv haben wir bei den Leistungsabgaben und den gewählten Strom-Zählpfeilrichtungen für die Phasenwinkel der Lastströme $\varphi_i = 180^\circ - \text{Arccos } 0{,}9 = 154{,}2^\circ$ einzusetzen. Hier ist wieder aus der Polarform die Komponentenform zu machen. Beim Knotenpunkt 5 kann man mit der resultierenden Leistung $P_5 = 4$ MW bei dem Phasenwinkel $\varphi_5 = 180^\circ + 154{,}2^\circ = -25{,}8^\circ$ rechnen. In Punkt 6 sind die Ströme zusammenzufassen.

Somit erhält man die Eingaben

RUN "KM"	LR	2.3	.156	RR	2.2	27.96	IM
6	.236	LR	3.4	.272	RE	4.4	-37.28
KP	1.4	.2268	LR	5.6	-96.23	RE	6.6
27	RR	2.5	.1512	LR	2.2	-154	RE
0.1	.28	RR	4.6	.4012	IM	4.4	-77
LR	1.4	.52	RR	0.6	46.6	IM	6.6
4.5	LR	2.5	.176	LR	3.3	74.57	IM
1.2	.413	LR	4.6	6.3	RE	5.5	-2674
RR	2.3	.504	LR	1.1	-57.73	RE	
.16	RR	3.4	.2596	IM	3.3	76.98	
1.2	.234	RR	5.6	-3849	IM	5.5	

und die Ergebnisse

EX	U1=	ENTER	<=-2.8	ENTER	B= 1.684E 04
ENTER	B= 1.686E 04	ENTER	U4=	ENTER	<=-2.8
ENTER	<=-2.7	ENTER	B= 1.682E 04	ENTER	J.K?
ENTER	U2=	ENTER	<=-2.8	1.2 ENTER	U1.2=
ENTER	B= 1.683E 04	ENTER	U5=	ENTER	B= 3.268E 01
ENTER	<=-2.8	ENTER	B= 1.686E 04	ENTER	<=-154.3
ENTER	U3=	ENTER	<=-2.	ENTER	Z? RE?
ENTER	B= 1.681E 04	ENTER	U6=	.16 ENTER	IM?

```
.236 ENTER        I1.2=
ENTER             B= 1.146E 02
ENTER             <= 149.8
ENTER             J.K?
2.3 ENTER         U2.3=
ENTER             B= 1.704E 01
ENTER             <=-160.5
ENTER             Z?          RE?
.234 ENTER        IM?
.2268 ENTER       I2.3=
ENTER             B= 5.231E 01
ENTER             <=-155.4
ENTER             J.K?
3.4 ENTER         U3.4=
ENTER             B= 3.585E 00
ENTER             <= 12.7
ENTER             Z?          RE?
.156 ENTER        IM?
.1512 ENTER       I3.4=
ENTER             B= 1.190E 01
ENTER             <=-31.4
ENTER             J.K?
2.5 ENTER         U2.5=
ENTER             B= 3.331E 01
ENTER             <= 30.5
ENTER             Z?          RE?
.52 ENTER         IM?
.504 ENTER        I2.5=
ENTER             B= 4.602E 01
```

```
ENTER             <=-13.6
ENTER             J.K?
1.4 ENTER         U1.4=
ENTER             B= 4.712E 01
ENTER             <=-155.8
ENTER             Z?          RE?
.28 ENTER         IM?
.413 ENTER        I1.4=
ENTER             B= 9.440E 01
ENTER             <= 148.3
ENTER             J.K?
4.6 ENTER         U4.6=
ENTER             B= 2.806E 01
ENTER             <= 35.5
ENTER             Z?          RE?
.176 ENTER        IM?
.2596 ENTER       I4.6=
ENTER             B= 8.945E 01
ENTER             <=-20.4
ENTER             J.K?
5.6 ENTER         U5.6=
ENTER             B= 2.023E 01
ENTER             <=-163.5
ENTER             Z?          RE?
.272 ENTER        IM?
.4012 ENTER       I5.6=
ENTER             B= 4.173E 01
ENTER             <= 140.6
```

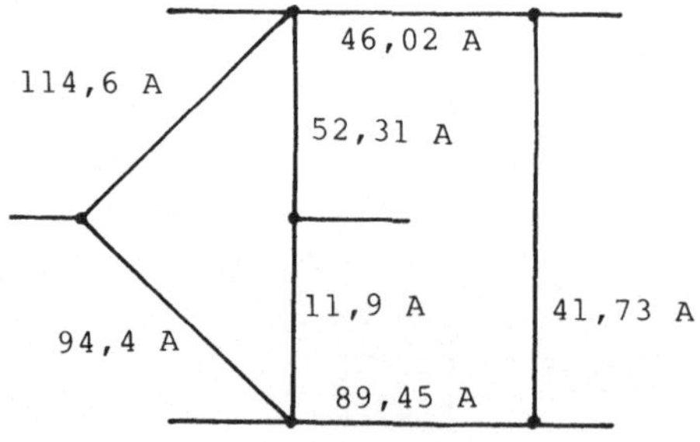

Bild 7.30 Stromverteilung

In Bild 7.30 sind die in den Netzabschnitten fließenden Ströme eingetragen. Die zulässigen Werte werden nirgendwo überschritten.

7.3.2 Beispiele für das Programm 3.21

Die folgenden Beispiele 7.10 und 7.11 befassen sich noch nicht mit Frequenzgängen, sondern dienen hauptsächlich zum Testen und sollen zeigen, wie die Schaltungen vor der Dateneingabe aufzubereiten sind und welche Vorteile bestimmte Vorgehensweisen haben. Von der Aufgabenstellung her löst man sie normalerweise mit dem Programm 3.20.

Die Beispiele 7.10 und 7.11 werden unter Nutzung des vereinfachten Unterprogramms 3.16 berechnet. Bei den Unterprogrammen 3.14 und 3.15 wären am Schluß der Eingabe einige zusätzliche Vorgaben zu machen, die sich unmittelbar aus dem Dialog ergeben. Für I = 1 würde die Ausgabe wie beim Programm 3.20 sein.

Beispiel 7.13 weist nach, welche Abweichungen sich durch das Vernachlässigen der Innenwiderstände von Quellen ergeben können. Die übrigen Beispiele sollen typische Anwendungen vermitteln.

Beispiel 7.10. Für die Schaltung in Bild 7.31 sollen die komplexen Verhältnisse $\underline{U}_a/\underline{U}_e$, $\underline{U}_a/\underline{I}_e$, $\underline{I}_a/\underline{U}_e$, $\underline{I}_a$ $\underline{I}_a/\underline{I}_e$, $\underline{I}_b/\underline{U}_e$ und der komplexe Widerstand $\underline{Z}_e$ bestimmt werden. Diese Aufgabe kann man mit dem Programm 3.20 in einigen Punkten leichter lösen - mit diesem Beispiel soll indes gezeigt werden, wie man die Rechengänge anzusetzen hat. Man kann sie dann leicht auf die Berechnung von Frequenzgängen (Ortskurven, Bodediagramm, Resonanzfrequenz, Gruppenlaufzeit) und Sprungantwort ausdehnen.

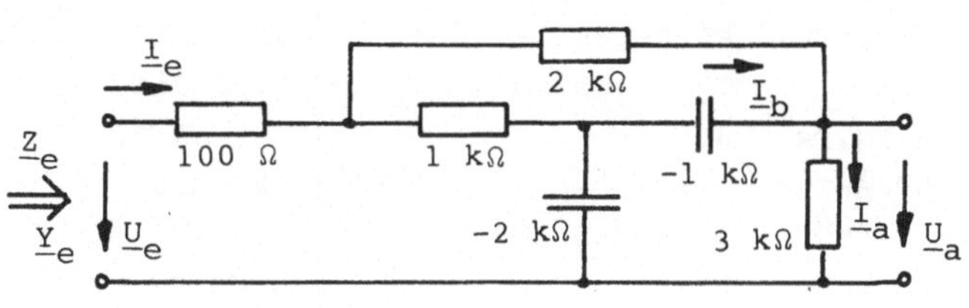

Bild 7.31 Netzwerk

a) Zur Bestimmung des komplexen Spannungsverhältnisses $\underline{U}_a/\underline{U}_e$ benutzen wir entsprechend Bild 7.10 die leicht umgeformte Schaltung von Bild 7.32, wenden also das Knotenpunktpotentialverfahren an. Um das unterschiedliche Vorgehen bei den Programmen 3.20 und 3.21 herauszustreichen, setzen wir zunächst

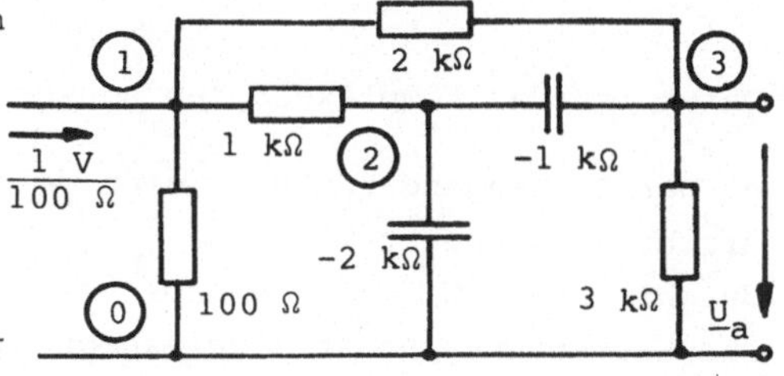

Bild 7.32 Umgeformtes Netzwerk zum Bestimmen von $\underline{U}_a/\underline{U}_e$

das Programm 3.20 ein mit den Eingaben und Anzeigen

RUN "KM"	100	2000	-1000	RCP 100	U1=
3	1.2	0.2	0.3	EX	B= 9.613E-01
KP	RR	LR	RR		<=-1.8
7	1000	-2000	3000		U2=
0.1	1.3	2.3	1.1		B= 7.252E-01
RR	RR	LR	RE		<=-22.4
					U3=
					B= 7.692E-01
					<=-9.3

Das Ergebnis findet man also erst als drittes Anzeigentripel. Das Programm 3.21 verlangt dagegen den Rechengang

Eingaben	Anzeige	Eingaben	Anzeige
RUN "KM"	KNOTEN - MASCHEN M?	2.3 ENTER	LR LP RE IM?
3 ENTER	KP MS?	LR ENTER	LR ?
KP ENTER	N?	-1000 ENTER	J.K?
7 ENTER	J.K?	0.3 ENTER	LR LP RE IM?
0.1 ENTER	RR RP CR CP	RR ENTER	RR ?
	LR LP RE IM?	3000 ENTER	J.K?
RR ENTER	RR ?	1.1 ENTER	LR LP RE IM?
100 ENTER	J.K?	RE ENTER	RE ?
1.2 ENTER	LR LP RE IM?	RCP 100 ENTER	F W?
RR ENTER	RR ?	W ENTER	A?
1000 ENTER	J.K?	1 ENTER	I?
1.3 ENTER	LR LP RE IM?	2 ENTER	S?
RR ENTER	RR ?	1 ENTER	* +?
2000 ENTER	J.K?	* ENTER	OK BD?
0.2 ENTER	LR LP RE IM?	OK ENTER	KO EX?
LR ENTER	LR ?	EX ENTER	W= 1.000E 00
-2000 ENTER	J.K?	ENTER	B= 7.692E-01
		ENTER	<=-9.3

Daher ist das komplexe Spannungsverhältnis $\underline{U}_a/\underline{U}_e$ = 0,7692 $\underline{/-\ 9{,}3^{\circ}}$.

b) Der Rechengang zum Bestimmen des komplexen Verhältnisses $\underline{U}_a/\underline{I}_e$ ergibt sich unmittelbar aus Bild 7.23, wo der vom Eingangsstrom $\underline{I}_e$ durchflossene Widerstand unberücksichtigt bleiben darf und wieder das Knotenpunktpotentialverfahren eingesetzt wird. Wir brauchen hier gegenüber a) nur die folgenden Daten zu ändern:

Eingaben	Anzeige
DEF L	0.1RR=100.
DEF D	?
1E30 ENTER	0.1RR=1.E 00
ENTER	1.2RR=1000.
ENTER	1.3RR=2000.
ENTER	0.2LR=-2000.
ENTER	2.3LR=-1000.
ENTER	0.3RR=3000.
ENTER	1.1RE=0.01
DEF D	?
1 ENTER	0.1RR=1.E 00
BRK	BREAK in 2910
GOTO 230	W= 1.000E 00
ENTER	B= 1.572E 03
ENTER	<=-46.2

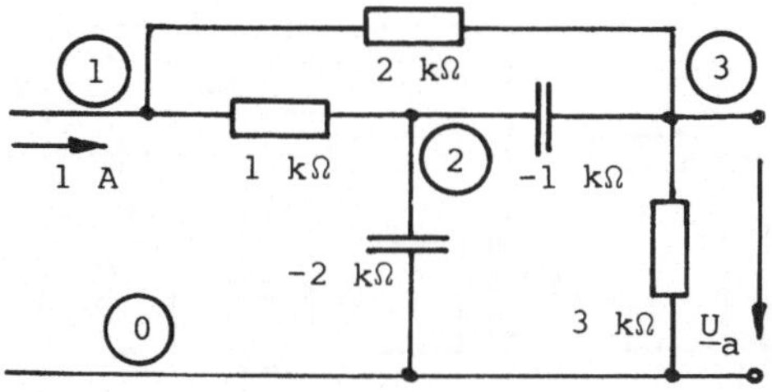

Bild 7.33 Vereinfachtes Netzwerk zum Bestimmen von $\underline{U}_a/\underline{I}_e$

Also beträgt das komplexe Verhältnis $\underline{U}_a/\underline{I}_e$ = 1572 Ω /- 46,2°.

c) Für das komplexe Verhältnis $\underline{I}_a/\underline{U}_e$ bietet sich das Maschenstrom-Verfahren mit den Verhältnissen von Bild 7.34 an. Hier sind die Eingaben

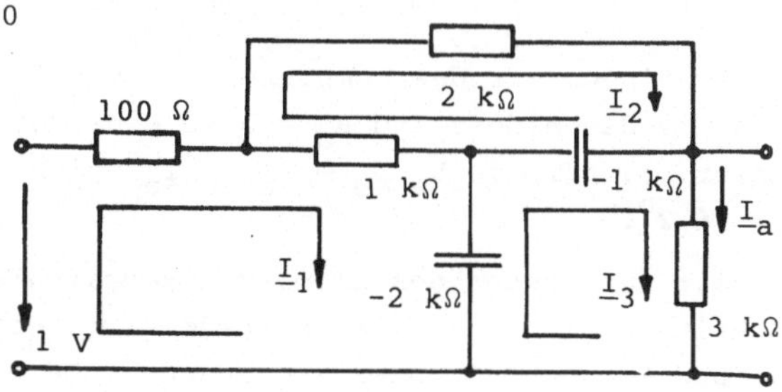

Bild 7.34 Zur Bestimmung des komplexen Verhältnisses $\underline{I}_a/\underline{U}_e$

RUN "KM"	100	2000	-1000	1	OK	und die Anzeigen
3	1.2	1.3	0.3	W	EX	W= 1.000E 00
MS	RR	LR	RR	1	ENTER	B= 2.564E-04
7	1000	-2000	3000	2	ENTER	<=-9.3
0.1	0.2	2.3	1.1	1		
RR	RR	LR	RE	*		

Somit ist das komplexe Verhältnis $\underline{I}_a/\underline{U}_e$ = 0,2564 mS /- 9,3°. Mit R_a = 3 kΩ erhält man eine Bestätigung für das Ergebnis unter a), nämlich $\underline{U}_a/\underline{U}_e = R_a\,\underline{I}_a/\underline{U}_e$ = 3 kΩ·0,2564 mS /- 9,3° = 0,7692 /- 9,3°.

d) Zum Bestimmen des komplexen Verhältnisses $\underline{I}_a/\underline{I}_e$ kann man den Reihenwiderstand am Eingang fortlassen und dann das Maschenstrom-Verfahren anwenden, muß aber analog zu Bild 7.12 zwei neue Wirkwiderstände hinzufügen, so daß die Schaltung in Bild 7.35 entsteht. Nun sind die Eingaben

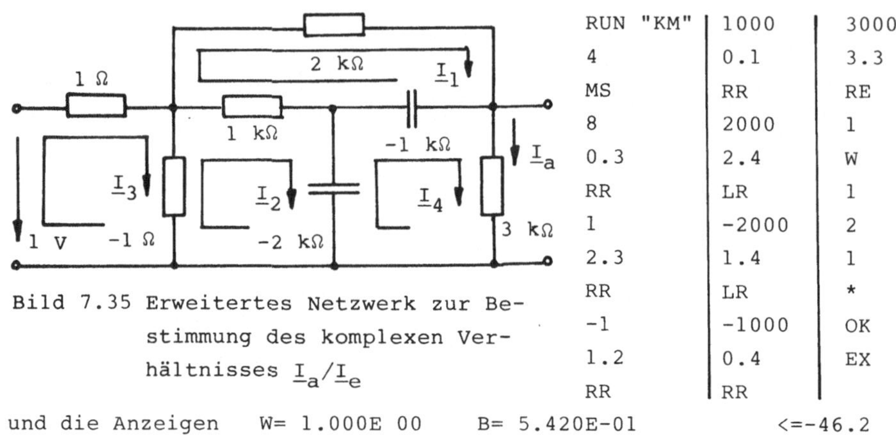

Bild 7.35 Erweitertes Netzwerk zur Bestimmung des komplexen Verhältnisses $\underline{I}_a/\underline{I}_e$

RUN "KM"	1000	3000
4	0.1	3.3
MS	RR	RE
8	2000	1
0.3	2.4	W
RR	LR	1
1	-2000	2
2.3	1.4	1
RR	LR	*
-1	-1000	OK
1.2	0.4	EX
RR	RR	

und die Anzeigen W= 1.000E 00 B= 5.420E-01 <=-46.2

Daher finden wir das komplexe Stromverhältnis $\underline{I}_a/\underline{I}_e = 0{,}524 \underline{/- 46{,}2^o}$ und mit dem Widerstand $R_a = 3$ kΩ eine Bestätigung für das Ergebnis unter b), nämlich $\underline{U}_a/\underline{I}_e = R_a\, \underline{I}_a/\underline{I}_e = 3\ \text{k}\Omega \cdot 0{,}524 \underline{/- 46{,}2^o} = 1572\ \Omega$ $\underline{/- 46{,}2^o}$.

e) Zur Berechnung des komplexen Verhältnisses $\underline{I}_b/\underline{U}_e$ können wir die Schaltung von Bild 7.34 übernehmen, müssen aber die Maschenströme $\underline{I}_2$ und $\underline{I}_3$ gegeneinander vertauschen. Da hier 4 Daten gegenüber c) zu ändern sind, lohnen sich die neuen Eingaben

RUN "KM"	100	2000	-1000	1	OK	und die Anzeigen
3	1.3	1.2	0.2	W	EX	W= 1.000E 00
MS	RR	LR	RR	1	ENTER	B= 1.114E-04
7	1000	-2000	3000	2	ENTER	<=25.1
0.1	0.3	2.3	1.1	1		
RR	RR	LR	RE	*		

Bei der Eingangsspannung $\underline{U}_e = 1$ V würde somit der Strom $\underline{I}_b = 0{,}1114$ mA $\underline{/25{,}1^o}$ fließen.

f) Nach Bild 7.11 b kann man in diesem Fall am einfachsten den komplexen Eingangsleitwert $\underline{Y}_e$ mit der Schaltung in Bild 7.34 bestimmen, muß dann

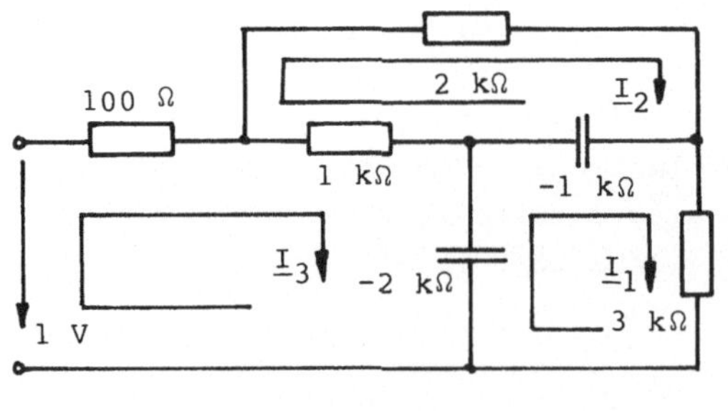

Bild 7.36 Zum Bestimmen des komplexen Leitwerts $\underline{Y}_e$

allerdings die Maschenströme $\underline{I}_1$ und $\underline{I}_3$ wie in Bild 7.36 gegeneinander vertauschen. Somit sind die Eingaben

RUN "KM"	100	-2000	-1000	1	OK	und die Anzeigen
3	2.3	0.2	0.1	W	EX	W= 1.000E 00
MS	RR	RR	RR	1	ENTER	B= 4.893E-04
7	1000	2000	3000	2	ENTER	<=36.9
0.3	1.3	1.2	3.3	1		
RR	LR	LR	RE	*		

Daher beträgt der Eingangswiderstand $\underline{Z}_e = 1/\underline{Y}_e = 1/(0{,}4893\ \text{mS})$ $\underline{/-\ 36{,}9^o}$ = 2044 Ω $\underline{/-\ 36{,}9^o}$. Zur Kontrolle findet man nach Gl. (5.7) auch

$$\underline{Z}_e = \frac{\underline{U}_a/\underline{I}_e}{\underline{U}_a/\underline{U}_e} = \frac{1572\ \Omega\ \underline{/-\ 46{,}2^o}}{0{,}7692\ \underline{/-\ 9{,}3^o}} = 2044\ \Omega\ \underline{/-\ 36{,}9^o}$$

Beispiel 7.11. Es soll für die Schaltung in Bild 7.37 a das komplexe Spannungsverhältnis $\underline{U}_a/\underline{U}_e$ bei der Frequenz f = 1 kHz bestimmt werden.

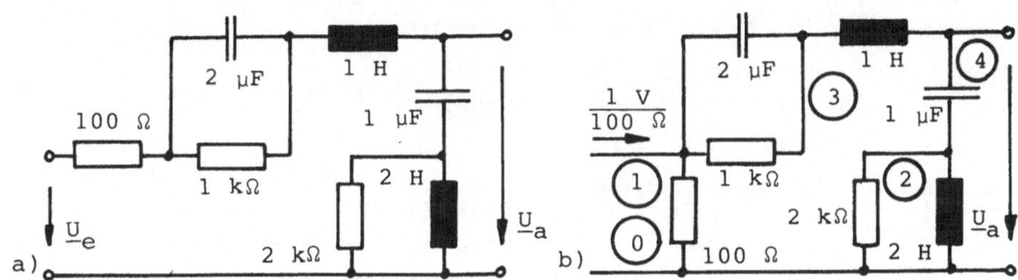

Bild 7.37 Zweitor vor (a) und nach (b) der Umformung für das Knotenpunktpotentialverfahren

Obwohl diese Kettenschaltung leicht mit dem Programm 3.18 durchgerechnet werden könnte, wollen wir für Testzwecke das Knotenpunktpotentialverfahren anwenden und formen daher das Netzwerk entsprechend Bild 7.37 b um. Zunächst setzen wir 4 Knotenpunkte, anschließend jedoch nur noch 2 Knotenpunkte an. Wir beginnen mit den Eingaben

					2	und Anzeigen
RUN "KM"	100	2E-6	2000	1E-6	1	
4	1.3	3.4	0.2	1.1	*	
KP	RP	LR	LP	RE	OK	
8	1000	1	2	RCP 100	EX	F= 1.000E 03
0.1	1.3	0.2	2.4	F	ENTER	B= 2.929E-01
RR	CP	RP	CR	1000	ENTER	<=-67.6

Somit ist $\underline{U}_a/\underline{U}_e = 0{,}2929 \; \underline{/- 67{,}6^o}$.

Bei der zweiten Durchrechnung lassen wir die Knotenpunkte 2 und 3 in Bild 7.37 b fort und machen aus dem Knoten 4 den neuen Knotenpunkt 2. Dies verlangt die Eingaben

RUN "KM"	RR	1.2	1	LP	1.1	2
2	100	CP	0.2	2	RE	1
KP	1.2	2E-6	RP	0.2	RCP 100	*
8	RP	1.2	2000	CR	F	OK
0.1	1000	LR	0.2	1E-6	1000	EX

und liefert das gleiche Ergebnis - jedoch in der halben Rechenzeit.

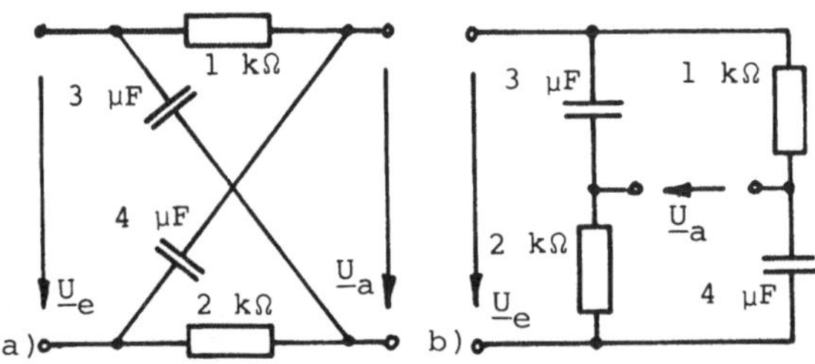

Bild 7.38 Netzwerk, dargestellt als Allpaß (a) und als Brückenschaltung (b)

Beispiel 7.12. Für das Netzwerk von Bild 7.38 soll die Gruppenlaufzeit t_g im Kreisfrequenzbereich $20\ s^{-1} \leq \omega \leq 2000\ s^{-1}$ des Spannungsverhältnisses $\underline{U}_a/\underline{U}_e$ bestimmt werden.

Dieser Allpaß kann nach Bild 7.38 b auch als Brückenschaltung aufgefaßt werden. Wir wollen das Knotenpunktpotentialverfahren anwenden und müssen daher die Schaltung von Bild 7.38 b wie in Bild 7.39 analog zur Bild 7.14 ergänzen und umformen. Dann sind die Eingaben (mit dem Unterprogramm 3.14)

Bild 7.39 Umgeformtes Netzwerk von Bild 7.38

RUN "KM"	3E-6	1E3	-1	-10	PL	TEN .2
4	0.2	2.4	2.3	3.3	LG	*
KP	RR	CR	RR	RE	0	GL
8	2E3	4E-6	1	10	-1E-2	
0.1	1.4	1.3	2.2	FG	20	
CR	RR	RR	RE	W	11	

Das Ergebnis ist in Bild 7.40 wiedergegeben.

<u>Beispiel 7.13</u>. Für das Netzwerk in Bild 7.41 a sollen Betrag und Phasenwinkel des komplexen <u>Spannungsverhältnisses</u> $\underline{U}_a/\underline{U}_e$ für $R_1 = 0$ und $R_1 = 100\ \Omega$ im Kreisfrequenzbereich $20\ s^{-1} \leq \omega \leq 2000\ s^{-1}$ miteinander verglichen werden.

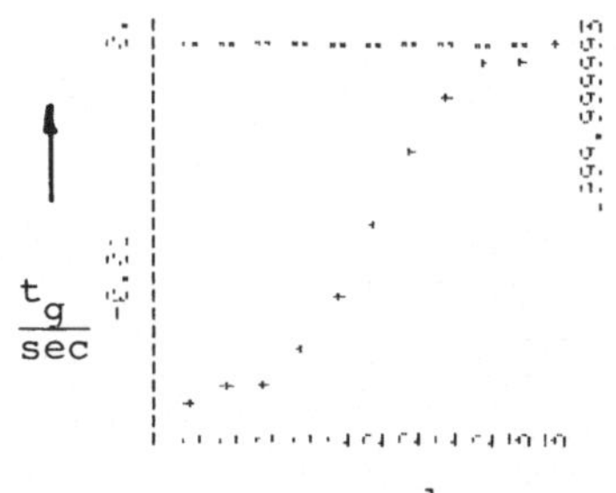

Bild 7.40 Gruppenlaufzeit für Beispiel 7.12

Bei $R_1 = 0$ entspricht das Netzwerk von Bild 7.41 a der Schaltung in Bild 7.38; diese ist auch Gegenstand des Beispiels 7.12. Mit dem dort angegebenen, geringfügig geänderten Rechengang findet man auch die ersten Spalten von Tafel 7.42. Für $R_1 = 100\ \Omega$ muß man das Knotenpunktpotential-Verfahren und die umgeformte Schaltung von Bild 7.41 b einsetzen. Das Programm 3.21 verlangt, da zwei Einströmungen zu berücksichtigen sind, die Eingaben

RUN "KM"	2000	- RCP 100
3	1.3	FG
KP	RR	W
7	1000	DR
1.2	2.3	20
RR	CR	11
100	4E-6	TEN .2
0.1	1.1	*
CR	RE	OK
3E-6	RCP 100	EX
0.2	2.2	
RR	RE	

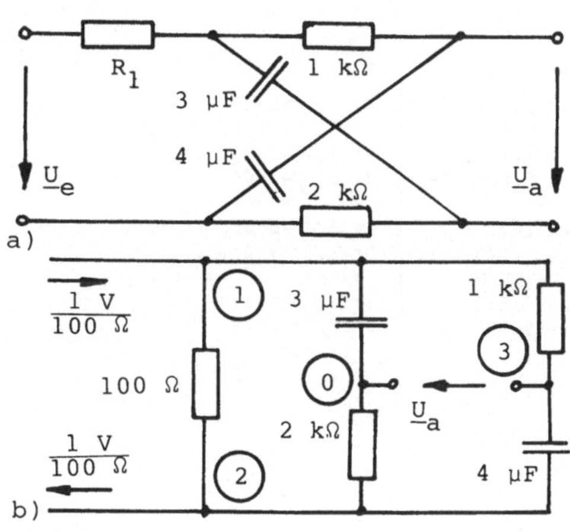

Bild 7.41 Zweitor vor (a) und nach (b) der Umformung

Der Vergleich der Ergebnisse in Tafel 7.42 (auf der nächsten Seite) zeigt erhebliche Abweichungen in Betrag und Phasenwinkel, wenn der Widerstand R_1 vernachlässigt wird.

<u>Beispiel 7.14</u>. Für das Netzwerk von Bild 7.43 a soll das Bodediagramm des komplexen <u>Spannungsverhältnisses</u> $\underline{U}_a/\underline{U}_e$ im Kreisfrequenzbereich $10^3\ s^{-1} \leq \omega \leq 10^5\ s^{-1}$ geplottet werden.

Das Netzwerk wird zunächst entsprechend Bild 7.43 b umgeformt und so für das Anwenden des Knotenpunktpotential-Verfahrens vorbereitet. Dann sind die Eingaben

Tafel 7.42 Vergleich der Spannungsverhältnisse

$R_1 = 0$	$R_1 = 100\ \Omega$
w= 2.000E 01	w= 2.000E 01
B= 9.992E 00	B= 9.978E-01
<=-11.4	<=-12.2
w= 3.170E 01	w= 3.170E 01
B= 9.981E 00	B= 9.945E-01
<=-18.	<=-19.2
w= 5.024E 01	w= 5.024E 01
B= 9.955E 00	B= 9.871E-01
<=-28.1	<=-30.
w= 7.962E 01	w= 7.962E 01
B= 9.906E 00	B= 9.715E-01
<=-43.2	<=-45.9
w= 1.262E 02	w= 1.262E 02
B= 9.837E 00	B= 9.454E-01
<=-63.9	<=-67.5
w= 2.000E 02	w= 2.000E 02
B= 9.798E 00	B= 9.148E-01
<=-88.9	<=-92.8
w= 3.170E 02	w= 3.170E 02
B= 9.832E 00	B= 8.914E-01
<=-114.	<=-117.6
w= 5.024E 02	w= 5.024E 02
B= 9.900E 00	B= 6.788E-01
<=-135.2	<=-138.
w= 7.962E 02	w= 7.962E 02
B= 9.952E 00	B= 8.733E-01
<=-150.7	<=-152.7
w= 1.262E 03	w= 1.262E 03
B= 9.979E 00	B= 8.711E-01
<=-161.3	<=-162.5
w= 2.000E 03	w= 2.000E 03
B= 9.992E 00	B= 9.702E-01
<=-168.1	<=-168.9

RUN "KM"	2000	3E-6	TEN .2
4	1.4	1.1	*
KP	RR	RE	BD
8	3000	RCP 100	B
0.1	0.2	FG	0
RR	CR	W	-90
100	1E-6	PL	1E3
1.2	2.3	LG	11
RR	CR	0	TEN .2
1000	2E-6	-35	*
1.3	3.4	1E3	BD
RR	CR	11	<

Bild 7.44 gibt das Bodediagramm wieder.

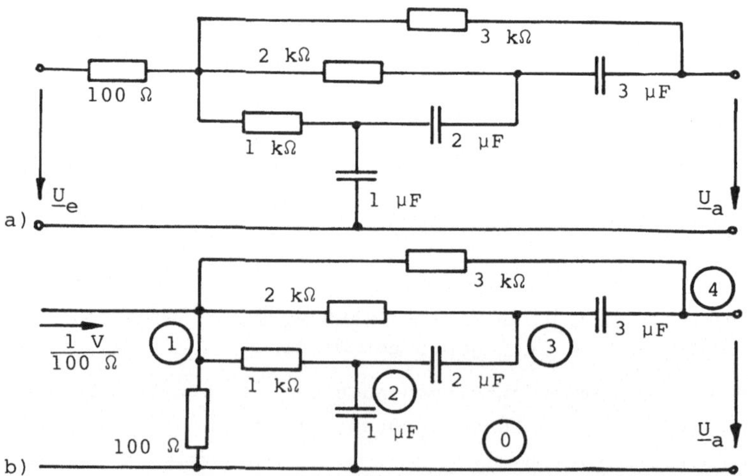

Bild 7.43 Netzwerk vor (a) und (b) nach der Umformung für das Knotenpunktpotential-Verfahren

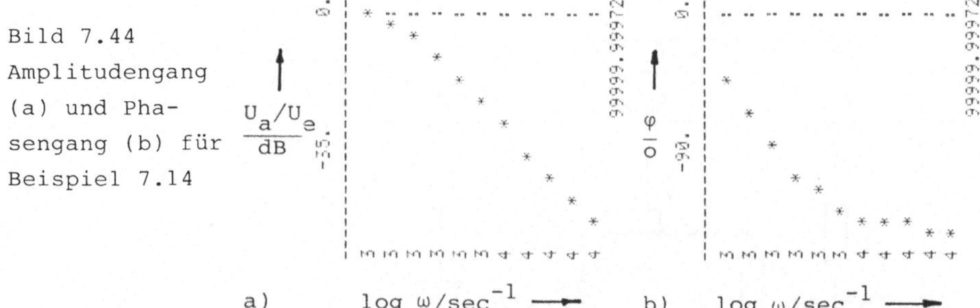

Bild 7.44 Amplitudengang (a) und Phasengang (b) für Beispiel 7.14

Beispiel 7.15. Es soll für das Netzwerk in Bild 7.45 das komplexe Verhältnis $\underline{I}_a/\underline{U}_e$ für die Frequenzen f = 100 Hz, 1 kHz und 10 kHz berechnet werden.

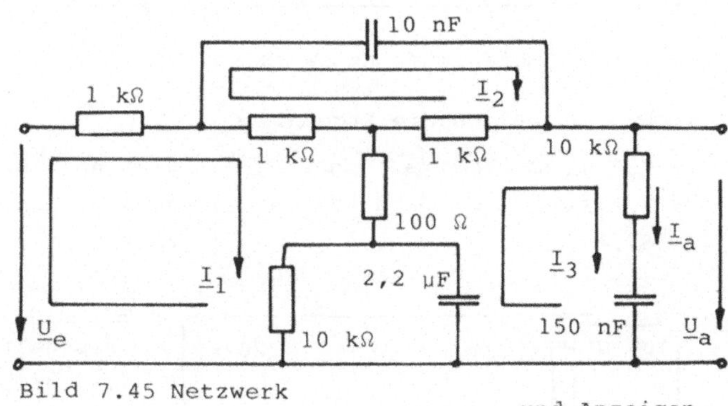

Bild 7.45 Netzwerk

Man kann die in Bild 7.45 eingetragenen Maschenströme unmittelbar umsetzen in die Eingaben und Anzeigen

RUN "KM"	10E3	10E-9	10E3	AZ	EX	F= 1.000E 02
3	1.3	1.2	0.3	100	ENTER	B= 2.019E-05
MS	CP	RR	CR	3	ENTER	<=-14.7
10	2.2E-6	1000	150E-9	10	ENTER	F= 1.000E 03
0.1	1.3	2.3	1.1	*	ENTER	B= 4.653E-06
RR	RR	RR	RE	OK	ENTER	<=4.3
1000	100	1000	1		ENTER	F= 1.000E 04
1.3	0.2	0.3	FG		ENTER	B= 2.411E-05
RP	CR	RR	F		ENTER	<=40.7

Beispiel 7.16. Für das Netzwerk in Bild 7.45 soll nun das komplexe Spannungsverhältnis $\underline{U}_a/\underline{U}_e$ für die Frequenzen f = 100 Hz, 1 kHz und 10 kHz bestimmt werden.

Wir formen das Netzwerk von Bild 7.45 analog zur Bild 7.12 b um und erhalten dann für Bild 7.46 die Eingaben

RUN "KM"	KP	0.1	1000	RR	0.2	10E3	CP	0.2
3	10	RR	1.2	1000	RP	0.2	2.2E-6	RR

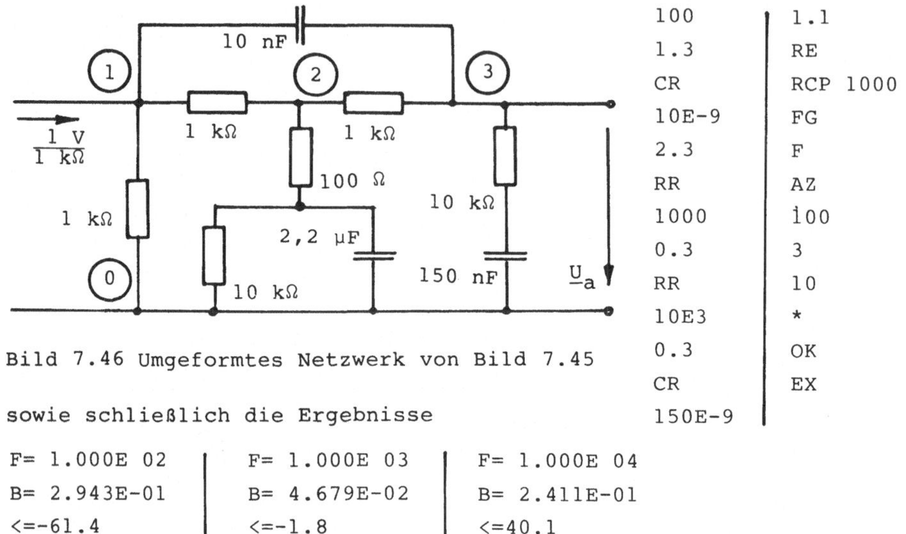

100	1.1
1.3	RE
CR	RCP 1000
10E-9	FG
2.3	F
RR	AZ
1000	100
0.3	3
RR	10
10E3	*
0.3	OK
CR	EX
150E-9	

Bild 7.46 Umgeformtes Netzwerk von Bild 7.45

sowie schließlich die Ergebnisse

F= 1.000E 02	F= 1.000E 03	F= 1.000E 04
B= 2.943E-01	B= 4.679E-02	B= 2.411E-01
<=-61.4	<=-1.8	<=40.1

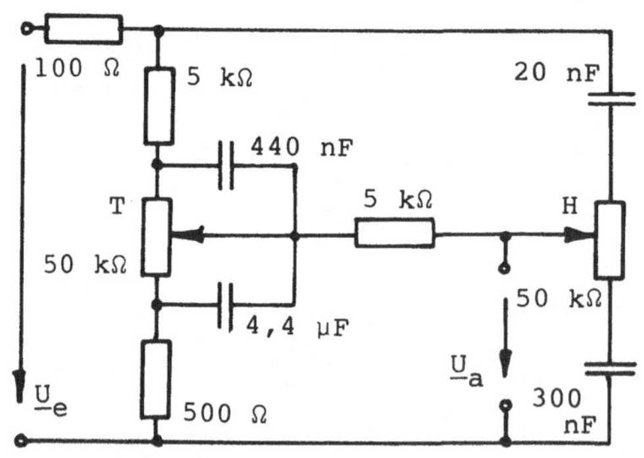

Bild 7.47 Klangregelschaltung

Beispiel 7.17. Eine Klangregelschaltung /43/ nach Bild 7.47 enthält links einen veränderbaren Wirkwiderstand T zum Verstellen der Tiefen und rechts einen solchen (H) zum Einstellen der Höhen. Es soll der Amplitudengang im Frequenzbereich 10 $sec^{-1} \le f \le 10^5 sec^{-1}$ für den Fall, daß beide Abgriffe oben stehen, geplottet werden.

Am Tiefenregler T wird dann die Kapazität C = 440 nF kurzgeschlossen; sie bleibt so unwirksam. Daher arbeiten wir hier mit dem Knotenpunktpotentialverfahren und der Ersatzschaltung in Bild 7.48 Als Frequenzfaktor wählen wir $k_f = 10^{0,2}$. Daher sind die Eingaben

RUN "KM"	100	20E-9	4.4E-6	500	300E-9	PL	TEN .2
3	1.2	0.2	0.2	0.3	1.1	LG	*
KP	RR	RP	RR	RR	RE	0	BD
10	5000	50E3	500	50E3	RCP 100	-22	B
0.1	1.3	0.2	2.3	0.3	FG	10	
RR	CR	CP	RR	CR	F	21	

Der Amplitudengang von Bild 7.49 ist typisch für eine Klangregelschaltung

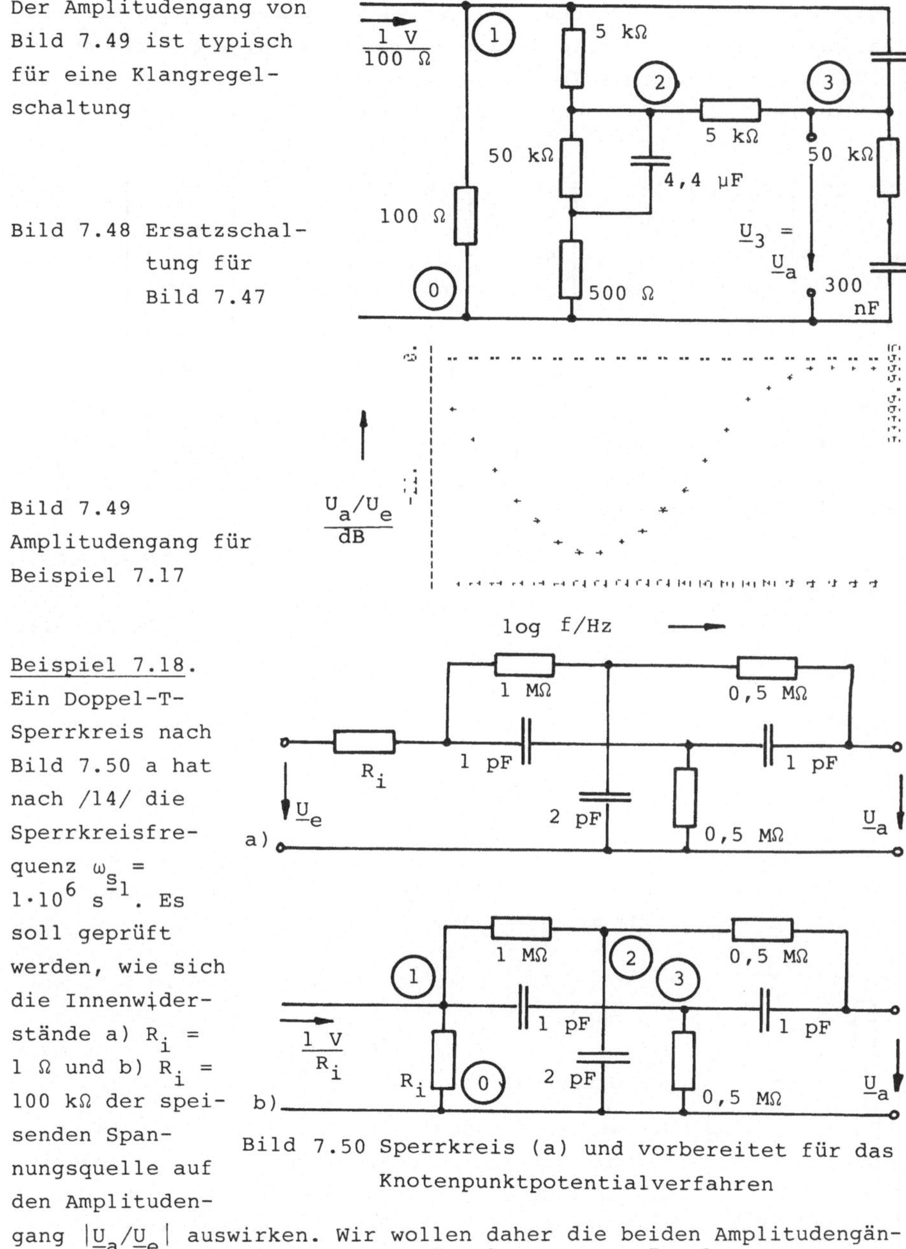

Bild 7.48 Ersatzschaltung für Bild 7.47

Bild 7.49 Amplitudengang für Beispiel 7.17

Bild 7.50 Sperrkreis (a) und vorbereitet für das Knotenpunktpotentialverfahren

Beispiel 7.18. Ein Doppel-T-Sperrkreis nach Bild 7.50 a hat nach /14/ die Sperrkreisfrequenz $\omega_{s} = 1 \cdot 10^{6}\ s^{-1}$. Es soll geprüft werden, wie sich die Innenwiderstände a) $R_i = 1\ \Omega$ und b) $R_i = 100\ k\Omega$ der speisenden Spannungsquelle auf den Amplitudengang $|\underline{U}_a/\underline{U}_e|$ auswirken. Wir wollen daher die beiden Amplitudengänge im Kreisfrequenzbereich $1 \cdot 10^5\ s^{-1} \leq \omega \leq 1 \cdot 10^7\ s^{-1}$ plotten.

a) Zum Anwenden des Knotenpunktpotential-Verfahrens formen wir die Schaltung entsprechend Bild 7.50 b um. Der Fall R_i = 1 Ω gleicht der Vernachlässigung des Innenwiderstands; denn mit R_i = 0 könnten wir hier wegen 1/0 = ∞ nicht arbeiten. Somit sind die ersten Eingaben

RUN "KM"	RR	1.3	2E-12	RR	1.1	PL	11
4	1	CR	2.4	.5E6	RE	LG	TEN .2
KP	1.2	1E-12	RR	3.4	1	0	*
8	RR	0.2	.5E6	CR	FG	-25	BD
0.1	1E6	CR	0.3	1E-12	W	1E5	B

b) Für R_i = 100 k ändern wir nur die zugehörigen Zahlenwerte mit den Eingaben

						TEN .2
BRK	1E5	ENTER	ENTER	1E-5	-25	*
DEF L	ENTER	ENTER	ENTER	GOTO 310	1E5	BD
DEF D	ENTER	ENTER	DEF D	0	11	B

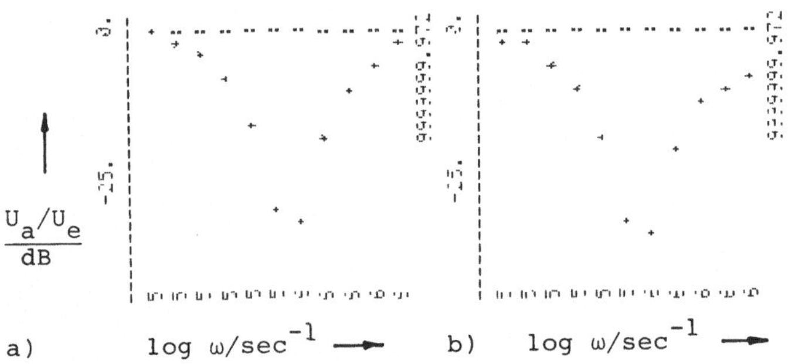

Bild 7.51 Amplitudengänge für Beispiel 7.18
a) R_i = 1 Ω, b) R_i = 100 kΩ

Die Ergebnisse sind in Bild 7.51 dargestellt. Der Innenwiderstand R_i verursacht also mit steigender Frequenz eine größere Dämpfung als bei seiner Vernachlässigung.

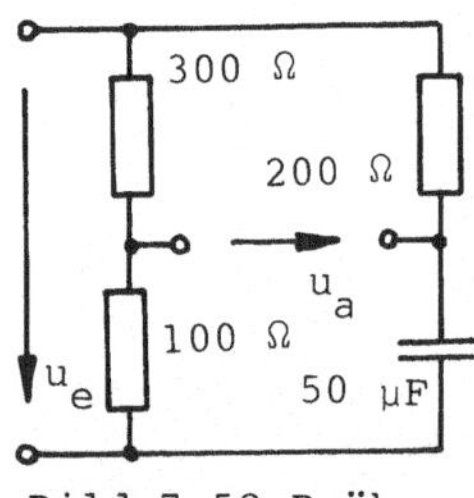

Bild 7.52 Brükkenschaltung

Beispiel 7.19. Für das Netzwerk in Bild 7.52 soll die Sprungantwort u_a (t) für die Sprungerregung u_e (t) = 10 V ε(t) im Zeitbereich $0 \leq t \leq 30$ ms geplottet werden.

Wir wollen die Schaltung mit dem Knotenpunktpotential-Verfahren untersuchen und müssen daher die Eingangsspannung in Einströmungen umwandeln. Nach Abschn. 7.1.3 darf die Eingangsspannung als Spannungsquelle aufgefaßt und diese entsprechend Bild 7.53 a verdoppelt werden. Anschlieeßnd kann man die Spannungs- und Stromquellen nach Bild 7.53 b umwandeln. Wir wählen die dort bezeichneten Knotenpunkte und erhalten dann die Eingaben

RUN "KM"	RP	SA
2	300	W
KP	1.2	PL
6	RP	LI
0.1	100	2.5
RP	2.2	-7.5
200	RE	30E-3
0.1	RCP 30	15
CP	1.1	
50E-6	RE	
1.2	-RCP 30 - RCP 20	

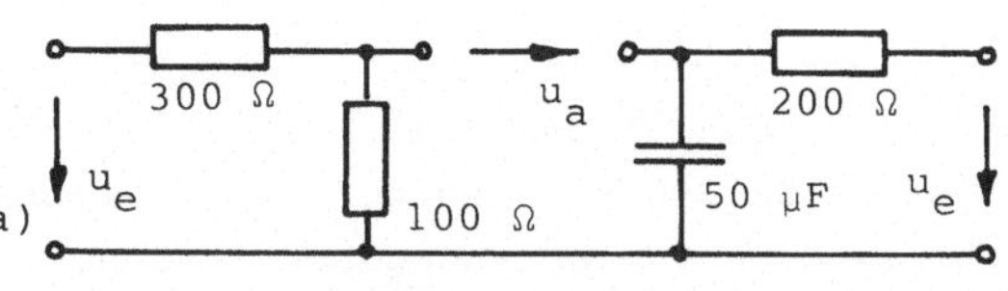

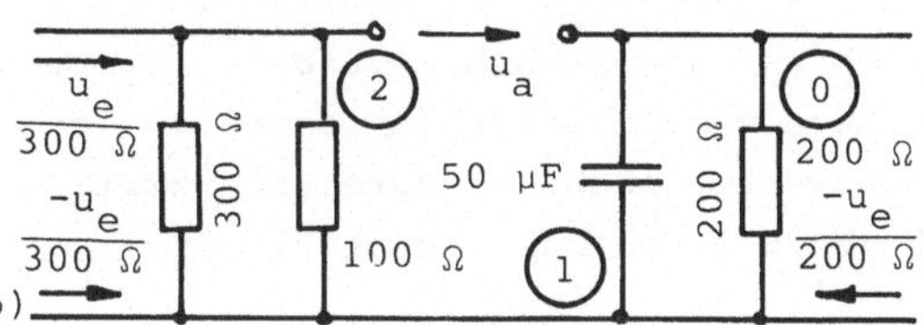

Bild 7.53 Schaltung von Bild 7.52 nach Verdopplung der Spannungsquellen (a) und Umwandlung in Einströmungen (b)

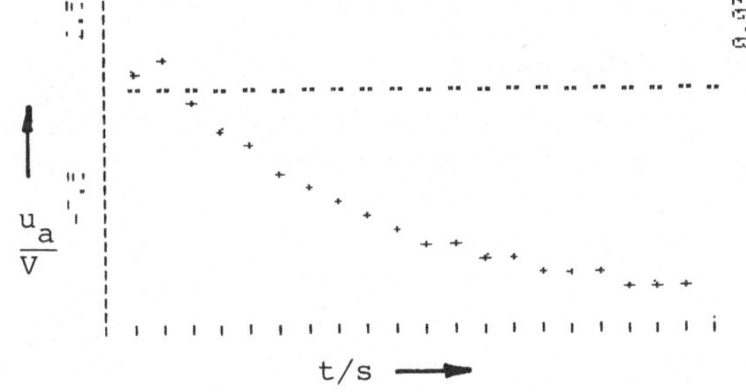

Bild 7.54 Sprungantwort zu Beispiel 7.19

Das Ergebnis ist in Bild 7.53 wiedergegeben. Die wahre Sprungantwort wird in Beispiel 8.10 bestimmt. Der Anfangswert $u_a(0) = 2,5$ V kann mit dem hier angewandten Verfahren natürlich nicht gefunden werden; der Endwert $u_a(\infty) = -7,5$ V wird dagegen erreicht. Der übrige Verlauf stimmt ebenfalls gut mit dem genauen Ergebnis überein.

8 Reelle Funktionen

Die in Abschn. 5 und 7 mit verschiedenen numerischen Verfahren bestimmten Zeitfunktionen können für einfachere Fälle auch als geschlossene Lösungen angegeben werden. Um die Leistungsfähigkeit der numerischen Verfahren beurteilen zu können, muß man ferner numerisch und analytisch gefundene Ergebnisse miteinander vergleichen. Man benötigt hierfür ein Programm, das den Verlauf, also die Funktionswerte, auch umfangreicher Zeitfunktionen und anderer Zusammenhänge zu berechnen gestattet.

Daneben sollte es möglich sein, den Verlauf von Fourier-Reihen, die man anhand einer Fourier-Analyse gefunden hat, oder das Übergangsverhalten, dessen Zeitfunktionen z.B. über eine Laplace-Transformation /14/ abgeleitet werden können, in Tabellen oder Diagrammen darzustellen. Daher wird hier als nächstes ein Programm zum Berechnen solcher Funktionswerte mitgeteilt.

8.1 Grundlagen

In der Elektrotechnik kann man bei n Summanden mit den Amplituden c_i, der Zeit t und der über die Verzögerungszeiten T_i transformierten Zeit

$$\tau_i = t - T_i \tag{8.1}$$

den Exponenten m_i, den Frequenzen f_i bzw. den Kreisfrequenzen

$$\omega_i = 2 \pi f_i \tag{8.2}$$

den Phasenwinkeln φ_i und den Abklingkonstanten δ_i die meisten Zeitfunktionen - z.B. als Systemantwort - mit der Reihe

$$f(t) = \sum_{i=1}^{n} c_i \tau_i^{m_i} \cos (2\pi f_i \tau_i + \varphi_i) e^{-\delta_i \tau_i} \varepsilon(\tau_i) \tag{8.3}$$

beschreiben. Die Einheitssprungfunktion $\varepsilon(\tau_i)$ soll angeben, daß die einzelnen Glieder für $t < T_i$ verschwinden. Bis auf n und c_i können alle Größen in Gl. (8.3) den Wert Null annehmen. Wegen $\tau^0 = 1$, $\cos 0 = 1$ und $e^{-0} = 1$ ergeben sich hierdurch keinerlei Einschränkungen. Gl. (8.3) kann man auch als Basis für viele weitere funktionale Zusammenhänge ansehen (s. Abschn. 8.3).

Daneben treten Fourier-Reihen

$$f(t) = Y_g + \sum_{\nu=1}^{n} c_\nu \cos (2 \pi \nu f t + \varphi_\nu) \tag{8.4}$$

mit der Ordnungszahl ν und dem Gleichglied $Y_g = a_0/2$ auf. Wenn diese in der Form

$$f(t) = \frac{a_0}{2} + \sum_{\nu=1}^{n} a_\nu \cos(2\pi\nu f t) + \sum_{\nu=1}^{n} b_\nu \sin(2\pi\nu f t) \quad (8.5)$$

vorliegt, kann man für die Teilschwingungen die Amplituden

$$c_\nu = \sqrt{a_\nu^2 + b_\nu^2} \quad (8.6)$$

und die Phasenwinkel

$$\varphi_\nu = -\arctan(b_\nu/a_\nu) \quad (8.7)$$

bestimmen und eingeben.

8.2 Programmbeschreibung

Die Algorithmen von Gl. (8.3) und (8.4) lassen sich einfach programmieren, wenn die Daten in entsprechende Datenfelder günstig geordnet eingegeben werden. Die Summanden werden nacheinander aufgerufen; es braucht aber bei entsprechender Programmierung nur jeweils eine vorhandene Größe beachtet zu werden - d.h. es ist bis auf die Amplitude kein Wert mit 0 einzugeben. Phasenwinkel werden, wie in der Elektrotechnik üblich, in der Einheit $^\circ$ berücksichtigt.

Für die Fourier-Synthese ist ein verkürztes Eingabeprogramm mit einem kleineren Datenfeld vorgesehen. Es verlangt jedoch für jede Ordnungszahl ν auch die Eingabe einer Amplitude c_ν und eines Phasenwinkels φ_ν.

In Gl. (8.3) und (8.4) dürfen alle Zeiten t durch relative Zeiten t/T ersetzt werden. Die Frequenz ist dann den vorliegenden Verhältnissen anzupassen (s. Beispiele).

Das auf den nächsten Seiten stehende Programm 3.22 wird über RUN "FU" in Zeile 4010 aufgerufen. Zunächst erscheint der Programmname FUNKTION AF FS?, und es ist zu entscheiden, ob eine allgemeine Funktion (AF) nach Gl. (8.3) berechnet oder eine Fourier-Synthese (FS) nach Gl. (8.4) vorgenommen werden soll. Die Eingabe benutzt die Kürzel

N Anzahl der Gleichungsterme
C Amplitude c_i
< Phasenwinkel φ_i
F Frequenz f_i
T Verzögerungszeit T_i
M Exponent m_i
D Abklingkonstante δ_i
E Ende der Dateneingabe für einen Term

Programm 3.22

```
100:IF X=0 THEN 120
110:X=(5*TEN INT (LOG (
    ABS X)-4)+ABS X)*SGN
    X
120:USING "##.###^":
    RETURN
600:INPUT "AZ DR PL?",U$
    :IF U$<>"PL" RETURN
610:DIM P$(1)*24:INPUT "
    LI LG?",G$
620:INPUT "YMAX?",K,"YMI
    N?",J
630:P$(0)="
                ":USING :
    LPRINT J,K:K=K-J
640:LPRINT "------------
    ------------"
650:X=-J/K*20+1.5:IF X<1
    OR X>23 RETURN
660:F$=":":P$(0)=LEFT$ (
    P$(0),X)+F$+RIGHT$ (
    P$(0),24-X):RETURN
680:X=(X-J)/K*20+1.5:F$=
    "*":I$="-":IF G$="LG
    " LET I= INT LOG P:I
    $=STR$ I
700:IF X<1 LET X=.5:F$="
    <"
710:IF X>22 LET X=22:F$=
    ">"
720:P$(1)=I$+LEFT$ (P$(0
    ),X)+F$+RIGHT$ (P$(0
    ),24-X):LPRINT P$(1)
    :IF L<>Q RETURN
730:LPRINT P:RETURN
760:IF U$="DR" PRINT =
    LPRINT
770:IF U$="PL" RETURN
780:X=P:GOSUB 100:PRINT
    M$;"=";X:RETURN
4010:"FU" INPUT "FUNKTI
     ON AF FS?",A$,"N?"
     ,B:B=B-1
4020:IF A$="AF" DIM D(B
     ,5):F$="C<FTMD":
     GOTO 4040
4030:DIM D(B,2):INPUT "
     F?",D,"YG",E
4040:FOR H=0 TO B:IF A$
     ="FS" INPUT "V?",D
     (H,2),"C?",D(H,0),
     "<",D(H,1):GOTO 41
     10
4050:WAIT 50:PRINT H+1:
     INPUT "C < F T M D
      E?",C$:IF C$="E"
     WAIT :GOTO 4110
4060:INPUT J
4070:FOR L=1 TO 6:IF
     MID$ (F$,L,1)=C$
     LET D(H,L-1)=J
4080:NEXT L:GOTO 4050
4110:NEXT H
4120:GOSUB 600:INPUT "A
     ?",P,"I?",Q,"S?",N
     :IF U$="DR" PRINT
     = LPRINT
4130:FOR L=1 TO Q:IF A$
     ="FS" THEN 4190
4140:V=0:X=0
4150:FOR H=V TO B:M=P-D
     (H,3):IF M<0 THEN
     4180
4160:IF M=0 LET M=1E-30
4170:X=X+D(H,0)*M^D(H,4
     )*COS (D(H,2)*360*
     M+D(H,1))/EXP (M*D
     (H,5))
4180:NEXT H:GOTO 4210
4190:X=E
4200:FOR C=0 TO B:X=X+D
     (C,0)*COS (360*D*P
     *D(C,2)+D(C,1)):
     NEXT C
4210:IF U$="PL" THEN 42
     30
4220:GOSUB 100:Y=X:M$="
     X":GOSUB 760:PRINT
     "Y=";Y:GOTO 4240
```

```
4230:GOSUB 680                4260:FOR I=0 TO L:USING
4240:P=P+N:NEXT L:END              :PRINT "D(";H;I;")
4250:"G" FOR H=0 TO B:L            =":GOSUB 120:PRINT
     =5:IF A$="FS" LET             D(H,I):NEXT I:NEXT
     L=2                           H:END
```

Außerdem werden für die Ausgabe einige vom Unterprogramm 3.14 bekannte Abkürzungen (s. Tafel 1.10) eingesetzt.

Schon in Zeile 4020 verzweigt das Programm u.U. zu einer unterschiedlichen Eingabe für die Fourier-Synthese. Mit Zeile 4020 wird ein passendes Datenfeld D(..) für die Kenngrößen der Funktion vereinbart. Ab Zeile 4050 wird zur Eingabe der Kennwerte aufgefordert: In der Anzeige erscheint kurzzeitig rechtsbündig die Nummer des Gleichungsterms, die dann in die Zeichenfolge der Kurzzeichen für die Kenngrößen übergeht. Es ist anschließend das gewünschte Kurzzeichen einzutasten, das dann zum Fragezeichen (?) wechselt, womit zum Eingeben des zugehörigen Werts aufgefordert wird. Nach der Eingabe erscheint erneut die Zeichenkette, bis über E das Ende dieses Gleichungsterms festgestellt wird. Anschließend wird die nächste Gleichungsterm-Nummer mit der Zeichenkette aufgerufen.

Diese Eingabeschleife in Zeile 4070 und 4080 ermöglicht ein einfaches Programm für ein nur teilweises Belegen eines Datenfeldes. Es brauchen also nur die tatsächlich gegebenen Kennwerte <u>in beliebiger Reihenfolge</u> innerhalb eines Terms eingegeben zu werden. Falsche oder zu verändernde Daten können während des Eingabedialogs einfach neu unter der richtigen Gleichungsterm-Nummer nach Vorgabe des zugehörigen Zeichens eingetastet werden.

Zum Berechnen einer <u>allgemeinen Funktion</u> (AF) muß man mindestens die Amplitude (C) jedes Gleichungsterms (also u.U. eine 1) eingeben. Gegebenenfalls sind noch Verzögerungszeit (T), Exponent (M), Frequenz (F), Phasenwinkel (<) oder Abklingkonstante (D) vorzugeben.

Für die <u>Fourier-Synthese</u> werden zunächst in Zeile 4030 Frequenz (F) und Gleichglied (YG) (also $a_0/2$) eingelesen. In Zeile 4040 sind aktuelle Ordnungszahl (V), zugehörige Amplitude (C) und passender Phasenwinkel (<) nacheinander einzugeben.

Ab Zeile 4120 wird u.U. das Plotten vorbereitet, indem u.a. Größt- und Kleinstwert für die Abszisse abgefragt werden. Nach dem Eingeben des Anfangswerts (A), der gewünschten Anzahl (I) der Funktionswerte sowie der Schrittweite (S) folgt das Berechnen der Funktion entweder ab Zeile 4140 für die allgemeine Funktion (AF) oder ab Zeile 4190 für die Fourier-Synthese (FS). In Zeile 4150 wird die Verzögerungszeit T_i berücksichtigt. Da 0^0 zu einer Fehlermeldung führt, muß diese durch Zeile 4160 vermieden werden.

Für die Ausgabe ab Zeile 4210 gelten die Erläuterungen in Abschn. 3.2.4. Die Zeilen 4250 und 4260 enthalten noch ein Programm, das über DEF G das Datenfeld mit den Koeffizienten und Exponenten der Gleichungsterme auflistet. In D(I,J) gibt I die Gleichungsterm-Nummer minus 1 an, und J ist eine fortlaufende Nummer (beginnend mit 0) für die Größen C, <, F, T, M, D - also z.B. 2 für F.

Datenregister. A$: AF oder FS, B: n, C$: Dialogvariable, D: f, E: Y_g, M: Zwischenspeicher, C, H, I, L, R: Zähler; außerdem F$ bis Z wie in Tafel 1.8.

Datenfeld. D(..): Koeffizienten und Exponenten der Funktion.

8.3 Anwendungen

Die folgenden Beispiele können u.a. zum Testen dieses Programms 3.22 sowie zum Überprüfen der in Abschn. 5 und 7 eingesetzten Verfahren eingesetzt werden. Sie geben darüber hinaus typische Verläufe wieder, wie sie in der Elektrotechnik vorkommen.

Beispiel 8.1. Mit der Funktion y = sin x und den Grenzen y_{max} = 0,8 sowie y_{min} = - 0,8 soll das Plotprogramm überprüft werden.

Wir geben uns mit 10 Diagrammpunkten zufrieden und erhalten somit den Rechengang

Eingaben	Anzeige	Eingaben	Anzeige
RUN "FU" ENTER	FUNKTION AF FS?	PL ENTER	LI LG?
FS ENTER	N?	LI ENTER	YMAX?
1 ENTER	F?	.8 ENTER	YMIN?
1 ENTER	YG?	-.8 ENTER	A?
0 ENTER	V?	0 ENTER	I?
1 ENTER	C?	10 ENTER	S?
1 ENTER	<?	RCP 9 ENTER	
-90 ENTER	AZ DR PL?		

Das Ergebnis ist in Bild 8.1 dargestellt.

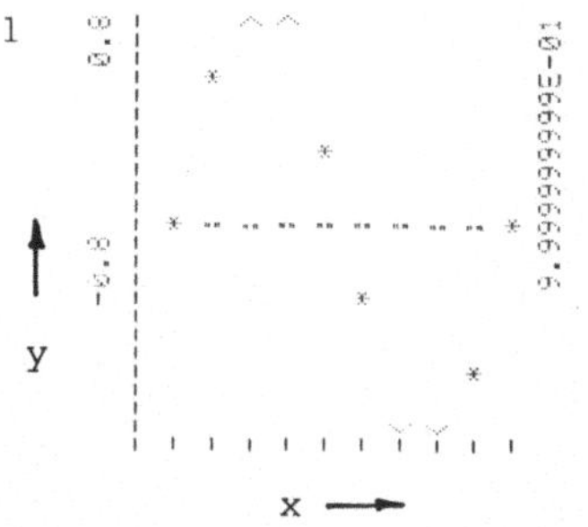

Bild 8.1 Diagramm für Beispiel 8.1

Beispiel 8.2. Der Bestimmung der Sprungantwort mit dem Unterprogramm 3.14 liegt die Rechteckfunktion von Bild 8.2 zugrunde, für die man die Fourier-Reihe von Gl. (3.15) angeben kann. Es soll jetzt für die Ordnungszahlen ν = 15, 33 und 65 untersucht werden, wie sich die Ordnungszahl ν bei der Annäherung der Rechteckfunktion durch Gl. (3.15) auswirkt.

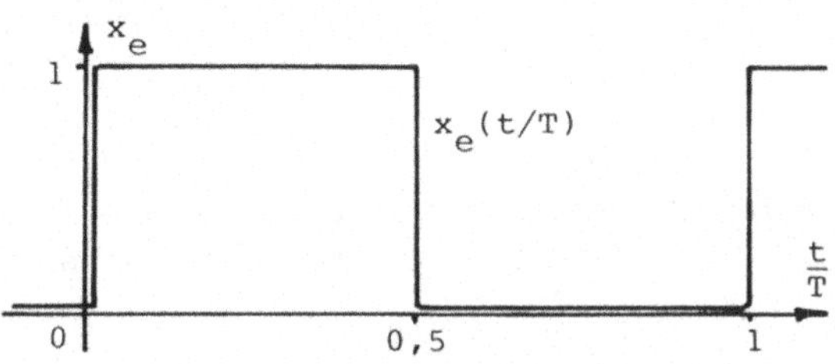

Bild 8.2 Rechteckfunktion

Wir wollen zunächst die Funktion von Gl. (3.15) für den Bereich $0 \leq t/T \leq 0{,}625$ und die Ordnungszahl ν = 15 plotten. Um die Eingabe zu automatisieren, bauen wir das Zusatzprogramm von Tafel 8.3 in das Programm 3.22 ein und erhalten dann die Eingaben

RUN "FU"	7	LI	0	26
AF	PL	1.1	0	RCP 40

Tafel 8.3 Zusatzprogramm

```
4015:DIM D(B,2):E=.5:D=
     1:A$="FS"
4016:FOR H=0 TO B:D(H,0
     )=2/π/(2*H+1):D(H,
     1)=-90:D(H,2)=2*H+
     1:NEXT H:GOTO 4120
```

Nach Gl. (3.15) und Bild 8.4 hat jede Funktion für die Zeiten t = 0 und t/T = 0,5 die unvermeidbaren Werte x_e = 0,5, während für die übrigen Funktionswerte auch schon mit ν = 15 gute Näherungen gewährleistet sind.

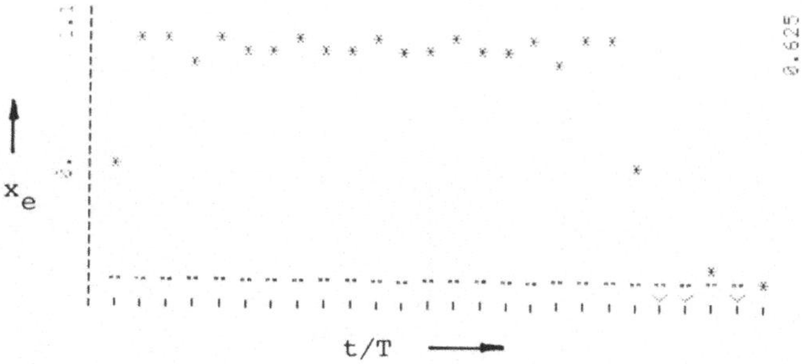

Bild 8.4 Näherung für die Rechteckfunktion von Bild 8.2 mit der Ordnungszahl ν = 15

In der Nähe von t = 0 kommt es offenbar darauf an, wie schnell der Funktionswert x_e = 0,5 auf das zu fordernde x_e = 1 gebracht werden kann. Dies hängt von der gewählten Ordnungszahl ν ab. Daher wird mit Bild 8.5 im (gespreizten) Zeitbereich $0 \leq t/T \leq 0{,}01$ der Verlauf der Fourier-Reihe mit dem Parameter ν untersucht.

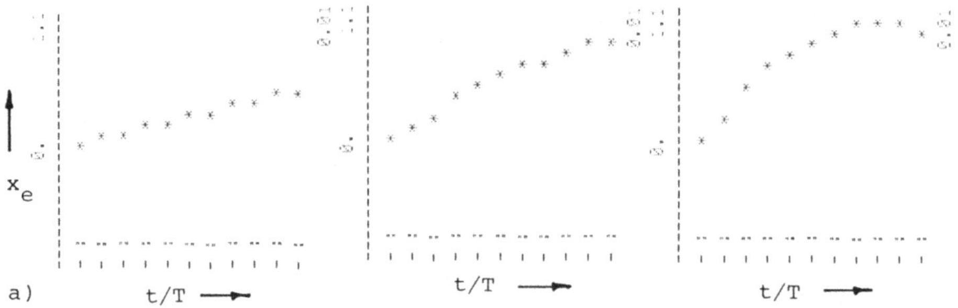

Bild 8.5 Näherung für den ersten Abschnitt der Rechteckfunktion in Bild 8.2 mit den Ordnungszahlen
a) $\nu = 15$ b) $\nu = 33$ c) $\nu = 65$

Tafel 8.6 Ergebnisse von Beispiel 8.2

relative Zeit t/T	Funktionswerte x_e für die Ordnungszahlen ν = 15	33	65
0,001	0,5280	0,5639	0,6269
0,002	0,5559	0,6269	0,7470
0,003	0,5837	0,6882	0,8543
0,004	0,6112	0,7470	0,9439
0,005	0,6385	0,8026	1,013

Der Rechengang ist hierfür auf $n = 33/2 - 1 = 16$ bzw. $n = 65/2 - 1 = 32$ zu ändern. Bild 8.5 und die in Tafel 8.6 zusammengestellten Funktionswerte weisen nach, daß der Anfangswert $x_e = 0{,}5$ nicht zu verbessern ist, der Anstieg auf auf $x_e = 1$ aber stark mit der Ordnungszahl ν beschleunigt werden kann.

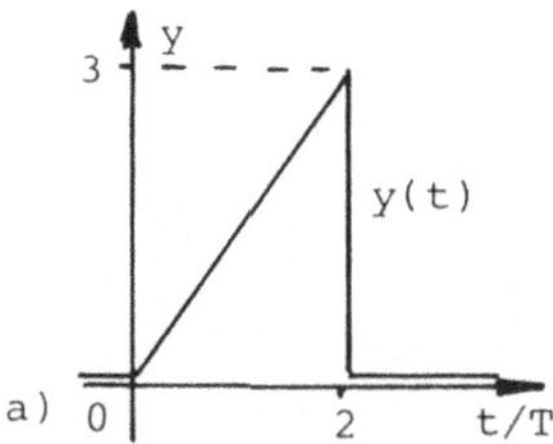

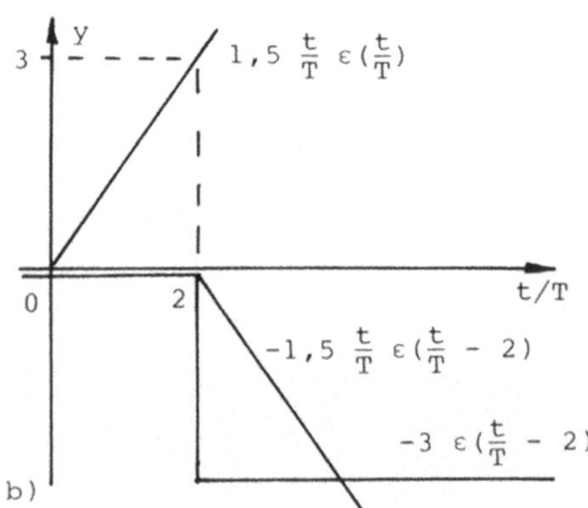

Bild 8.7 Sägezahnimpuls (a) und seine Zusammensetzung aus 3 Teilfunktionen (b)

Beispiel 8.3. Der Sägezahnimpuls von Bild 8.7 a soll durch das Programm 3.22 numerisch berechenbar gemacht und im Bereich $0 \leq t/T \leq 4$ sollen 9 Funktionswerte mit diesem Programm bestimmt werden.

Nach Bild 8.7 b kann man den Sägezahnimpuls wiedergeben durch die Funktion

$$y(t) = 1{,}5 \frac{t}{T} \varepsilon(t) - 3 \varepsilon(\frac{t}{T} - 2) - 1{,}5 \frac{t}{T} \varepsilon(\frac{t}{T} - 2) \qquad (8.8)$$

Die gesuchten Diagrammpunkte findet man daher mit dem Rechengang

Eingabe	Anzeige	Eingabe	Anzeige
RUN "FU" ENTER	FUNKTION AF FS?	E ENTER	3. C < F T M D E?
AF ENTER	N?	C ENTER	?
3 ENTER	1. C < F T M D E?	-1.5 ENTER	3. C < F T M D E?
C ENTER	?	M ENTER	?
1.5 ENTER	1. C < F T M D E?	1 ENTER	3. C < F T M D E?
M ENTER	?	T ENTER	?
1 ENTER	1. C < F T M D E?	2 ENTER	3. C < F T M D E?
E ENTER	2. C < F T M D E?	E ENTER	AZ DR PL?
C ENTER	?	DR ENTER	A?
-3 ENTER	2. C < F T M D E?	0 ENTER	I?
T ENTER	?	9 ENTER	S?
2 ENTER	2. C < F T M D E?	.5 ENTER	

Die Ergebnisse sind in Tafel 8.8 zusammengestellt. Nach Bild 8.7 a macht die Funktion y(t) für t/T = 2 einen Sprung, und y liegt dort im Bereich $0 \leq y \leq 3$, was das Programm natürlich nicht berechnen kann. Für manche Betrachtungen (z.B. Integration) kann es nützlich sein, an Sprungstellen mit dem mittleren Wert zu rechnen. Dann muß man einen entsprechenden Algorithmus in das Programm einfügen.

Tafel 8.8
Ergebnisse zu Beispiel 8.3

```
X= 0.000E 00
Y= 1.500E-30
X= 5.000E-01
Y= 7.500E-01
X= 1.000E 00
Y= 1.500E 00
X= 1.500E 00
Y= 2.250E 00
X= 2.000E 00
Y=-1.500E-30
X= 2.500E 00
Y= 0.000E 90
X= 3.000E 00
Y= 0.000E 00
X= 3.500E 00
Y= 0.000E 00
X= 4.000E 00
Y= 0.000E 00
```

Für t/T = 0 und t/T = 1,5 erhält man ebenfalls nicht y = 0. Dies ist auf Ungenauigkeiten der Berechnung zurückzuführen und für die meisten Betrachtungen uninteressant. Wenn diese Funktionswerte zur Abfrage IF Y = 0 herangezogen werden sollen, muß das Programm diese Fehler durch Zusätze unterdrücken. Das Programm 3.22 verzichtet aus Umfangsgründen und wegen der hier nicht vorliegenden Notwendigkeit auf diese Feinheiten.

<u>Beispiel 8.4</u>. Ein PID-T_1-Regelverstärker hat nach /14/ die <u>Übergangsfunktion</u>

$$h(t) = K_P \left[1 - \frac{T}{T_n} + \frac{t}{T_n} + \left(\frac{T_v}{T} + \frac{T}{T_n} - 1\right)\right] e^{-t/T} \tag{8.9}$$

Sie soll im normierten Zeitbereich $0 \leq t/T \leq 4$ für $K_P = 1$ und die normierten Kennwerte $T_n/T = 1{,}6$ und $T_v/T = 2$ geplottet werden.

Mit den Zahlenwerten

$$K_P\left(1 - \frac{T}{T_n}\right) = 1\left(1 - \frac{1}{1{,}6}\right) = 0{,}375$$

$$K_P/T_n = 1/1{,}6 = 0{,}625$$

$$\frac{T_v}{T} + \frac{T}{T_n} - 1 = 2 + \frac{1}{1{,}6} - 1 = 1{,}625$$

ist somit die gesuchte Zeitfunktion

$$h(t) = 0{,}375 + 0{,}625\,\frac{t}{T} + 1{,}625\,e^{-t/T} \tag{8.10}$$

und es sind, wenn wir $y_{max} = 3$ und 21 Schritte wählen, die Eingaben

RUN "FU"	C	C	1	1.625	E	2.5	21
AF	.375	.625	E	D	PL	0	4/20
3	E	M	C	1	LI	0	

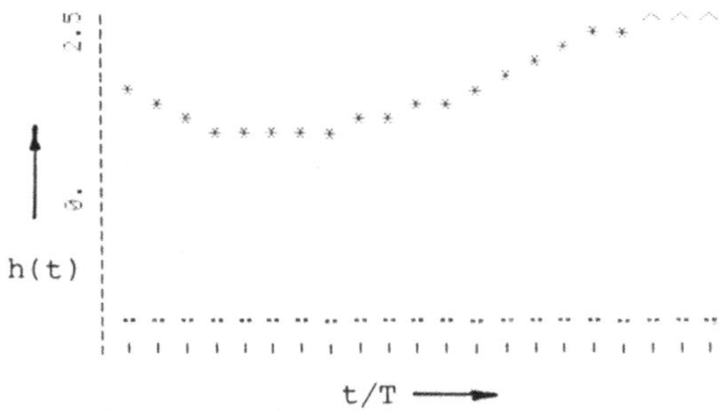

Das Diagramm von Bild 8.9 zeigt den erwarteten Verlauf.

Bild 8.9 Übergangsfunktion h(t) für Beispiel 8.4

<u>Beispiel 8.5.</u> Nach /14/ folgt eine Übergangsfunktion der Gleichung

$$h(t) = 1{,}0206\ e^{-2000\ \sec^{-1}\ t}\ \cos\ (9797\ \sec^{-1}\ t + 11{,}54^{o}) \tag{8.11}$$

Sie soll im Zeitbereich $0 \leq t \leq 0{,}001$ sec geplottet werden.

Mit den Eingaben

RUN "FU"	C	2000	<	PL	-.6	.001/20
AF	1.0206	F	11.54	LI	0	
1	D	9797/2/π	E	1	21	

erhält man das Diagramm in Bild 8.10.

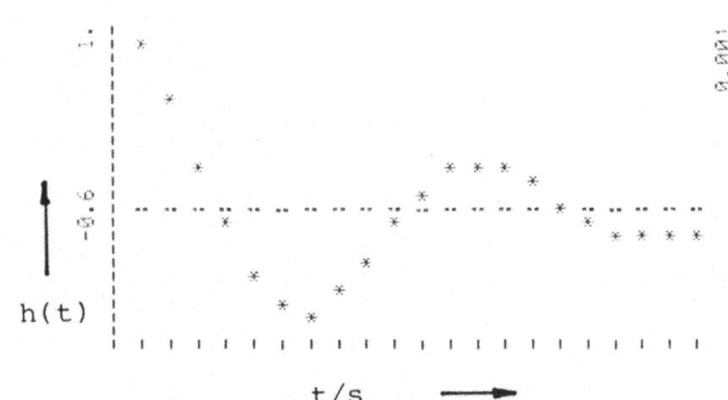

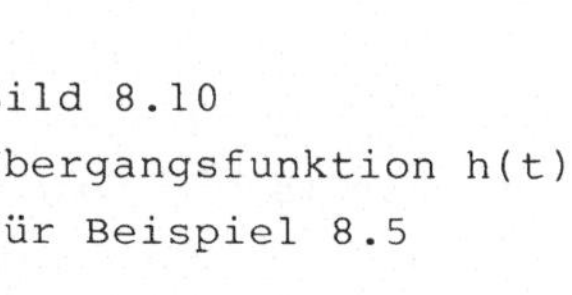
Bild 8.10
Übergangsfunktion h(t) für Beispiel 8.5

Beispiel 8.6. Nach /14/ folgt ein Stromverlauf der Funktion

$$i = 1{,}467\ \mathrm{A}\ \varepsilon(t) - 1{,}467\ \mathrm{A}\ e^{-t/(0{,}4\ \mathrm{sec})}\ \varepsilon(t) - 2{,}467\ \mathrm{A}\ \varepsilon(t - 0{,}5\ \mathrm{sec}) + 2{,}467\ \mathrm{A}\ e^{-(t - 0{,}5\ \mathrm{sec})/(0{,}4\ \mathrm{sec})}\ \varepsilon(t - 0{,}5\ \mathrm{sec})$$

Sie soll im Zeitbereich $0 \leq t \leq 1$ sec geplottet werden. (8.12)

Man kann sofort die Eingaben für 11 Diagrammpunkte angeben:

RUN "FU"	1.467	D	-2.467	C	T	LI	11
AF	E	RCP .4	T	2.467	.5	1.1	.1
4	C	E	.5	D	E	-.5	
C	-1.467	C	E	RCP .4	PL	0	

Bild 8.11 zeigt den typischen Verlauf der Summe von zwei e-Funktionen, wenn die zweite später einsetzt.

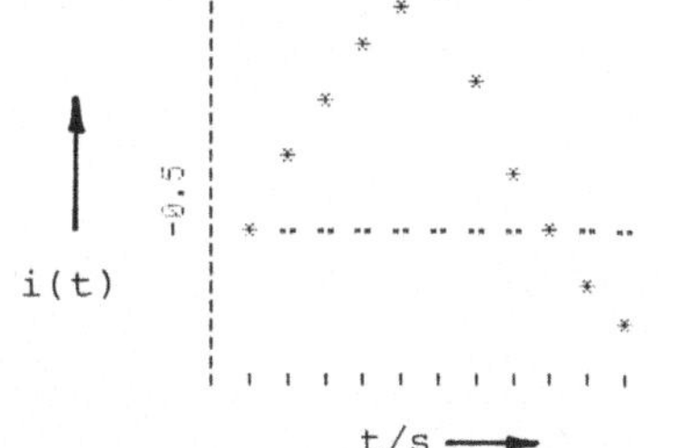

Bild 8.11 Stromverlauf i(t) für Beispiel 8.6

Beispiel 8.7. An die konstante Spannung U = 24 V ist ein veränderbarer Widerstand R angeschlossen. Es soll der Stromverlauf I = f(R) im Bereich $1\ \mathrm{k}\Omega \leq R \leq 6\ \mathrm{k}\Omega$ mit 11 Diagrammpunkten geplottet werden.

Es ist I = U/R = 24 V/R. Bei dem Größtwert $I_{max} = 24\ \mathrm{V}/(1\ \mathrm{k}\Omega) = 24$ mA sind die Eingaben

RUN "FU"	1	24	-1	PL	.024	1E3	1E3
AF	C	M	E	LI	0	6	

Die Stromkennlinie ist in Bild 8.12 dargestellt.

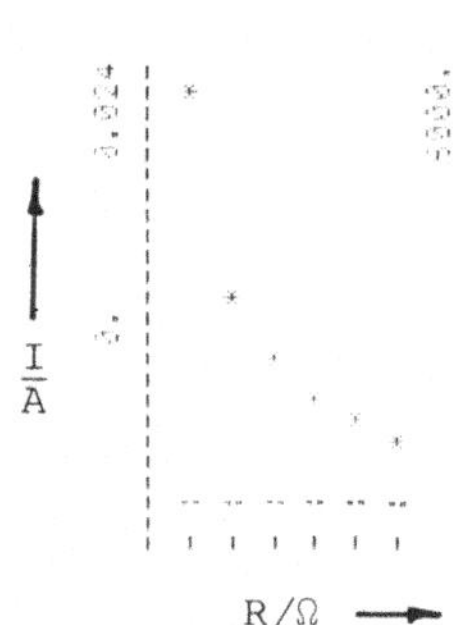

Bild 8.12 Stromverlauf $I = f(R)$ für Beispiel 8.7

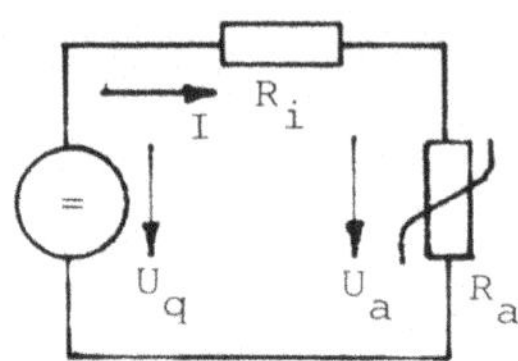

Bild 8.13 Gleichstromkreis mit spannungsabhängigem Widerstand

Beispiel 8.8. Eine Spannungsquelle mit dem Innenwiderstand $R_i = 2{,}5\ \Omega$ und der veränderbaren Quellenspannung U_q liegt an einem spannungsabhängigen Widerstand R_a, der die Stromkennlinie

$$I = 1{,}5\ \frac{A}{V}\ U_a - 1{,}125\ \frac{A}{V^2}\ U_a^2 + 0{,}25\ \frac{A}{V^3}\ U_a^3 \tag{8.13}$$

aufweist. Es soll die Kennlinie $U_q = f(U_a)$ im Bereich $0 \leq U_a \leq 5$ V geplottet werden.

Nach der Maschenregel gilt

$$U_q = R\ I + U_a \tag{8.14}$$

$$= (1{,}5\ \frac{A}{V}\cdot 2{,}5\ \Omega + 1)U_a - 1{,}125\ \frac{A}{V^2}\cdot 2{,}5\ \Omega\ U_a^2 + 0{,}25\ \frac{A}{V^3}\cdot 2{,}5\ \Omega\ U_a^3$$

$$= 4{,}75\ U_a - 2{,}8125\ V^{-1}\ U_a^2 + 0{,}625\ V^{-2}\ U_a^3$$

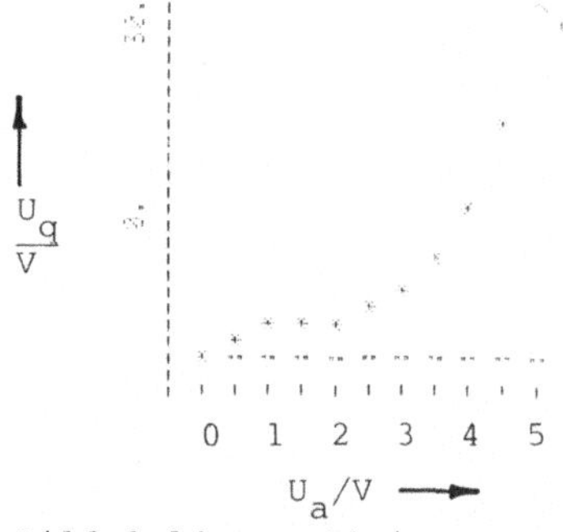

Bild 8.14 Kennlinie $U_q = f(U_a)$ für Beispiel 8.8

Das Programm 3.22 verlangt dann die Eingaben

RUN "FU"	M	M	M	30
AF	1	2	3	0
3	E	E	E	0
C	C	C	PL	11
4.75	-2.8125	.625	LI	.5

und liefert als Ergebnis das Diagramm in Bild 8.14.

Beispiel 8.9. Nach Beispiel 2.42 folgt der Strom eines Solargenerators der Quellenkennlinie

$$I_a = 685{,}6\ \text{mA} - 6{,}146\ \mu\text{A}\ e^{0{,}495\ V^{-1}\ U_a} \tag{8.15}$$

Sie und die Leistungskennlinie $P_a = f(U_a)$ sollen geplottet und es soll der Verbraucherwiderstand R_a für Leistungsanpassung bestimmt werden.

Für die Leistung gilt

$$P_a = U_a\ I_a = 685{,}6\ \text{mA}\ U_a - 6{,}146\ \mu\text{A}\ U_a\ e^{0{,}495\ V^{-1}\ U_a} \qquad (8.16)$$

Wir wählen 13 Diagrammpunkte im Abstand $\Delta U_a = 2$ V und benötigen dann die Eingaben für die Quellenkennlinie

RUN "FU"	C	C	-.495	LI	0
AF	.6856	-6.146E-6	E	.7	13
2	E	D	PL	0	2

sowie für die Leistungskennlinie

RUN "FU"	C	1	-6.146E-6	D	PL	0	2
AF	.6856	E	M	-.495	LI	0	
2	M	C	1	E	12	13	

Die Ergebnisse sind in Bild 8.15 wiedergegeben

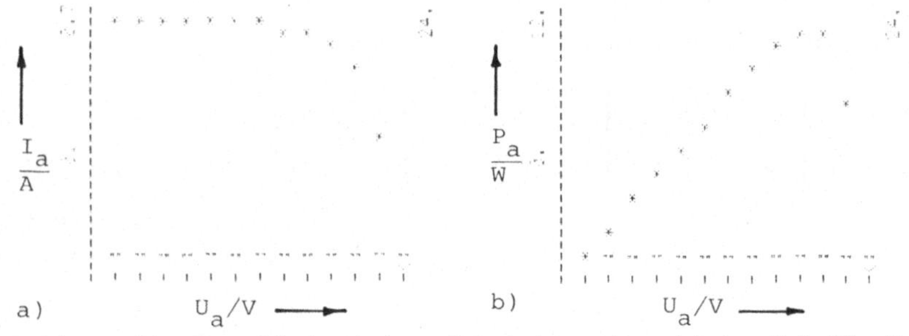

Bild 8.15 Quellenkennlinie (a) und Leistungskennlinie (b) für Beispiel 8.9

Die größte Leistungsabgabe tritt offenbar im Bereich $18\ \text{V} \leq U_a \leq 20\ \text{V}$ auf. Genaue Werte erhält man z.B. durch <u>Intervallhalbierung</u> mit den Eingaben

```
U$ = "AZ"
P = 18         und Anzeigen
GOTO 4130      X= 1.800E 01
ENTER          Y= 1.152E 01
P = 20
GOTO 4130      X= 2.000E 01
ENTER          Y= 1.126E 01
```

usw. sowie den Ergebnissen von Tafel 8.16.

Tafel 8.16 Intervallhalbierung für Beispiel 8.9

U_a in V	P_a in W
18	11,52
20	11,26
19	11,61
18,5	11,61
18,75	11,62

Somit muß für Anpassung sein

$$R_a = U_a^2/P_a = 18{,}75^2\ V^2/(11{,}62\ \text{W}) = 30{,}25\ \Omega.$$

Beispiel 8.10. Für die Schaltung von Beispiel 7.19 und Bild 7.52 soll die wahre Sprungantwort $u_{a\int}(t)$ im Zeitbereich $0 \leq t \leq 30$ ms geplottet werden.

Es handelt sich nach /14/ um ein Einspeicherproblem, für das man sofort den Anfangswert

$$u_a(0) = 10\ \text{V}\ (1 - \frac{300\ \Omega}{300\ \Omega + 100\ \Omega}) = 2{,}5\ \text{V}$$

und den Endwert

$$u_a(\infty) = -\ 10\ \text{V}\ \frac{300\ \Omega}{300\ \Omega + 100\ \Omega} = -\ 7{,}5\ \text{V}$$

sowie die Zeitkonstante

$$T = 200\ \Omega \cdot 50\ \mu\text{F} = 10\ \text{ms}$$

angeben kann. Für die Sprungantwort gilt daher

$$u_a\ (t) = -\ 7{,}5\ \text{V} + 10\ \text{V}\ e^{-t/(10\ \text{ms})} \qquad (8.17)$$

Somit sind die Eingaben

RUN "FU"	C	C	RCP 10E-3	LI	0
AF	-7.5	10	E	2.5	21
2	E	D	PL	-7.5	30E-3/20

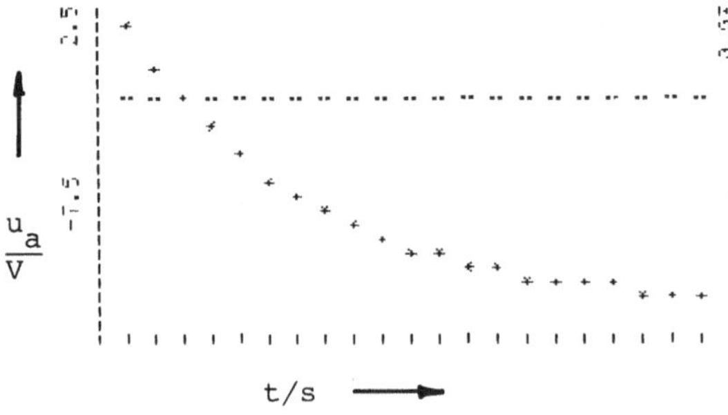

Der Spannungsverlauf ist in Bild 8.17 dargestellt.

Bild 8.17 Sprungantwort zu Beispiel 8.10

9 Funktionen mit komplexem Argument

Mit dem wissenschaftlichen Rechnerteil des PC-1401 kann man bei reellem Argument unmittelbar Werte für die Kreis- und Hyperbel- und ihre Umkehrfunktionen oder auch für die Funktionen e^x und ln x berechnen. Jetzt soll noch ein Programm zum Bestimmen von Funktionswerten bei komplexen Argumenten mitgeteilt werden. Hierfür wurden früher Sinus- und Tangensrelief /20/ eingesetzt mit allen Ungenauigkeiten, die Nomogramme aufweisen.

9.1 Grundlagen

Wir betrachten analog zu Abschn. 4.1 komplexe Größen

$$\underline{A} = a_w + j\, a_b = A\, \underline{/\alpha} = A\, e^{j\alpha} \tag{9.1}$$

mit dem Realteil a_w = Re $\underline{A}$, dem Imaginärteil a_b = Im $\underline{A}$, dem Betrag $A = \sqrt{a_w^2 + a_b^2}$ und dem Winkel $\alpha = \tan\, (a_b/a_w)$.

Nach /20/ gilt dann für die komplexen Kreis- bzw. Hyperbelfunktionen

$$\sin\,(a_w + j\, a_b) = \sin a_w \cosh a_b + j \cos a_w \sinh a_b \tag{9.2}$$

$$\cos\,(a_w + j\, a_b) = \cos a_w \cosh a_b - j \sin a_w \sinh a_b \tag{9.3}$$

$$\tan\,(a_w + j\, a_b) = \frac{\sin\,(a_w + j\, a_b)}{\cos\,(a_w + j\, a_b)} \tag{9.4}$$

$$\sinh\,(a_w + j\, a_b) = \cos a_b \sinh a_w + j \sin a_b \cosh a_w \tag{9.5}$$

$$\cosh\,(a_w + j\, a_b) = \cos a_b \cosh a_w + j \sin a_b \sinh a_w \tag{9.6}$$

$$\tanh\,(a_w + j\, a_b) = \frac{\sinh\,(a_w + j\, a_b)}{\cosh\,(a_w + j\, a_b)} \tag{9.7}$$

Durch Vertauschen von a_w und a_b erhält man also weitgehend gleiche Algorithmen.

Ferner gilt nach /20/ mit den Abkürzungen

$$B = \sqrt{A^4 - 2\, A^2 \cos\,(2\,\alpha) + 1} \tag{9.8}$$

$$C = \sqrt{A^4 + 2\, A^2 \cos\,(2\,\alpha) + 1} \tag{9.9}$$

für die Hauptwerte der zugehörigen Umkehrfunktionen

$$\arcsin\,(A\, \underline{/\alpha}) = \frac{1}{2} \arccos\,(-A^2 \pm B) + j\, \frac{1}{2}\, \mathrm{Arcosh}\,(A^2 \pm B) \tag{9.10}$$

$$\arccos\,(A\, \underline{/\alpha}) = \frac{1}{2} \arccos\,(A^2 \pm B) + j\, \frac{1}{2}\, \mathrm{Arcosh}\,(A^2 \mp B) \tag{9.11}$$

$$\arctan\,(A\, \underline{/\alpha}) = \frac{1}{2} \arctan \frac{2\, A \cos\alpha}{1 - A^2} + j\, \frac{1}{2}\, \mathrm{Artanh} \frac{2\, A \sin\alpha}{1 + A^2} \tag{9.12}$$

$$\text{Arsinh}\ (A\ \underline{/\alpha}) = \frac{1}{2}\ \text{Arcosh}\ (A^2 \pm C) + j\ \frac{1}{2}\ \text{arccos}\ (-A^2 \pm C) \quad (9.13)$$

$$\text{Arcosh}\ (A\ \underline{/\alpha}) = \frac{1}{2}\ \text{Arcosh}\ (A^2 \pm B) + j\ \frac{1}{2}\ \text{arccos}\ (A^2 \mp B) \quad (9.14)$$

$$\text{Artanh}\ (A\ \underline{/\alpha}) = \frac{1}{2}\ \text{Artanh}\ \frac{2\ A\ \cos\ \alpha}{1 + A^2} + j\ \frac{1}{2}\ \text{arctan}\ \frac{2\ A\ \sin\ \alpha}{1 - A^2} \quad (9.15)$$

Man hat zu beachten, daß für die geraden Funktionen gilt (9.16)

$$\cos\ (a_w + j\ a_b) = \cos\ (a_w - j\ a_b) = \cos\ \left[(a_w + 2\ k\ \pi) + j\ a_b\right]$$

$$\cosh\ (a_w + j\ a_b) = \cosh\ (a_w - j\ a_b)$$

$$= \cosh\ \left[(a_w + 2\ k\ \pi) + j\ a_b\right] \quad (9.17)$$

bzw. bei den ganzen Zahlen k für die ungeraden

$$\sin\ (a_w + j\ a_b) = \sin\ \left[(a_w \pm k\ \pi) - j\ a_b\right]$$

$$= \sin\ \left[(a_w \pm 2\ k\ \pi) + j\ a_b\right] \quad (9.18)$$

$$\sinh\ (a_w + j\ a_b) = \sinh\ \left[(a_w \pm k\ \pi) - j\ a_b\right]$$

$$= \sinh\ \left[(a_w \pm 2\ k\ \pi) + j\ a_b\right] \quad (9.19)$$

$$\tan\ (a_w + j\ a_b) = \tan\ \left[(a_w \pm k\ \pi) + j\ a_b\right] \quad (9.20)$$

$$\tanh\ (a_w + j\ a_b) = \tanh\ \left[(a_w \pm k\ \pi) + j\ a_b\right] \quad (9.21)$$

Das Programm braucht daher für die Umkehrfunktionen auch nur einen komplexen Wert, den Hauptwert, zu bestimmen; denn die übrigen lassen sich über Gl. (9.16) bis (9.20) leicht finden.

Außerdem ist nach /7/ bei der <u>Exponentialfunktion</u>

$$e^{\underline{A}} = e^{a_w}\ \cos\ a_b + j\ e^{a_w}\ \sin\ a_b \quad (9.22)$$

und als zugehörige Umkehrfunktion der <u>natürliche Logarithmus</u>

$$\ln\ \underline{A} = \ln\ A + j\ (\alpha + 2\ k\ \pi) \quad (9.23)$$

Der komplexe natürliche Logarithmus hat auch die Periode 2 π.

9.2 Programmbeschreibung

Das auf den nächsten Seiten stehende Programm 3.23 versucht, mit möglichst wenigen Unterprogrammen Gl. (9.2) bis (9.15) abzuarbeiten, also immer wieder die gleichen Algorithmen einzusetzen. Daher sind gelegentlich scheinbare Umwege nicht zu umgehen.

Das Programm 3.23 wird über DEF H aufgerufen. Mit der Programmzeile 1500 erscheint in der Anzeige kurzzeitig der Programmname ARGUMENT KOMPLEX. Anschließend sind Ein- und Ausgabeart zu wählen. Es bedeuten

	Eingabe in	Ausgabe in
KK	Komponentenform	Komponentenform
EE	Exponentialform	Exponentialform
KE	Komponentenform	Exponentialform
EK	Exponentialform	Komponentenform

Mit Zeile 1510 bis 1520 wird die zugehörige Eingabe veranlaßt und jeder Eingabewert gegebenenfalls sofort in die Komponentenform gebracht. Die Zeilen 1540 und 1550 bringen die BASIC-Wörter für die möglichen Funktionen zur Anzeige - also in Erinnerung. Hier bedeuten

SIN	Sinus	ASN	Arcussinus
COS	Cosinus	ACS	Arcuscosinus
TAN	Tangens	ATN	Arcustangens
HSN	Hyperbelsinus	AHS	Areasinus
HCS	Hyperbelcosinus	AHC	Areacosinus
HTN	Hyperbeltangens	AHT	Areatangens
EXP	e-Funktion	LN	natürlicher Logarithmus

Mit dem entsprechenden BASIC-Wort, das buchstabenweise - also nicht über die Funktionstasten - einzugeben ist, wird die gewünschte Funktion gewählt.

Wenn eine Arcus- oder eine Areafunktion berechnet werden soll, wird der Eingabewert schon in Zeile 1550 in die Polarform umgerechnet. Anschließend wird in den Zeilen 1590 bis 1800 mit Unterprogrammen, die durch die Funktionskürzel als Marken gekennzeichnet sind, der gesuchte komplexe Funktionswert berechnet und in der gewünschten Form (B= für Betrag, <= für Winkel, RE= für Real- und IM= für Imaginärteil) ausgegeben. Danach steht die Eingabe für die Berechnung weiterer Werte wieder bereit.

Über DEF J kann man für die berechneten Ergebnisse weitere komplexe Funktionswerte bestimmen; dies ist besonders wichtig für das Testen (s. Beispiel 9.1).

9.3 Anwendungen

Beispiel 9.1 soll als Testbeispiel für die verschiedenen Funktionen dienen, indem die Umkehrfunktionen wieder auf die ursprünglichen Funktionswerte führen. Beispiel 9.2 soll zeigen, wie sich Vorzeichen und Periodizität auswirken, und Beispiel 9.3 behandelt eine Anwendung, die in Teil 1 zu einem Programm ausgebaut ist.

Programm 3.23

```
  10:IF Y=0 AND Z=0
     RETURN
  20:Y=POL (Y,Z):RETURN
  40:X=SQU Y+SQU Z:Y=Y/X:
     Z=-Z/X:RETURN
  50:GOSUB 40
  60:X=Y:Y=X*V-Z*W:Z=X*W+
     Z*V:RETURN
  80:"W"V=Y:W=Z:RETURN
  90:X=Y
 100:IF X=0 THEN 120
 110:X=(5*TEN INT (LOG (
     ABS X)-4)+ABS X)*SGN
     X
 120:USING "##.###^":
     RETURN
 130:X=Z
 140:W=1E8+ABS Y:X=(W-1E8
     )*SGN X:RETURN
 150:"KO" GOSUB 90:V=X:X=
     Z:GOSUB 100:PRINT "R
     E=";V:PRINT "IM=";X:
     RETURN
 160:"EX" DEGREE :GOSUB 1
     0:GOSUB 90
 170:V=X:GOSUB 130:PRINT
     "B=";V:USING :PRINT
     "<=";X
 180:Y=REC (Y,Z):RETURN
 190:"Z" AREAD X:GOSUB 10
     0:PRINT X:END
1500:"A" CLEAR :PAUSE "
     ARGUMENT KOMPLEX":
     INPUT "KK EE KE EK
     ?",A$:B$="KO":IF
     RIGHT$ (A$,1)="E"
     LET B$="EX"
1510:IF LEFT$ (A$,1)="K
     " INPUT "RE?",Y,"I
     M?",Z:GOTO 1540
1520:DEGREE :INPUT "B?"
     ,Y,"<?",Z:GOSUB 18
     0
1540:"J" PAUSE "SIN COS
      TAN HSN":PAUSE "H
     CS HTN ASN ACS":
     PAUSE "ATN AHS AHC
      AHT"
1550:INPUT "EXP LN?",C$
     :IF LEFT$ (C$,1)="
     A" GOSUB 10
1560:RADIAN :GOSUB C$:
     DEGREE :GOSUB B$:
     GOTO 1510
1590:"SIN" GOSUB 1600:
     GOSUB 1640
1600:X=Y:Y=Z:Z=X:RETURN
1610:"COS" GOSUB 1600:
     GOSUB 1660:Z=-Z:
     RETURN
1630:"TAN" GOSUB 1680:
     GOSUB 1590:GOSUB 1
     690:GOSUB 1610:
     GOTO 50
1640:"HSN"X=HSN Y*COS Z
     :Z=HCS Y*SIN Z
1650:Y=X:RETURN
1660:"HCS"X=HCS Y*COS Z
     :Z=HSN Y*SIN Z:
     GOTO 1650
1670:"HTN" GOSUB 1680:
     GOSUB 1640:GOSUB 1
     690:GOSUB 1660:
     GOTO 50
1680:E=Y:F=Z:RETURN
1690:GOSUB 80:Y=E:Z=F:
     RETURN
1700:DEGREE :E=SQU Y:D=
     √(SQU E-2*E*COS (2
     *Z)+1):RADIAN :
     RETURN
1720:"ASN" GOSUB 1700:Y
     =ACS (D-E)/2:Z=AHC
     (D+E)/2:RETURN
1730:"AHS"Z=Z+90:GOSUB
     1740:Z=π/2-Z:
     RETURN
```

```
1740:"AHC" GOSUB 1700:Y
     =AHC (E+D)/2:Z=ACS
     (E-D)/2:RETURN
1750:"ACS" GOSUB 1740:
     GOTO 1600
1760:DEGREE :D=2/(RCP Y
     +Y):E=2/(RCP Y-Y):
     RETURN
1770:"AHT" GOSUB 1760:Y
     =AHT (D*COS Z)/2:Z
     =ATN (E*SIN Z)*π/3
     60+π/2:RETURN
1780:"ATN" GOSUB 1760:Y
     =ATN (E*COS Z)*π/3
     60+π/2:Z=AHT (D*
     SIN Z)/2:RETURN
1790:"LN" GOSUB 10:Y=LN
     Y:RETURN
1800:"EXP"X=EXP Y*COS Z
     :Z=EXP Y*SIN Z:
     GOTO 1650
```

Beispiel 9.1. Als Testbeispiel für die komplexen Funktionen soll hier der folgende Rechengang benutzt werden. Wenn nur bestimmte Funktionen benötigt werden, genügt es, die entsprechenden Teiler herauszugreifen.

Eingaben	Anzeige
DEF H	ARGUMENT KOMPLEX
	KK EE KE EK?
KK ENTER	RE?
1.4 ENTER	IM?
1.2 ENTER	SIN COS TAN HSN
	HCS HTN ASN ACS
	ATN AHS AHC AHT
	EXP LN?
SIN ENTER	RE= 1.784E 00
ENTER	IM= 2.566E-01
DEF J	EXP LN?
ASN ENTER	RE= 1.400E 00
ENTER	IM= 1.200E 00
DEF J	EXP LN?
COS ENTER	RE= 3.078E-01
ENTER	IM=-1.487E 00
DEF J	EXP LN?
ACS ENTER	RE= 1.400E 00
ENTER	IM= 1.200E 00
DEF J	EXP LN?
TAN	RE= 7.259E-02
ENTER	IM= 1.185E 00
DEF J	EXP LN?

Eingaben	Anzeige
ATN ENTER	RE= 1.400E 00
ENTER	IM= 1.200E 00
DEF J	EXP LN?
HSN ENTER	RE= 6.900E-01
ENTER	IM= 2.005E 00
DEF J	EXP LN?
AHS ENTER	RE= 1.400E 00
ENTER	IM= 1.200E 00
DEF J	EXP LN?
HCS ENTER	RE= 7.794E-01
ENTER	IM= 1.775E 00
DEF J	EXP LN?
AHC ENTER	RE= 1.400E 00
ENTER	IM= 1.200E 00
DEF J	EXP LN?
HTN ENTER	RE= 1.090E 00
ENTER	IM= 8.988E-02
DEF J	EXP LN?
AHT ENTER	RE= 1.400E 00
ENTER	IM= 1.2ooE 00
DEF J	EXP LN?
EXP ENTER	RE= 1.469E 00
ENTER	IM= 3.780E 00

Eingaben	Anzeige
DEF J	EXP LN?
LN ENTER	RE= 1.400E 00
ENTER	IM= 1.200E 00
DEF H	KK EE KE EK?
KK ENTER	RE?
1.4 ENTER	IM?
1.2 ENTER	EXP LN?
TAN ENTER	RE= 7.259E-02
ENTER	IM= 1.185E 00
DEF J	EXP LN?
ATN ENTER	RE= 1.400E 00

Eingaben	Anzeige
ENTER	IM= 1.200E 00
DEF H	KK EE KE EK?
KK ENTER	RE?
-1.4 ENTER	IM?
-1.2 ENTER	EXP LN?
TAN ENTER	RE= -7.259E-02
ENTER	IM=-1.185E 00
DEF J	EXP LN?
ATN ENTER	RE= 1.742E 00
ENTER	IM=-1.200E 00

Hier wird also nicht $a_w = -1,4$, sondern $a_w = -1,4 + \pi = 1,742$ angezeigt.

Eingaben	Anzeige
DEF H	KK EE KE EK?
EE ENTER	B?
3 ENTER	<?
30 ENTER	EXP LN?
HSN ENTER	B= 6.756E 00
ENTER	<=86.
ENTER	
BRK	
DEF J	EXP LN?
AHS ENTER	B= 3.000E 00
ENTER	<=30.
DEF H	KK EE KE EK?

Eingaben	Anzeige
EK ENTER	B?
2 ENTER	<?
-60 ENTER	EXP LN?
COS ENTER	RE= 1.575E 00
ENTER	IM= 2.304E 00
DEF H	KK EE KE EK?
KE ENTER	RE?
1.575 ENTER	IM?
2.304 ENTER	EXP LN?
ACS ENTER	B= 2.000E 00
ENTER	<=60.

Beispiel 9.2. Nach Gl. (9.16) bis (9.21) müssen folgende Berechnungen die gleichen Ergebnisse liefern:

$$\sin(1,4 + j\,1,2) = \sin[(1,4 \pm \pi) - j\,1,2] = \sin[(1,4 + 2\pi) + j\,1,2]$$

$$\sinh(1,4 + j\,1,2) = \sinh[(1,4 + \pi) - j\,1,2] = \sinh[(1,4 - 4\pi) + j\,1,2]$$

$$\cos(2\,\underline{/-60^\circ}) = \cos(2\,\underline{/60^\circ}) = \cos(2\,\underline{/300^\circ})$$

$$\cosh(0,8\,\underline{/32^\circ}) = \cosh(0,8\,\underline{/-32^\circ}) = \cosh(0,8\,\underline{/392^\circ})$$

$$\tan(1,4 - j\,1,2) = \tan[(1,4 - \pi) - j\,1,2]$$

Es wird dem Leser empfohlen, diese Rechengänge selbst auszuführen. (Bei der Funktion tanh $\underline{A}$ muß man wegen der Rundungsfehler schon mit größeren Abweichungen rechnen.)

Beispiel 9.3. Eine Fernmeldeleitung habe die Länge ℓ = 50 km, den komplexen Ausbreitungskoeffizienten $\underline{\gamma} = (2{,}128 + j\,18{,}78)\cdot 10^{-3}\ \mathrm{km}^{-1}$ und den Wellenwiderstand $\underline{Z}_L = 540\ \Omega\ \underline{/-\,4{,}83^{\circ}}$. An ihrem Ende liegt der komplexe Widerstand $\underline{Z}_2 = 350\ \Omega\ \underline{/-\,30^{\circ}}$ und soll die Spannung $\underline{U}_2 = 3{,}5\ \mathrm{V}\ \underline{/0^{\circ}}$ herrschen. Wie groß muß die Eingangsspannung sein?

Nach /13/ gilt für die komplexe Eingangsspannung

$$\underline{U}_1 = \underline{U}_2\ \left[\cosh(\underline{\gamma}\ \ell) + \frac{\underline{Z}_L}{\underline{Z}_2}\sinh(\underline{\gamma}\ \ell)\right. \tag{9.24}$$

Wir bestimmen zunächst die komplexen Werte der Hyperbelfunktionen mit den Eingaben

DEF H	und Anzeigen	DEF H	und Anzeigen
KE		KE	
50 * 2.128E-3		50 * 2.128E-3	
50 * 18.78E-3		50 * 18.78E-3	
HCS	B= 6.001E-01	HSN	B= 8.140E-01
ENTER	<=8.2	ENTER	<=85.6

sowie anschließend mit dem Programm 3.17 über die Eingaben

DEF C	E	
+	3.5 * 540 / 350 * .814	
E	85.6 - 4.83 + 30	die Anzeigen
3.5 * .6001	EX	B= 4.440E 00
8.2	ENTER	<=83.3

Es ist somit die Eingangsspannung $\underline{U}_1 = 4{,}44\ \mathrm{V}\ \underline{/83{,}3^{\circ}}$ erforderlich. (Teil 1 enthält ein vollständiges Programm zur Leitungstheorie.)

Anhang

Schrifttum

/1/ Alt, H.; Schumny, H.: BASIC-Anwenderprogramme. Wiesbaden 1983

/2/ Baumann, R.: Programmieren mit BASIC. Stuttgart 1981

/3/ Becker, J.; Dreyer, H.-J.; Haacke, W.; Nabert, R.: Numerische Mathematik für Ingenieure. Stuttgart 1985

/4/ Bederke, H.-J.; Ptassek, R.; Rothenbach, G.; Vaske, P.: Elektrische Antriebe und Steuerungen. Stuttgart 1975

/5/ Brand, B.: Algorithmen zur praktischen Mathematik. München 1981

/6/ Brauch, W.: Programmierung mit BASIC. Stuttgart 1984

/7/ Brauch, W.; Dreyer, H.-J.; Haacke, W.: Mathematik für Ingenieure. Stuttgart 1984

/8/ Brigham, E. O.: Schnelle Fourier-Transformation. München 1982

/9/ Ebel, T.: Regelungstechnik. Stuttgart 1984

/10/ Ebel, T.: Beispiele und Aufgaben zur Regelungstechnik. Stuttgart 1981

/11/ Flosdorff, R.; Hilgarth, G.: Elektrische Energieverteilung. Stuttgart 1982

/12/ Föllinger, O.: Laplace- und Fourier-Transformation. Berlin 1980

/13/ Fricke, H.; Lamberts, K.; Patzelt, E.: Grundlagen der elektrischen Nachrichtenübertragung. Stuttgart 1979

/14/ Fricke, H.; Vaske, P.: Elektrische Netzwerke. Stuttgart 1982

/15/ Fritzsche, G.: Grundlagen und Entwurf passiver Analogzweipole. Wiesbaden 1979

/16/ -: Entwurf passiver Analogvierpole. Wiesbaden 1980

/17/ -: Entwurf aktiver Analogsysteme. Wiesbaden 1980

/18/ Frohne, H.; Ueckert, E.: Grundlagen der elektrischen Meßtechnik. Stuttgart 1983

/19/ Gad, H.; Fricke, H.: Grundlagen der Verstärker. Stuttgart 1983

/20/ Greuel, O.: Mathematische Ergänzungen und Aufgaben für Elektrotechniker. München 1972

/21/ Hainer, K.: Numerische Algorithmen auf programmierbaren Taschenrechner. Mannheim 1980

/22/ -: Numerik mit BASIC-Tischrechnern. Stuttgart 1983

/23/ Hilgarth, G.: Hochspannungstechnik. Stuttgart 1981

/24/ Huelsmann, L.P.: Digitale Berechnungen in der elementaren Netzwerktheorie. München 1972

/25/ Kahlig, P.: Graphische Darstellung mit dem Taschencomputer PC-1211/1212 (SHARP). Wiesbaden 1983

/26/ Kremer, H.: Numerische Berechnung linearer Netzwerke und Systeme. Berlin 1978

/27/ Kreth, H.; Orth, C. P.: Lehr- und Übungsbuch für die Rechner SHARP PC-1246/47, PC-1251, PC-1260/61, PC-1350 und PC-1401. Wiesbaden 1985

/28/ Lange, D.: Ein universelles Netzwerkprogramm für den SHARP PC-1401/1402. Wiesbaden 1985

/29/ -: Standardprogramme der Netzwerkanalyse für BASIC-Taschencomputer (CASIO). Wiesbaden 1982

/30/ -: Analyse elektrischer und elektronischer Netzwerke mit BASIC-Programmen (SHARP PC-1251 und PC-1500). Wiesbaden 1984

/31/ Löthe, H.; Quehl, W.: Systematisches Arbeiten mit BASIC. Stuttgart 1984

/32/ Mägerle, E.W.: Einführung in das Programmieren in BASIC. Berlin 1979

/33/ Mehlhorn, K.: Effiziente Algorithmen. Stuttgart 1977

/34/ Mellert, F.-T.: Rechnergestützter Entwurf elektrischer Schaltungen. München 1981

/35/ Moeller, F.; Vaske, P.: Elektrische Maschinen und Umformer. Teil 1. Stuttgart 1976

/36/ Schneider, W.: Einführung in BASIC. Wiesbaden 1980

/37/ -: BASIC für Fortgeschrittene. Wiesbaden 1982

/38/ Schumny, H.: Taschenrechner + Mikrocomputer Jahrbuch. Wiesbaden 1979 bis 1985

/39/ Schwill, W.-D.; Weibezahn, R.: Einführung in die Programmiersprache BASIC. Wiesbaden 1984

/40/ Selder, H.: Einführung in die Numerische Mathematik für Ingenieure. München 1979

/41/ Spencer, D.D.: Anleitung zum praktischen Gebrauch von BASIC. München 1974

/42/ Tholl, H.: Bauelemente der Halbleiterelektronik. Teil 1 und 2. Stuttgart 1976 und 1978

/43/ Tietze, U.; Schenk, Ch.: Halbleiter-Schaltungstechnik. Berlin 1980

/44/ Törnig, W.: Numerische Mathematik für Ingenieure und Physiker. Berlin 1979

/45/ Vaske, P.: Berechnung von Gleichstromschaltungen. Stuttgart 1985

/46/ -: Berechnung von Wechselstromschaltungen. Stuttgart 1985

/47/ -: Berechnung von Drehstromschaltungen. Stuttgart 1983

/48/ -: Übertragungsverhalten elektrischer Netzwerke. Stuttgart 1983

/49/ -: Praktische Kennlinienapproximation in BASIC. Stuttgart 1985

/50/ Vaske, P.; Dörrscheidt, F.; Selle, D.: Programmierbare Taschenrechner in der Elektrotechnik. Stuttgart 1981

/51/ Weber, H.: Laplace-Transformation für Ingenieure der Elektrotechnik. Stuttgart 1981

/52/ Wirth, N.: Systematisches Programmieren. Stuttgart 1978

Formelzeichen

(In Klammern Seitenzahl der Einführung der Zeichen)

Zeitwerte sind durch kleine Buchstaben (z.B. u, i), Effektivwerte und Gleichstromgrößen dagegen durch Großbuchstaben (z.B. U, I) gekennzeichnet. Zeitfunktionen haben den Zusatz (t) - z.B. in i(t). Die Formelzeichen komplexer Größen und Zeiger sind unterstrichen (z.B. in $\underline{U}$, $\underline{I}$, $\underline{Z}$). Konjugiert komplexe Größen werden durch * (z.B. in $\underline{I}^*$) und Scheitelwerte durch ^ (z.B. in $\hat{u}$) hervorgehoben. Fortlaufende Zahlen als Indizes dienen i.allg. der Unterscheidung bzw. Numerierung (z.B. in R_1, R_2, R_3). Das Zeichen ' kennzeichnet Leitungsbeläge (z.B. R', C').

Die zunächst zusammengestellten Indizes kennzeichnen i.allg. unmißverständlich die angegebene Zuordnung. Die mit diesen Indizes versehenen Formelzeichen werden daher nur für Ausnahmen in der folgenden Liste aufgeführt. Auch sind die nur auf wenigen zusammenhängenden Seiten benutzten Zeichen hier nicht mehr angegeben.

Index	Bezeichnung für
A	Anfangswert
a	Ausgang, außen
b	Blindanteil
C	kapazitiv
E	Ersatzquelle
e	Eingang
i	innen
k	Kurzschluß
L	induktiv
ℓ	Längswert
max	Größtwert
min	Kleinstwert
N	Nennwert
p	Parallelschaltung
q	Querwert
r	Reihenschaltung
Str	Strangwert
w	Wirkanteil
ρ	Resonanzwert
0	Leerlaufwert
1, 2	fortlaufende Numerierung
Δ	Dreieckwert
⅄	Sternwert
⌐	Sprungerregung

Formelzeichen

A	Betrag (69)
A	Querschnitt (62)
$\underline{A}$	komplexe Größe (69)
a	Koeffizient (73)
$\underline{a}$	komplexer Drehfaktor (172)
a_b	Imaginärteil (69)
a_w	Realteil (69)
a_ν	Fourier-Koeffizient (227)
B	Blindleitwert (94)
b_ν	Fourier-Koeffizient (227)
C	Kapazität (34)
c_ν	Amplitude (226)
d	Durchmesser (62)

F	Betrag (57)
$\underline{F}$	Frequenzgang (105)
f	Frequenz (51)
G	Wirkleitwert (59)
h(t)	Übergangsfunktion (113)
I	Strom (31)
I_g	- des Gegensystems (172)
I_m	- - Mitsystems (172)
I_q	Quellenstrom (64)
I_o	Strom des Nullsystems (172)
Im	Imaginärteil (69)
K	Kônstante (59)
k	ganze Zahlen (112)
k	Anzahl der Knotenpunkte (192)
L	Induktivität (52)
ℓ	Länge (67)
m	Ordnungszahl (167)
m	Exponent (226)
n	Anzahl ('72)
P	Wirkleistung (62)
P_{Cu}	Stromwärmeverlust (62)
Q	Blindleistung (71)
R	Wirkwiderstand (31)
Re	Realteil (69)
r	Radius (65)
r	Korrelationskoeffizient (73)
$\underline{S}$	komplexe Leistung (71)
T	Zeitkonstante (57)
T	absolute Temperatur (66)
T	Periodendauer (112)
T_i	Verzögerung (226)
t	Zeit (57)
t_E	Betrachtungszeit (112)
t_g	Gruppenlaufzeit (108)
t_φ	Phasenlaufzeit (108)
U	Spannung (57)
U_q	Quellenspannung (31)
V	Verstärkungsfaktor (138)
W	Arbeit (68)
X	Blindwiderstand (51)
x	Veränderliche (31)
$\underline{Y}$	komplexer Leitwert (121)
Y_g	Gleichglied (227)
y	Veränderliche (31)
Z	Scheinwiderstand (93)
$\underline{Z}$	komplexer Widerstand (71)
$\underline{Z}_L$	Wellenwiderstand (133)
z	Anzahl der Zweige (192)
α	Phasenwinkel (69)
α	Temperaturkoeffizient (64)
Δ	Differenz (110)
δ	Abklingkonstante (152)
ε	Genauigkeit (33)
$\varepsilon(t)$	Einheitssprungfunktion (224)
η	Wirkungsgrad (68)
Θ	Dämpfungswinkel (152)
ϑ	Temperatur (64)
ϑ	Dämpfungsgrad (152)
ν	Ordnungszahl (112)
π	Kreiszahl (51)
τ	transformierte Zeit (226)
φ	Phasenwinkel (65)
ω	Kreisfrequenz (51)
ω_d	Eigenkreisfrequenz (152)
ω_o	Kennkreisfrequenz (152)

Sachverzeichnis